■ 高等学校“十三五”规划教材

工业装备学

主　编　邓　勇

副主编　贺云翔　蒋冬清　秦　琴

主　审　郑焕刚

内容提要

本书以现代工业制造为知识主线，通过对大宗机电产品如各类机床、工程机械、过程装备、仪器仪表、工业机器人、3D 打印机、精密仪器等先进技术装备的技术性能、技术参数、使用功能、市场价格等进行了较翔实的描述，使学习者对工业装备有较系统的、全面的认识和了解。

本书可作为机电类专业学生专业引导类用书，也可作为非机类学生机电知识的专业基础用书，还可作为机电工程类工程技术人员的专业知识面拓展用书。

图书在版编目(CIP)数据

工业装备学/邓勇主编.—重庆:重庆大学出版社,2017.6
ISBN 978-7-5689-0312-7

Ⅰ.①工… Ⅱ.①邓… Ⅲ.①工艺装备—高等学校——教材 Ⅳ.①TH16

中国版本图书馆 CIP 数据核字(2016)第 322781 号

工业装备学

主 编 邓 勇
副主编 贺云翔 蒋冬清 秦 琴
主 审 郑焕刚
策划编辑:曾显跃
责任编辑:李定群 版式设计:曾显跃
责任校对:邬小梅 责任印制:赵 晟
*
重庆大学出版社出版发行
出版人:易树平
社址:重庆市沙坪坝区大学城西路 21 号
邮编:401331
电话:(023)88617190 88617185(中小学)
传真:(023)88617186 88617166
网址:http://www.cqup.com.cn
邮箱:fxk@cqup.com.cn(营销中心)
全国新华书店经销
重庆华林天美印务有限公司印刷
*
开本:787mm×1092mm 1/16 印张:16.75 字数:418 千
2017 年 6 月第 1 版 2017 年 6 月第 1 次印刷
印数:1—2 000
ISBN 978-7-5689-0312-7 定价:38.00 元

前言

本书是针对金融类等相关专业开设的工业装备知识的基础课程用书，主要介绍社会经济技术发展中工业装备的分类、功能和市场行情概况等基础知识。本书共7章。内容包括绪论、工业基础材料、机械产品生产装备、精密测量仪器、过程装备、汽车装备、工程施工装备、现代科学技术装备等。书中每章最后附有思考题，教学过程中可根据专业的不同、教学总课时数的不同专业的实际情况作适当的取舍。

本书编写过程中，在以下3个方面进行了积极探索：

1.培养目标。根据教育部颁发的专业培养目标及本课程最新教学指导方案及相应国家标准编写。本书内容新颖，教学目标明确，体现了“以全面素质为基础，以知识能力为本位”的教育课程改革指导思想，使金融类学生能够运用所学的工业装备知识服务于金融融资工作。本书具有一定的实用性、开放性。

2.重视基础知识传授。使用了较多的工业产品示意图、技术参数和型号表示方法等，图文并茂、通俗易懂，使学生自己能够阅读并初步运用这些资料，使教学形象、直观，又有利于培养、提高学生的逻辑思维能力，同时也为今后继续学习及解决实际问题奠定了基础。

3.注重培养学生正确选择工业产品及其相应工具的能力，帮助学生熟悉工业产品的用途、分类型号、行情概况等。

本书可作为金融类专业用书，也可作为高等学校非机类和管理类专业的教学用书，还可作为广大读者了解和选用大宗工业产品的参考用书。

本书建议讲授总课时为40～48学时。绪论1课时，第1章4课时，第2章6课时，第3章6课时，第4章6课时，第5章6课时，第6章6课时，第7章5课时并辅之以多媒体、现场参观实习等直观教学，收效较佳。

本书由四川大学锦城学院机械工程系邓勇、贺云翔、蒋冬清、秦琴等撰写，并由郑焕刚教授对全书进行总纂和审稿。

在整个编写过程中，我们参阅了各种相关资料、技术标准，在此恕不一一列举，谨致以衷心的感谢。

由于编者水平有限，且编写时间仓促，书中不足之处在所难免，恳请读者批评指正。

编　者

2017 年 1 月

目 录

绪 论 …… 1
0.1 工业装备 …… 1
0.2 工业装备的分类 …… 1
0.3 工业装备的特征及组成 …… 2

第 1 章 工业材料基础 …… 3
1.1 概述 …… 3
1.1.1 材料的发展及其地位 …… 3
1.1.2 材料的分类 …… 3
1.2 金属材料 …… 4
1.2.1 金属材料的分类 …… 4
1.2.2 金属材料的选用 …… 16
1.3 非金属材料 …… 17
1.3.1 高分子材料 …… 17
1.3.2 常用的工业陶瓷材料 …… 19
1.3.3 复合材料 …… 19
1.4 功能材料 …… 20
1.4.1 电功能材料 …… 20
1.4.2 磁功能材料 …… 21
1.4.3 热功能及光功能材料 …… 21
思考题 …… 22

第 2 章 机械产品生产装备 …… 23
2.1 概述 …… 23
2.1.1 机床在国民经济中的地位和作用 …… 23
2.1.2 我国机床的发展水平 …… 23

2.2 机床的分类和型号 …… 24
2.2.1 机床的类型 …… 24
2.2.2 机床的型号 …… 25
2.3 常用普通机床 …… 27
2.3.1 车床 …… 27
2.3.2 铣床 …… 33
2.3.3 镗床和钻床 …… 39
2.3.4 磨床 …… 43
2.3.5 齿轮加工机床 …… 46
2.4 典型的数控机床 …… 49
2.4.1 数控加工中心 …… 52
2.4.2 车铣复合加工中心 …… 53
2.4.3 数控激光切割机 …… 55
2.4.4 数控线切割机 …… 57
思考题 …… 58

第 3 章 精密测量仪器 …… 60
3.1 概述 …… 60
3.1.1 仪器仪表是信息的源头 …… 60
3.1.2 我国现代精密仪器发展的状况及趋势 …… 62
3.2 精密测量仪器分类和型号 …… 65
3.2.1 按应用领域分类 …… 65
3.2.2 按计量测试角度分类 …… 67
3.3 工业型精密测量仪器 …… 69
3.3.1 精密三坐标测量仪 …… 69
3.3.2 精密圆度仪 …… 78
3.3.3 精密激光干涉仪 …… 79
思考题 …… 82

第 4 章 过程装备 …… 83
4.1 概述 …… 83
4.1.1 化工生产的特点 …… 83
4.1.2 化工设备的特点 …… 84
4.1.3 化工生产中对化工设备的要求 …… 85
4.1.4 过程装备的分类 …… 86
4.2 过程装备 …… 87

4.2.1 反应装备 …… 87
4.2.2 传热装备 …… 100
4.2.3 存储装备 …… 107
4.2.4 塔设备 …… 117
思考题 …… 140

第5章 汽车装备 …… 141
5.1 概述 …… 141
5.1.1 汽车发展史 …… 141
5.1.2 汽车工业发展状况及趋势 …… 143
5.2 汽车分类和技术参数 …… 151
5.2.1 汽车的分类 …… 151
5.2.2 汽车主要技术参数和技术性能 …… 157
5.3 汽车的总体构造 …… 160
5.3.1 汽车发动机 …… 160
5.3.2 汽车底盘 …… 166
5.3.3 汽车电器设备 …… 174
5.4 汽车品牌 …… 184
5.4.1 东风汽车公司 …… 184
5.4.2 中国重汽公司 …… 185
5.4.3 一汽汽车公司 …… 185
5.4.4 上海大众汽车公司 …… 186
5.4.5 沃尔沃汽车公司 …… 187
5.4.6 奔驰汽车公司 …… 188
思考题 …… 189

第6章 工程施工装备 …… 190
6.1 概述 …… 190
6.1.1 工程机械的分类 …… 190
6.1.2 工程机械发展简史 …… 191
6.1.3 工程机械的发展趋势 …… 193
6.2 土方工程机械 …… 197
6.2.1 推土机 …… 197
6.2.2 单斗挖掘机 …… 200
6.2.3 铲运机 …… 204
6.2.4 装载机 …… 207
6.3 石方工程机械 …… 209

6.3.1 破碎机 …… 210
6.3.2 筛分机 …… 218
6.3.3 凿岩机 …… 219
6.4 水泥混凝土机械 …… 224
6.4.1 水泥混凝土搅拌设备 …… 224
6.4.2 水泥混凝土搅拌运输车 …… 226
6.4.3 水泥混凝土搅拌站 …… 228
思考题 …… 230

第7章 现代科学技术装备 …… 231
7.1 现代装备的发展趋势 …… 231
7.2 3D打印机设备 …… 232
7.2.1 3D打印机设备的分类 …… 232
7.2.2 3D打印机设备的主要技术参数和技术性能 …… 234
7.3 工业机器人 …… 241
7.3.1 工业机器人的应用 …… 241
7.3.2 工业机器人的分类 …… 243
7.3.3 成熟工业机器人产品介绍 …… 245
7.4 激光设备 …… 249
7.4.1 激光打标机 …… 249
7.4.2 激光焊接机 …… 252
7.4.3 激光切割机 …… 255
思考题 …… 258

参考文献 …… 259

绪 论

0.1 工业装备

工业装备是指为国民经济各部门简单再生产和扩大再生产所提供的技术装备,其产业范围包括机械工业(含航空、航天、船舶和兵器等制造行业)和电子工业中的投资类产品。它包括通用设备制造业、专用设备制造业、航空航天器制造业、铁路运输设备制造业、交通器材及其他交通运输设备制造业、电气机械及器材制造业、通信设备计算机及其他电子设备制造业、仪器仪表及文化办公用品制造业等。

0.2 工业装备的分类

按照装备功能和重要性,工业装备主要包括以下3个方面内容:

①重大的先进的基础机械,即制造装备的装备——工作“母机”,主要包括数控机床(NC)、柔性制造单元(FMC)、柔性制造系统(FMS)、计算机集成制造系统(CIMS)、工业机器人、大规模集成电路及电子制造设备等。

②重要的机械、电子基础件,主要是先进的液压、气动、轴承、密封、模具、刀具、低压电器、微电子和电力电子器件、仪器仪表及自动化控制系统等。

③国民经济各部门(包括农业、能源、交通、原材料、医疗卫生、环保等)科学技术、军工生产所需的重大成套技术装备,如:矿产资源的井采及露天开采设备,大型火电、水电、核电成套设备,超高压交、直流输变电成套设备,石油化工、煤化工、盐化工成套设备,黑色和有色金属冶炼轧制成套设备,民用飞机、高速铁路、地铁及城市轨道车、汽车、船舶等先进交通运输设备,污水、垃圾及大型烟道气净化处理等大型环保设备,大江大河治理、隧道挖掘和盾构、大型输水输气等大型工程所需重要成套设备,先进适用的农业机械及现代设施农业成套设备,大型科学仪器和医疗设备,先进大型的军事装备,通信、航管及航空航天装备,先进的印刷设备,等等。

0.3 工业装备的特征及组成

工业装备制造业主要具有以下特点：

(1)装备制造业范围广,门类多,技术含量高,与其他的产业关联度大,带动性强

装备制造业不仅涉及机械加工业,还涉及材料、电子和机械零配件加工等配套行业。装备制造业的发展将带动一大批相关产业的发展。装备制造业可以为各行业提供现代化设备,从农业生产的机械化到国防使用的武器装备,各行各业都离不开装备制造业。

(2)装备制造业是高就业、节省能(资)源、高附加值产业

装备制造业虽为技术密集和资本密集工业,但它不同于流程工业,它是组装式工业,同时具有劳动密集性质,有较大的就业容量,可提供大量就业机会。装备制造业不仅直接吸纳大量劳动力,同时装备制造业前后关联度较高,对装备制造业投入也可带动其他工业的发展,增加相关工业的就业人数。解决就业问题,缓解就业压力,对保持社会安定团结具有至关重要的作用。

在资源日趋紧张,环保要求日趋严格的情况下,各国都致力于优化产业结构,发展省能源和省资源的高技术密集型和高附加值型产业。装备制造业作为技术密集工业,万元产值消耗的能源和资源在重工业中是最低的。

装备制造业是技术密集产业,产品技术含量高,附加价值大。随着装备制造业不断吸纳高新技术,以及信息技术、软件技术和先进制造技术在装备制造业中的普及应用,技术装备日趋软件化,先进的装备制造业将有更多的产业及其产业进入高技术产业范畴。

(3)装备制造业是事关国家经济安全及综合国力的战略性产业

装备制造业的发展水平反映出一个国家在科学技术、工艺设计、材料、加工制造等方面的综合配套能力,特别是一些技术难度大、成套性强,需跨行业配套制造的重大技术装备制造能力,反映了一个国家的经济和技术实力。因此,装备制造业的发展有利于提高国民经济各行各业的技术水平和劳动生产率,从而提高国家竞争力。许多工业化国家,在工业化成熟阶段都把装备制造业作为主导产业。

(4)装备制造业呈现出全球化的发展现状

由于现代技术革命与高新技术的出现和信息网络技术的广泛运用,装备制造业所涉及的概念和领域正逐渐发生着巨大的转变和整合,装备制造业的技术研究、开发、生产以及销售的全球化合作日趋加强,装备制造业呈现出全球化的发展现状。

第1章 工业材料基础

1.1 概 述

1.1.1 材料的发展及其地位

材料是人类用来制造物品、器件、机器或其他产品的物质基础，是人类文明进步的标杆。100万年以前，原始人以石头作为工具，称为旧石器时代；1万年以前，人类对石器进行加工，从而进入新石器时代；公元前5000年，人类进入青铜器时代；公元前1200年，人类开始使用铸铁，从而进入了铁器时代；18世纪，钢铁工业的发展，成为产业革命的重要内容和物质基础；19世纪中叶，现代平炉和转炉炼钢技术的出现，使人类真正进入了钢铁时代；20世纪中叶以后，科学技术迅猛发展，作为发明之母和产业粮食的新材料又出现了划时代的变化。

我们可以思考一下，在包括通信、能源、多媒体、计算机、建筑、交通、机械等广泛的领域，它们所取得的举世瞩目的进步起源在什么地方，你就能体会到前面的话的正确性。没有专门的材料制备喷气式发动机，就没有靠飞机旅行的今天；没有专门的材料制备晶体管，就没有信息网络铺天盖地的今天；没有高强度高硬度的建筑材料，就没有摩天大厦的今天。事实表明，先进材料及先进的材料的工艺对人类的生活水平、安全及经济实力起着关键性的核心作用。先进的材料是先进技术的奠基石。材料的影响不仅限于我们具体的产品，更是为我们当今就业紧张的形势提供了千千万万的就业机会。同时，材料也是处理目前自然资源的不断减少及其价格膨胀、环境污染等一些紧迫问题的工具。在本章节中，将简单地介绍工业中常见的材料及运用并在增加见识的同时，也为后续的章节打下基础。

1.1.2 材料的分类

由于材料的运用非常的广泛，因此，材料的类型极为广泛，总体上的分类主要有以下7种：

①按材料的结晶状态分类，可分为单晶质材料、多晶质材料、非晶态材料及准晶态材料。

②按照材料的尺寸分类，可分为零维材料（粒子大小1~100 nm的超微粒）、一维材料（常见的光导纤维、碳纤维材料）、二维材料（常见的金刚石薄膜）及三维材料（块状材料）。

③按照材料的化学组成分类,可分为金属材料、无机非金属材料、高分子材料及复合材料。

④按材料功能用途分类,可分为结构材料和功能材料。

a.结构材料。具有较好的力学性能(如强度、韧性及高温性能等),可用作结构的材料,它主要利用的是材料或制品机械结构的强度性能。例如,水泥制品、建筑制品等。

b.功能材料。具有特殊的电、磁、热、光等物理性能或化学性能的材料,则可统称为功能材料。它利用的是材料机械结构力学以外的所有其他功能的材料。例如,利用材料的电、光、磁等,常见的钨丝作为灯泡的主要材料。

⑤按物理性能分类,可分为导电材料、半导体材料、绝缘材料、磁性材料、透光材料、高强度材料、高温材料及超硬材料等。

⑥按物理效应分类,可分为热电材料、磁光材料、光电材料、电光材料、声光材料、激光材料及记忆材料等。

⑦按材料应用领域分类,可分为结构材料、电子材料、电工材料、光学材料、感光材料、信息材料、能源材料、宇航材料、生物材料、环境材料、耐蚀材料、耐酸材料、研磨材料、耐火材料、建筑材料及包装材料等。

通过上述的分类可知,材料领域的庞大,我们也不可能在本书中一一介绍这些材料,只是希望读者能够更多地了解基础材料。本书所涉及的主要是机械工业及电子工业上所用的材料,主要按工程材料的类别来介绍,并简单涉及一些在新型工业上常用的功能材料。

1.2 金属材料

工程材料的类别主要划分为金属、陶瓷、高分子、复合材料。有时,半导体材料被单独列出来作为一类材料,它是介于导体与绝缘体之间的一类材料。

我们比较熟悉的金属包括铁、铜、金、银、铝等;我们最熟悉的陶瓷就是瓷器,现在我们常用的有沙、砖、泥灰、石墨等;聚合物最熟悉的就是纤维、尼龙、聚乙烯等;我们常用的网球拍就是利用环氧树脂和碳纤维复合在一起形成的复合材料。了解熟悉这些材料,将有利于你在现在科技发达的今天能合理地选择材料及其产品。那么,这些材料在工业装备中到底起到什么作用,它们都各自具有自己什么样的特点,主要运用在哪些地方。在下面的各节中,将分别对这5类材料及它们的性能-运用关系作简单的讨论。

1.2.1 金属材料的分类

在中学时候我们学过,所有的物质都是由原子组成。当两个或多个原子形成分子或固体时,它们是依靠什么样的结合力聚集在一起的?这就是原子间的键合,原子通过结合键形成分子,原子之间或分子之间也靠结合键结成固态。

结合键分为化学键和物理键两大类。化学键包括金属键(金属中的自由电子与金属正离子相互作用所构成的键合)、离子键(大多数的盐类就是以这种方式结合,如 NaCl,金属原子将自己最外层的价电子给予非金属原子,使自己成为正离子,而非金属原子成为负离子,正负离子依靠它们之间的静电引力结合在一起)、共价键(常见的 SiO_2,两个或多个电负性相差不大的原子间通过共用电子对而形成的化学键)。物理键就是我们所学习的范德瓦尔斯力。此外,还有氢键,介于化学键与物理键之间。

金属材料主要是以金属键作为结合方式。它可分为黑色金属与有色金属。将铁及其合金称为黑色金属,而非铁金属及其合金称为有色金属。目前,在工业中我们用得最多金属材料是碳钢、合金钢、铸铁、铝及铝合金、铜及铜合金、钛及钛合金。下面将一一介绍。

(1)**碳钢**

为了使生产、加工处理和使用不致造成混乱,对各种钢材进行命名和编号。

1)碳素结构钢

碳素结构钢冶炼方便、易于加工、价格低廉是应用最广泛的工业用钢。按照国家 GB 700—88,碳素结构钢分为 5 大类,见表 1.1。

表 1.1　碳素结构钢(GB 700—88)

<table>
<tr><th rowspan="3">牌　号</th><th rowspan="3">等级</th><th colspan="5">化学成分 W/%</th><th rowspan="3">脱氧方法</th></tr>
<tr><th rowspan="2">C</th><th rowspan="2">Mn</th><th>Si</th><th>S</th><th>P</th></tr>
<tr><th colspan="3">不大于</th></tr>
<tr><td>Q195</td><td>—</td><td>0.06~0.12</td><td>0.25~0.50</td><td>0.30</td><td>0.50</td><td>0.045</td><td>F,b,Z</td></tr>
<tr><td rowspan="2">Q215</td><td>A</td><td rowspan="2">0.09~0.15</td><td rowspan="2">0.25~0.55</td><td rowspan="2">0.30</td><td>0.050</td><td rowspan="2">0.045</td><td rowspan="2">F,b,Z</td></tr>
<tr><td>B</td><td>0.045</td></tr>
<tr><td rowspan="4">Q235</td><td>A</td><td>0.14~0.22</td><td>0.30~0.65</td><td rowspan="4">0.30</td><td>0.050</td><td rowspan="2">0.045</td><td rowspan="2">F,b,Z</td></tr>
<tr><td>B</td><td>0.12~0.20</td><td>0.30~0.70</td><td>0.045</td></tr>
<tr><td>C</td><td>≤0.18</td><td rowspan="2">0.35~0.80</td><td>0.040</td><td>0.040</td><td>Z</td></tr>
<tr><td>D</td><td>≤0.17</td><td>0.035</td><td>0.035</td><td>TZ</td></tr>
<tr><td rowspan="2">Q255</td><td>A</td><td rowspan="2">0.18~0.28</td><td rowspan="2">0.40~0.70</td><td rowspan="2">0.30</td><td>0.050</td><td rowspan="2">0.045</td><td rowspan="2">Z</td></tr>
<tr><td>B</td><td>0.040</td></tr>
<tr><td>Q275</td><td>—</td><td>0.28~0.38</td><td>0.50~0.80</td><td>0.35</td><td>0.050</td><td>0.045</td><td>Z</td></tr>
</table>

注:Q235A,B 级沸腾钢锰含量的上限为 0.60%。

表 1.1 中的符号、代号的意义如下:

Q——钢屈服点"屈"字汉语拼音首位字母;

A,B,C,D——质量等级;

F——沸腾钢"沸"字汉语拼音首位字母;

b——半镇静钢"半"字汉语拼音首位字母;

Z——镇静钢"镇"字汉语拼音首位字母;

TZ——特镇静钢"特镇"两字汉语拼音首位字母。

在牌号组成表示方法中,"Z"与"TZ"符号予以省略。例如,Q235A · F 即表示屈服点数值为 235 MPa 的 A 级沸腾钢。

由于碳素结构钢成不同,屈服点不同,因此其性能不同,碳素结构钢的应用也不同。

Q195,Q215A,Q215B 塑性较好,有一定强度,通常轧制成薄板、钢筋、钢管、型钢等,用作桥梁、钢结构等,也可用于制作螺钉、冲压零件等。

Q235A,Q235B,Q235C,Q235D 强度较高,用于制造转轴、心轴、拉杆、摇杆、吊钩、链等。

Q255A,Q255B,Q275 强度较高,用于制造主轴、摩擦离合器、刹车钢带等。

应用示意图如图 1.1 所示。

(a)钢筋　(b)拉杆　(c)吊钩　(d)摩擦离合器

图 1.1　碳素结构钢的运用

2)优质碳素结构钢

优质碳素结构钢是指钢中的有害杂质及非金属夹杂物含量较少,化学成分控制得较为严格,塑性和韧性较高,多用来制造比较重要的零件。

这类钢的编号方法是以平均 W_C的万分数表示。例如,平均 W_C为 0.45%的优质碳素结构钢就称为 45 号钢。有的钢种含 Mn 量较高,可达 0.7%~1.2%则在数字后加一个 Mn,如 15Mn,45Mn。优质碳素结构钢的牌号为低碳钢(含碳量一般小于 0.25%)包括 05F,08F,08,10F,10,15F,15,20F,20,25,20Mn,25Mn 等,常用来制造螺钉、螺母、垫圈、小轴以及冲压件、焊接件,有时也用于制造渗碳件;中碳钢(含碳量一般在 0.25%~0.60%)包括 30,35,40,45,50,55,60,30Mn,40Mn,50Mn,60Mn 等,常用来制造轴、丝杠、齿轮、连杆、套筒、键、重要螺钉和螺母等;高碳钢(含碳量一般大于 0.60%)包括 65,70,65Mn 等,常用来制造小弹簧、发条、钢丝绳、轧辊等。

3)碳素工具钢

碳素工具钢的编号方法是在"碳"或"T"后加一位数字,数字表示钢的平均 W_C的千分数。例如,T7 表示平均碳含量为 0.7%。碳素工具钢都是优质钢,若为高级优质碳素工具钢,则在钢号后面加一个“高”字或 A,如高碳 12 或 T12A。

碳素工具钢的牌号主要有 T7—T13,T8Mn,用于制作刃具、模具和量具。

(2)**合金钢**

碳钢属于非合金钢,虽然它生产方便、加工容易、价格低廉,还能够通过控制其碳含量和各种热处理来满足不同性能的要求。但是,受于自身条件的制约,它的淬透性差;强度低,屈强比低;回火稳定性差;不具备某些特殊性能。因此,为了改善钢的性能,在非合金钢的基础上有意识地加入一些合金元素来获得新的钢种,称为合金钢。

合金钢的分类仍然是按照用途来分,如图 1.2 所示。

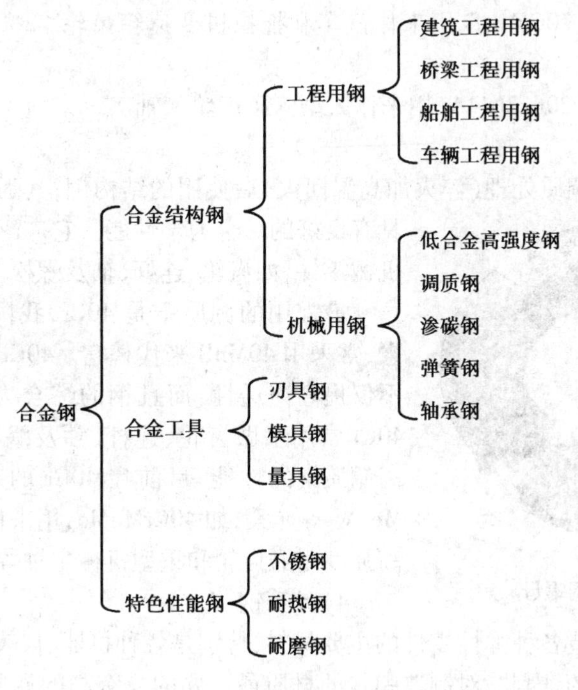

图 1.2　合金钢的分类

1)低合金高强度钢

低合金结构钢是一种低碳、低合金含量的结构钢,碳的含量低于 0.2%,合金的含量低于 3%。与非合金结构钢相比具有较高的强度,故又称“低合金高强度钢”。除了强度高外,它还具有较好的塑性、韧性、焊接性及耐蚀性等,所以多用于制造桥梁、车辆、船舶、锅炉、高压容器、油罐等。

选用低合金高强度钢不仅节约材料,而且在寒冷的北方更具优势,因为它比普通的低碳钢有更低的冷脆临界温度。这里面主要加的合金元素是 Mn,Ti,V,Cu,P 等。Mn 可提高强度又改善韧性和塑性,Ti,V 可起到细化晶粒和弥散强化的作用,提高钢的强度,Cu,P 可提高钢对大气的抗腐蚀能力。

常用的低合金高强度钢有 Q295,Q345,Q390,Q420,Q460。

2)渗碳钢

工业中,有非常多的零件,像汽车的变速齿轮、内燃机的凸轮,都是在冲击载荷和表面受到强烈的摩擦、磨损的条件下工作的。这类零件不仅要求它们表面具有高的强度、高耐磨性,而且心部又要具有高的韧性和足够的强度。因此,为了满足这类零件的要求,通常采用低碳钢或低碳钢进行表面渗碳后经过淬火和回火处理,称这类钢为渗碳钢。

常用的渗碳方法有两种,即气体渗碳和固体渗碳。气体渗碳是在井式炉中滴入煤油或甲醇、丙酮等有机液体,这些物质在高温下裂解形成渗碳气氛,渗碳气氛在钢的表面发生分解反应提供活性炭原子,活性炭原子被钢表面吸收并向钢的内部扩散。固体渗碳是将工件置于渗碳箱中,周围填满固体渗碳剂,密封后送入加热炉中进行加热渗碳。

常用的合金渗碳钢有以下 3 类:

①低淬透性钢,如 15Cr,20Cr。用来作活塞销、小齿轮、小轴等。

②中淬透性钢,如 20CrMnTi 用来作汽车和拖拉机变速箱齿轮, 20CrMn 用来作齿轮、轴、蜗杆、摩擦轮。

③高淬透性钢,如 20Cr2Ni4A,用来作大型渗碳齿轮和轴。

3)调质钢

调质钢是指经过调质处理(淬火加高温回火)后使用的结构钢,其强度高、塑性和韧性好,具有良好的综合力学性能。它广泛用于制造各种重要的机械零件,如齿轮、连杆、轴及螺栓。

图 1.3 调质钢螺母

最常用的调质钢是 40Cr,我国现在为了节约 Cr 元素,常采用 40MnB 来代替它。40Cr 由于 Cr 元素的存在,不仅提高淬透性,而且钢的综合力学性能也得到提高。40Cr 常用来做齿轮、连杆、轴及蜗杆等。为了更好地提高调质钢的性能,目前在 40Cr 的基础上又添加了 Mn,Mo,W 等元素,如 40CrMnMo,用来作一些重要的零件,如高强度耐磨齿轮和重型机械主轴等,如图 1.3 所示。

4)弹簧钢

弹簧钢是用来制造各种弹性零件的主要材料,特别是各种机器、仪表中的弹簧。由于它是在动载荷环境下工作的,因此,对制造弹簧的材质最主要的应有高的屈服强度;在承受重载荷时不引起塑性变形;应有高的疲劳强度,在载荷反复作用下具有长的使用寿命;有足够的韧性和塑性,以防在冲击力作用下突然脆断。

碳素弹簧钢的碳含量(质量分数)一般在 0.62%~0.90%。按照其锰含量又分为一般锰含量(质量分数)(0.50%~0.80%,如 65、70、85)和较高锰含量(质量分数)(0.90%~1.20%,如 65Mn)两类。合金弹簧钢是在碳素钢的基础上,通过适当加入一种或几种合金元素来提高钢的力学性能、淬透性和其他性能,以满足制造各种弹簧所需性能的钢。合金弹簧钢的基本组成系列有硅锰弹簧钢、硅铬弹簧钢、铬锰弹簧钢、铬钒弹簧钢及钨铬钒弹簧钢等。

最典型的弹簧钢是 65Mn 和 60Si2Mn。其淬透性好,强度较高,可制作截面尺寸较大的弹簧。在高温和高负荷条件下,常采用的是 50CrVA,55SiMnMoV,如图 1.4 所示。

图 1.4 65Mn 弹簧钢片

5）滚动轴承钢

滚动轴承钢主要是用来制作各种滚动轴承元件以及其他各种耐磨零件（如柴油机油泵嘴偶件）。滚动轴承一般由内圈、外圈、滚动体及保持架 4 部分组成。内圈的作用是与轴相配合并与轴一起旋转；外圈作用是与轴承座相配合，起支承作用；滚动体是借助于保持架均匀的将滚动体分布在内圈和外圈之间，其形状大小和数量直接影响着滚动轴承的使用性能和寿命；保持架能使滚动体均匀分布，防止滚动体脱落，引导滚动体旋转并起润滑作用。常见的滚动轴承件见表 1.2。

轴承钢最大的优势就是具有很高的硬度、耐磨性以及良好的耐疲劳强度，而且还有足够的韧性及耐腐蚀性能，在工作时能承受较大的局部交变负荷。

常用的滚动轴承钢主要是 GCr9，GCr15。这种钢多用来制造小型、中型轴承。而对于大型、重载荷轴承，多采用添加 Mn，Mo，Si，V 等元素的轴承钢，如 GCr15SiMn。

6）刃具钢

刃具钢是用来制造各种车刀、铣刀、刨刀、钻头及丝锥等各种切削刀具的材料。由于刀具在切削过程中，要受到较大的冲击和振动，而且刃部还承受很大的应力，并与切屑之间发生严重的摩擦、磨损而使刃部温度升高，有时可达到 500～600 ℃，因此对刃具钢具有较高的性能要求。

①高硬度，刀具的硬度一般要求要大于 60HRC。

②高耐磨性，耐磨性好可保证刀具的刃部锋利，经久耐用。

③高的热硬性即当刃部受热时，刀具仍能保持高硬度的能力称为热硬性。

④还需要足够的强度、韧性，避免在受到冲击和振动载荷时发生突然断裂。

刃具钢包括碳素工具钢、低合金刃具钢、高速钢及硬质合金。碳素工具钢在前面碳素钢讲过。常用的合金刃具钢有 9SiCr，CrWMn。

高速钢是指当切削温度高达 600 ℃时，硬度无明显下降，仍保持良好的切削性能。最典型的高速钢是 W18Cr4V。

硬质合金是将高熔点、高硬度的金属碳化物粉末和黏结剂混合，压制成形后经过烧结而成的中粉末冶金材料。其最大的特点是高强度和高硬度，切削速度比高速钢高 4～7 倍，寿命提高 5～8 倍。

7）模具钢

模具钢是指用来制造热作模具和冷作模具的钢种。模具是机械制造、无线电仪表和电机等工业部门中制造零件的主要加工工具。模具的质量直接影响着压力加工工艺的质量、产品的精度产量和生产成本，而模具的质量与使用寿命除了靠合理的结构设计和加工精度外，主要受模具材料和热处理的影响。

①热作模具钢

热作模具的特点是在承受较大的各种机械应力外，模膛还受到炽热金属和冷却介质（水、油和空气）的交替作用产生的热应力，模膛容易出现热疲劳现象。因此，对热作模具钢具有以下要求：

a.具有较高的强度和韧性，并有足够的耐磨性和硬度。

b.具有良好的抗热疲劳性。

c.具有良好的导热性及回火稳定性，以利于始终保持模具良好的强度和韧性。

表1.2　常见滚动轴承元件

分类	移向滚动轴承							推力转动轴承	
名称	单列向心球轴承	双列向心球面球轴承	单列向心距圆柱滚子轴承	双列向心球面滚子轴承	滚针轴承	向心擦力球轴承	圆柱滚子轴承	推力球轴承	推力滚动轴承
类型代号	0	1	2	3	4	6	7	8	9
图		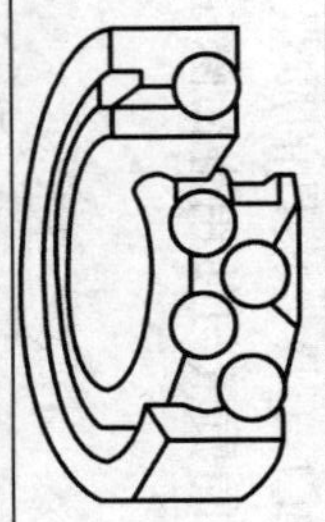	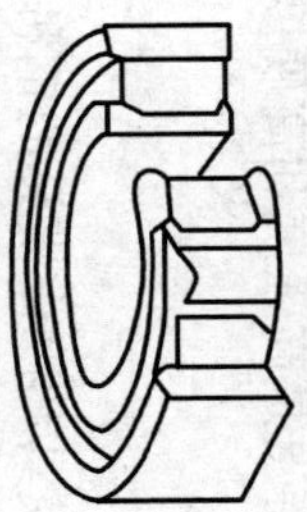	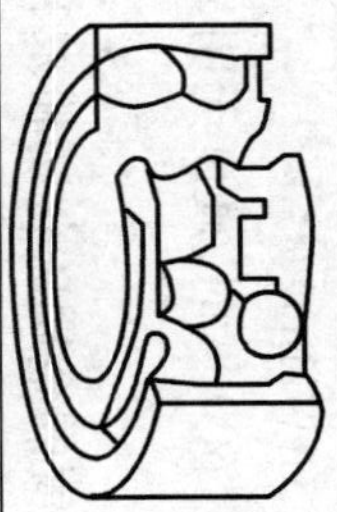	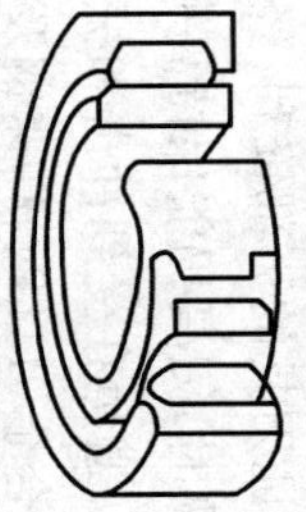	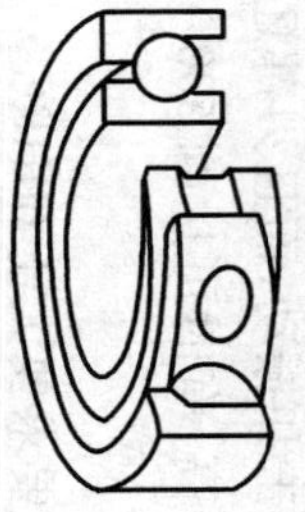	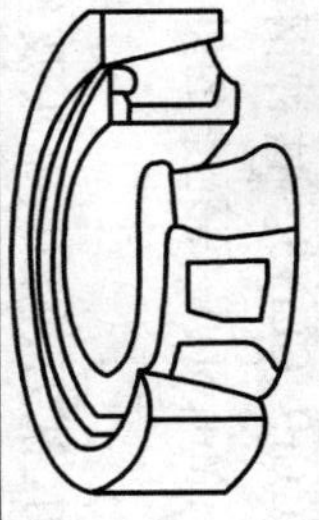	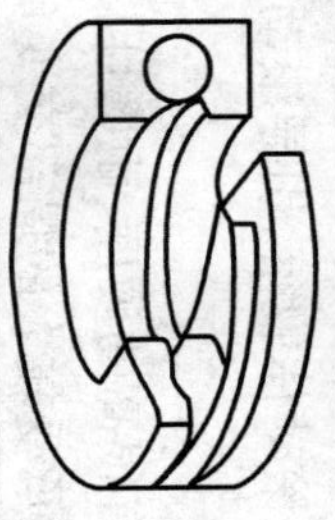	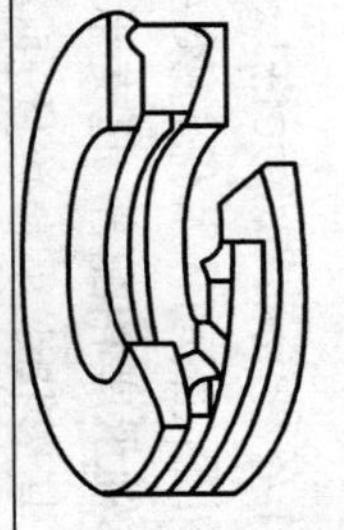
受力方向	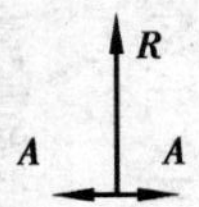 R, A, A	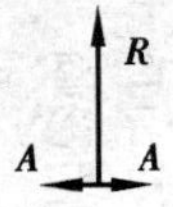 R, A, A	 R	 R, A, A	 R	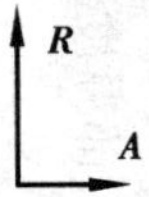 R, A	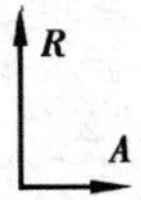 R, A	 A	 A

注：类型代号S为螺旋滚子轴承，R为竖向力，A为横向力。

d.为了保证模具的整体性能均匀一致，还要求此钢有足够的淬透性。

常用的热作模具钢有5CrMnMo，5CrNiMo，3Cr2W8V，4Cr5MoSiV。

②冷作模具钢

冷作模具钢是用来制造金属在冷态下变形的模具，如冷挤压模、拉丝模等。对这类模具在工作时要求有很高的强度、硬度、良好的耐磨性及足够的韧性。

常用的冷作模具钢有T10，9Mn2V，CrWMn等用来制备小的冷作模具钢；Cr12，Cr12MoV用来作大型冷作模具。

8）量具钢

量具钢是用来制作量规、块规、千分尺等测量工具的钢种。为了保证量具的精度，制造量具的钢应具有良好的尺寸稳定性、较高的硬度及耐磨性。对于量具钢而言，没有专门的钢，前面介绍的工具钢都可以选用。

9）不锈钢

不锈钢（Stainless Steel）是指耐空气、蒸汽、水等弱腐蚀介质和酸、碱、盐等化学侵蚀性介质腐蚀的钢，又称不锈耐酸钢。不锈钢不是绝对不腐蚀，只是腐蚀的速度慢一些。实际应用中，常将耐弱腐蚀介质腐蚀的钢称为不锈钢，而将耐化学介质腐蚀的钢称为耐酸钢。由于两者在化学成分上的差异，前者不一定耐化学介质腐蚀，而后者则一般均具有不锈性。

不锈钢常按组织状态分为马氏体钢、铁素体钢、奥氏体钢、奥氏体-铁素体（双相）不锈钢及沉淀硬化不锈钢等。另外，可按成分分为铬不锈钢、铬镍不锈钢和铬锰氮不锈钢等。

①铁素体不锈钢

含铬12%~30%。其耐蚀性、韧性和可焊性随含铬量的增加而提高，耐氯化物应力腐蚀性能优于其他种类不锈钢。属于这一类的有Cr17，Cr17Mo2Ti，Cr25，Cr25Mo3Ti，Cr28等。铁素体不锈钢因为含铬量高，耐腐蚀性能与抗氧化性能均比较好，但机械性能与工艺性能较差，多用于受力不大的耐酸结构及作抗氧化钢使用。这类钢能抵抗大气、硝酸及盐水溶液的腐蚀，并具有高温抗氧化性能好、热膨胀系数小等特点，用于硝酸及食品工厂设备，也可制作在高温下工作的零件，如燃气轮机零件等，如图1.5所示。

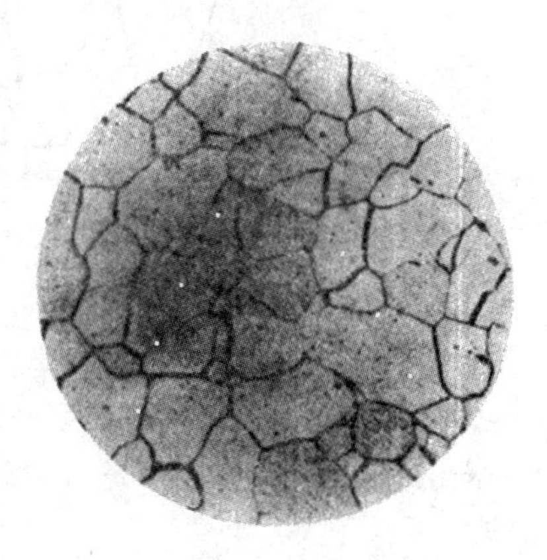

图1.5　铁素体

②奥氏体不锈钢

含铬大于18%，还含有8%左右的镍及少量钼、钛、氮等元素。综合性能好，可耐多种介质腐蚀。奥氏体不锈钢的常用牌号有1Cr18Ni9，0Cr19Ni9等。0Cr19Ni9钢的W_C低于0.08%，钢号中标记为“0”。这类钢中含有大量的Ni和Cr，使钢在室温下呈奥氏体状态。这类钢具有良好的塑性、韧性、焊接性及耐蚀性能，在氧化性和还原性介质中耐蚀性均较好，用来制作耐酸设备，如耐蚀容器及设备衬里、输送管道、耐硝酸的设备零件等。奥氏体不锈钢一般采用固溶处理，即将钢加热至1 050~1 150 ℃，然后水冷，以获得单相奥氏体组织，如图1.6所示。

③奥氏体-铁素体双相不锈钢

兼有奥氏体和铁素体不锈钢的优点，并具有超塑性。奥氏体和铁素体组织各约占一半的不锈钢。在含C较低的情况下，Cr含量在18%~28%，Ni含量在3%~10%。有些钢还含有

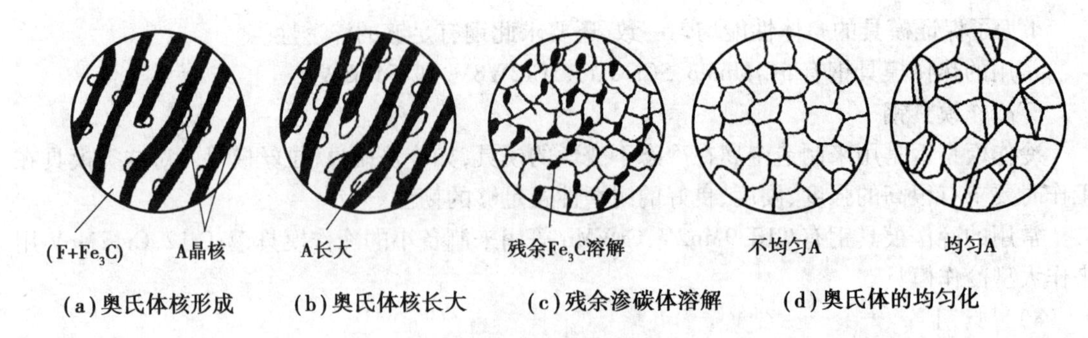

(a)奥氏体核形成　(b)奥氏体核长大　(c)残余渗碳体溶解　(d)奥氏体的均匀化

图 1.6　奥氏体的形成过程

Mo,Cu,Si,Nb,Ti,N 等合金元素。该类钢兼有奥氏体和铁素体不锈钢的特点,与铁素体相比,塑性、韧性更高,无室温脆性,耐晶间腐蚀性能和焊接性能均显著提高,同时还保持有铁素体不锈钢的 475 ℃脆性以及导热系数高,具有超塑性等特点。与奥氏体不锈钢相比,强度高且耐晶间腐蚀和耐氯化物应力腐蚀有明显提高。双相不锈钢具有优良的耐孔蚀性能,也是一种节镍不锈钢,如图 1.7 所示。

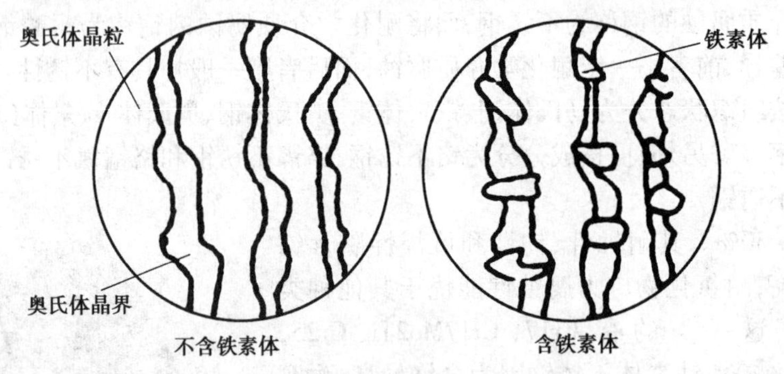

图 1.7　铁素体在奥氏体中的分布

④马氏体不锈钢

强度高,但塑性和可焊性较差。马氏体不锈钢的常用牌号有 1Cr13,3Cr13 等,因含碳较高,故具有较高的强度、硬度和耐磨性,但耐蚀性稍差,用于力学性能要求较高、耐蚀性能要求一般的一些零件上,如弹簧、汽轮机叶片、水压机阀等。这类钢是在淬火、回火处理后使用的。

⑤沉淀硬化不锈钢

基体为奥氏体或马氏体组织,沉淀硬化不锈钢的常用牌号有 04Cr13Ni8Mo2Al 等。它能通过沉淀硬化(又称时效硬化)处理使其硬(强)化的不锈钢。

10)耐热钢、耐磨钢

耐热钢是其具有高温抗氧化性和高温强度两方面性能。耐磨钢是指在受强烈冲击或摩擦时具有很高的抗磨损能力的钢,工业中常用的是高锰钢。

耐热钢常用 15CrMo,12CrMoV,Cr13 型马氏体钢来制造汽轮机叶轮、汽轮机叶片等,耐磨钢常用 ZGMn13(ZG 为“铸钢”)制备破碎机齿板、坦克履带等。

(3)铸铁

铸铁区别于碳素钢,是含碳大于 2.1%的铁碳合金,铸铁是将铸造生铁(部分炼钢生铁)在

图 1.8　HT200 灰铸铁

炉中重新熔化,并加进铁合金、废钢、回炉铁调整成分而得到。其成分除碳外还含有一定数量的硅、锰、硫、磷等化学元素和一些杂质。有时还加一些其他化学元素,如 Cr,Mo,V,Cu 等。

铸铁的强度、塑性韧性与钢相比较差,但是它却具有优良的铸造性能,良好的减磨性、耐磨性、消振性和切削加工性,以及缺口敏感性低等一系列优点。因此,广泛用于机械制造、冶金、石油加工、交通等工业部门。

铸铁可分为 3 大类:灰口铸铁、白口铸铁和麻口铸铁。但是,工业上几乎用不到白口铸铁和麻口铸铁,主要用灰口铸铁。

常用的灰口铸铁又分为灰铸铁、可锻铸铁、球墨铸铁及蠕墨铸铁 4 大类,如图 1.8 和图 1.9 所示。

图 1.9　球墨铸铁制造的产品

灰铸铁的牌号表示方法为“HT×××”。“HT”表示“灰铁“汉语拼音的字首,后续数字表示最低抗拉强度(MPa)的值。例如,HT100。

可锻铸铁的牌号表示方法为“KT×××”。

球墨铸铁的牌号表示方法为“QT×××”。

蠕墨铸铁的牌号表示方法为“R_uT×××”。

铸铁常用来制造机床床身、汽缸和箱体等结构件。

(4)**铝及铝合金**

铝及铝合金属于有色金属,工业上主要用的就是纯铝和铝合金。

1)纯铝

工业纯铝一般定为纯度 99.0%~99.9%的铝,中国定为纯度 98.8%~99.7%的铝。中国塑性变形加工工业纯铝牌号有 1080,1080A,1070,107000A(L1),1370,1060(L2),1050,1050A(L3),1A50(LB2),1350,1145,1035(L4),1A30(L4-1),1100(L5-1),1200(L-5),1235 等。

图 1.10　工业纯铝

工业纯铝具有:密度小且可强化;易加工;耐腐蚀而且导电、导热性好;无低温脆性;美观且反射性强;有吸音性;耐核辐射等特点,故可作电工铝,如母线、电线、电缆、电子零件;可作换热器、冷却器、化工设备;烟、茶、糖等食品和药物的包装用品,啤酒桶等深冲制品;在建筑上作屋面板、天棚、间壁墙、吸音和绝热材料,以及家庭用具、炊具等。如图 1.10 所示。

2)铝合金

根据铝合金的成分及工艺特点,可分为形变铝合金和铸造铝合金两类。

形变铝合金又根据热处理能不能强化分为防锈铝合金(不能强化)和热处理强化的铝合金(分为硬铝、超硬铝及锻造铝合金)。铸造铝合金常用来制作铸件,要求具有良好的铸造性能,可分为 Al-Si 系、Al-Cu 系、Al-Mg 系、Al-Zn 系 4 大类,其代号用“铸铝”的汉语拼音字首“ZL”再加 3 位数字表示,第一位数字表示合金的类别(Al-Si 系为 1,Al-Cu 系为 2,Al-Mg 系为 3,Al-Zn 系为 4),后面两位数字为合金顺序号,以区别不同的化学名称。其牌号用“Z ”和基本元素的化学符号+主要合金化学元素符号+数字(合金元素的含量,用%表示),牌号后面加 A 表示优质。例如,ZAlSi7Mg。

常用铝合金的用途见表 1.3。

表 1.3　常用铝合金的用途

类　别	常用牌号	用　途
防锈铝合金	LF5,LF21	焊接油桶、油管、焊条及中载和轻载零件
硬铝合金	LY1,LY11,LY12	骨架、叶片、中等强度的铆钉
超硬铝合金	LC4,LC6	主要受力构件,如飞机大梁等
锻铝合金	LD5,LD7,LD10	高温下工作的复杂锻件及构件、承受重载的锻件、形状复杂、中等强度的锻件
Al-Si 合金	ZAlSi7Mg,ZAlSi9Mg,ZAlSi12	飞机、仪器零件、仪表、抽水机壳体等外形复杂件、风冷发动机汽缸头、油泵壳体
Al-Cu 合金	ZAlCu5Mn,ZAlCu10	内燃机汽缸头、活塞、高温不受冲击的零件
Al-Mg 合金	ZAlMg10,ZAlMg5Si1	舰船配件、氨用泵体
Al-Zn 合金	ZAlZn11Si7,ZAlZn6Mg	结构、形式复杂的汽车,飞机仪器零件

(5)铜及铜合金

1)纯铜

纯铜是含铜量最高的铜,因为颜色紫红又称紫铜,主成分为铜加银,含量为 99.7%~99.95%,由于具有突出的导电性、导热性,可用来制造导电器材。又由于纯铜是一种逆磁物质,可用来制作不受外来磁场干扰的各种仪器表,如图 1.11 所示。

2）黄铜

图 1.11　纯铜

Cu-Zn 系合金为黄铜。如果只是由铜、锌组成的黄铜则称为普通黄铜。如果是由两种以上的元素组成的多种合金就称为特殊黄铜。例如，由铅、锡、锰、镍、铅、铁、硅组成的铜合金。黄铜有较强的耐磨性能。特殊黄铜又称特种黄铜。它强度高、硬度大、耐化学腐蚀性强，还有切削加工的机械性能也较突出。

普通黄铜的牌号表示方法为“H××”。其中，“H”为“黄”的汉语拼音字母，“××”表示平均 W_{Cu}，如 H70，H80，H62。

特殊黄铜的牌号表示方法为“H+除 Zn 外的第二个主加元素符号+数字（W_{Cu}）+“-”+数字（除 Zn 外的第二个主加元素的含量）。例如，HPb66-3 表示 W_{Cu}66%，W_{Pb}3%，余量为 W_{Zn}的铅黄铜。表 1.4 为常用黄铜的牌号及用途。

表 1.4　常用的黄铜牌号及用途

类　别	牌　号	用　途
普通黄铜	H70，H80，H62	制造弹壳、冷凝器官、垫圈、弹簧、螺钉、螺母、热轧零件等
特殊黄铜	HPb59-1，HMn58-2	螺钉等冲压或加工件、船舶和弱电流零件

3）青铜

青铜为 Cu-Sn 合金，青铜又包括锡青铜、铝青铜（Cu-Al）、铅青铜以及铍青铜（Cu-Be）等。

青铜的编号方法是：代号“Q”+主加元素符号+主加元素含量。例如，ZCuSn5Pb5Zn5 表示 Sn 的含量为 5%、Pb 的含量为 5%、Zn 的含量为 5%、余量为 Cu 的铸造锡青铜。

几种常用青铜的牌号及用途见表 1.5。

表 1.5　几种常用青铜的牌号及用途

类　别	牌　号	用　途
锡青铜	ZCuSn5Pb5Zn5	耐磨零件、耐磨轴承
铅青铜	ZCuPb10Sn10，ZCuPb30	轴承、曲轴、轴瓦、高速轴承
铝青铜	ZCuAl9Mn2	弹簧及弹性零件等
铍青铜	QBe2	重要弹簧、弹簧零件、高速高压齿轮、轴承等

（6）钛及钛合金

钛（Ti）及其合金因其具有质量轻、强度高、耐蚀性好、耐高温及良好的低温韧性等特点，因而在飞机、航天、导弹等工业方面得到较广泛的应用。

1）纯钛

工业纯钛的牌号以“TA”+数字表示，数字越大其杂质越多、强度越高、塑性越低。可分为 TA1，TA2，TA3 这 3 种。

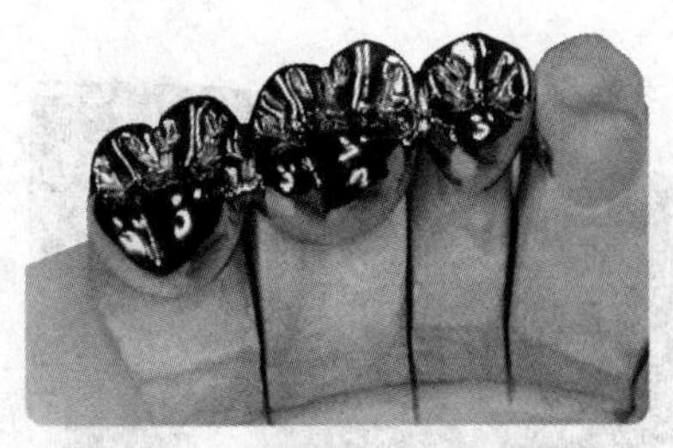
图 1.12　纯钛制作的医用假牙

工业纯钛塑性高,具有优良的焊接性能和耐蚀性能,长期工作温度可达 300 ℃,可制成板材、棒材等,可直接用于飞机、船舶、化工等行业,以及制造各种耐蚀并在 300 ℃以下工作且强度要求不高的零件,如热交换器、制盐厂的管道等,如图 1.12 所示。

2) 钛合金

在钛中加入合金元素形成钛合金,使纯钛的强度获得显著提高。钛合金按照退火状态下的相组成可分为 α 型钛合金、β 型钛合金、α+β 钛合金,分别用 TA,TB,TC 表示。我国常用的钛合金牌号及用途见表 1.6。

表 1.6　常用钛合金牌号及用途

类　别	牌　号	用　途
α 型钛合金	TA7	宇航工业中标准型的压力容器材料
	TA8	超音速飞机的涡轮壳
β 型钛合金	TB2	制造 350 ℃以下工作的飞机压气机叶片、弹簧等
α+β 钛合金	TC4	制造航空发动机压气机盘和叶片、火箭发动机的壳体

1.2.2　金属材料的选用

(1) 性能使用性原则

根据零件的工作环境条件、力学负荷条件,按照材料的性能指标来选择相应的金属材料。一般来说,不同的钢种都是为满足一定的性能而设计的,其化学成分、性能指标都要符合一定的标准,因此,可根据材料力学所计算的性能指标来选择相应的金属材料。这也是最通常采用的方法。需要指出的是,一般情况下不可能正好找到最适合的材料,那么,可选择较高一级的材料。

(2) 失效性选择原则

任何机件在服役过程中, 经过一定时间后, 产生了一定的损坏现象, 使其不能继续正常地工作, 或达不到预期要求, 或变得不安全可靠, 丧失了或部分丧失了原有的功能, 这种现象就是失效。分析该材料的零件如何失效及失效的主要原因, 采取的对应措施,重新选择材料。该方法不适合新型材料零件的选择,但是,可通过分析相关零件的失效特点比照进行,之后, 通过实验, 选择合适的材料, 这是目前较先进的材料选择方法。

(3) 加工工艺选择原则

任何金属材料制造的零件或部件都是通过不同的加工工艺、采用不同的加工设备以及通过不同的加工而生产制造出来的。那么,在考虑材料价格的同时, 必须考虑工艺加工成本。例如,有些塑料模具的材料成本只占总成本的 5% ,可是加工成本却高达 50% 以上。特别是当零件的体积比较小时更是如此。因此, 在这种情况下, 应充分考虑材料的工艺加工性, 以降低加工成本。

(4) 加工批量原则

加工批量也影响着材料的选择。单件、小批量和大批量生产是截然不同的。大批量生产的零件，由于适用于自动化，此时，加工工艺专业化，可采用成本低廉、加工性能良好的材料；单件、小批量生产的零件，由于没有专业化加工设备，因而加工工艺问题就比较突出，这时的选材就应特别注重考虑加工批量与工艺之间选择的问题。

(5)**经济原则**

在选材时，应进行成本核算。应考虑材料本身成本、加工工艺成本、市场宣传成本、管理成本、包装成本及运输成本。通过成本核算，选定合算的材料。

具体选用实例，已在上节中提到，在此不再赘述。

1.3 非金属材料

1.3.1 高分子材料

高分子材料以其具有质量轻、比强度高、比模量高、耐腐蚀性能好、绝缘性好等优良性能被广泛地运用在工程结构中，它是以高分子化合物为主要组分的材料。高分子化合物的分子量很大，每个分子可含有几千、几万甚至几十万个原子。高分子化合物有天然高分子化合物和人工合成高分子化合物两大类。常见的天然高分子化合物有蚕丝、羊毛、淀粉、蛋白质及天然橡胶等。

高分子材料可分为有机高分子材料（塑料、橡胶、合成纤维等）和无机高分子材料（松香、纤维素等）。工业上我们主要运用的是有机高分子材料，通常分为塑料、橡胶、合成纤维、涂料及胶黏剂5类。这里主要简单介绍一下塑料和橡胶。

(1)**塑料**

塑料是我们最熟悉的高分子材料，它具有质量轻、比强度高、耐腐蚀、消声、隔热、良好的减摩耐磨性和电性能。在日常生活中已经屡见不鲜，随着工程塑料的发展，现在在工农业、交通运输业以及国防工业各个领域都得到广泛运用，如图1.13所示。

图1.13 PE塑料颗粒

常用的工程塑料有以下两种：

1)热塑性塑料

热塑性塑料是指具有加热软化、冷却硬化特性的塑料。

常见的热塑性塑料如图1.14所示。

聚乙烯(PE)
- 高压聚乙烯：质地柔软，适宜制造薄膜、软管
- 低压聚乙烯：质地坚硬，制造化工设备的管道、槽及电缆、电线包皮等

聚氯乙烯(PVC)
- 硬质聚氯乙烯：离心泵、水管接头、建筑材料
- 软质聚氯乙烯：薄膜、电线电缆的绝缘层

图1.14 常见的热塑性塑料

①聚丙烯(PP)

它的强度、刚性、硬度都优于聚乙烯,并具有良好的耐热性,可作各种机械零件、医疗器械、生活用具等。

②聚苯乙烯(PS)

它具有良好的耐腐蚀性和绝缘性,是隔音、包装、救生等器材的绝佳材料。

③ABS 塑料

它具有良好的综合性能,在机械工业中可制作齿轮、叶轮、设备外壳,化工设备的各种容器、管道等,以及电气工业中的仪表、设备的各种配件等。

④聚酰胺(PA)

它又称尼龙,具有良好的力学性能,尤其优越的耐磨性,制作轴套、齿轮及机床导轨等机械零件。

⑤聚甲醛(POM)

它适用于制作轴承、齿轮、凸轮表外壳以及仪表盘等零件。

⑥聚碳酸酯(PC)

它可制作齿轮、凸轮、蜗轮以及电器仪表零件,又由于具有较高的透光率,可作大型灯罩、防护玻璃、飞机驾驶室风挡等。

⑦聚四氟乙烯(F-4)

它俗称“塑料王”,具有极佳的化学稳定性,优于陶瓷、不锈钢、甚至金、铂等。它适用于制作化工设备的管道、阀门、泵、密封圈、轴承以及医用的人工心脏、人工肺、人工血管等。

2)热固性塑料

热固性塑料是指在受热或其他条件下能固化或具有不溶(熔)特性的塑料。

常见的热固性塑料有以下两种:

①酚醛树脂(PF)

它是指以酚醛树脂为基,加入木粉、布、石棉、纸等填料,经固化处理而形成的固性塑料。具有较高的强度和硬度,较高的耐热性、耐磨性、耐腐蚀性及良好的绝缘性。可制作齿轮、耐酸泵、雷达罩、仪表外壳等。但是较脆、耐光性差。

②环氧树脂(EP)

它是指以环氧树脂为基,加入各种添加剂,经固化处理形成的热固性塑料。具有比强度高,耐热性、耐腐蚀性、绝缘性及加工成型好的特点。它可用于制作模具、精密量具、电气及电子元件等重要零件,但是价格昂贵。

(2)橡胶

橡胶是一种具有弹性的聚合物,可在高弹态的力学状态下使用。具有优良的伸缩性和可贵的积蓄能力的能力,良好的耐磨性、绝缘性、隔音性,还具有一定的强度和硬度等。因此被广泛地运用在弹性材料、密封材料、减振防振材料、传动材料、绝缘材料中。

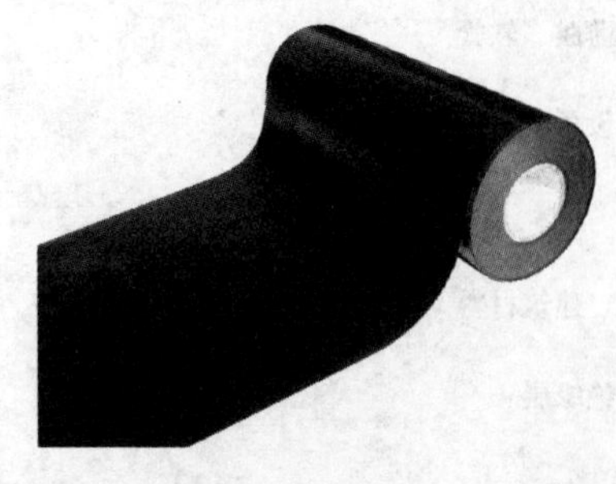

图 1.15　橡胶带

橡胶分为天然橡胶和合成橡胶两大类。合成橡胶用得最多的还是通用合成橡胶。

天然橡胶具有较高的弹性、较好的力学性能、良好的电

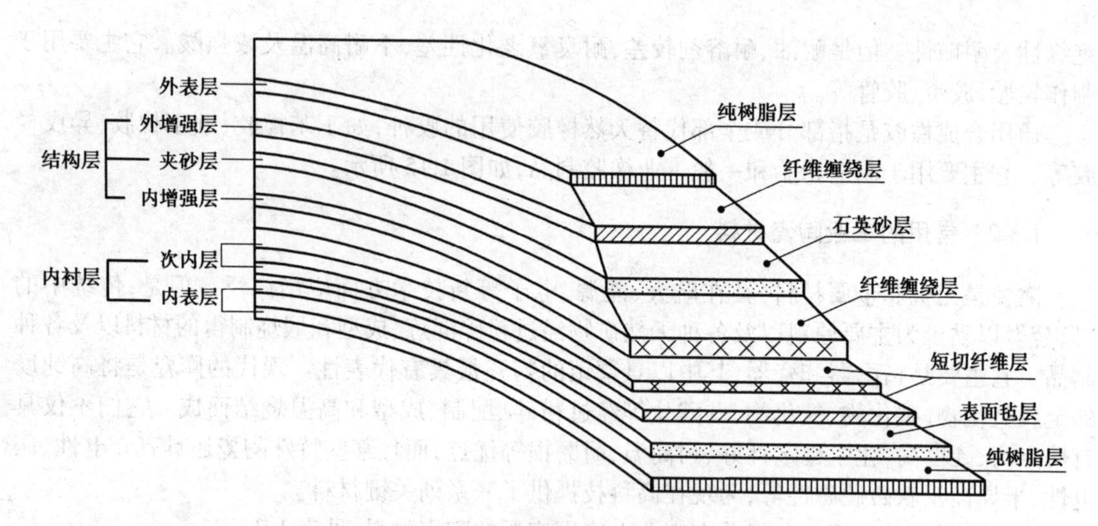

图 1.16　玻璃钢结构示意图

的是以聚四氟乙烯为表面层的 SF-1 和以聚甲醛为表面层的 SF-2 型两种,用于制造各种机械、车辆等的无润滑的轴承。

(3)颗粒复合材料

颗粒复合材料是一种或多种颗粒均匀分布在基体材料内所组成的材料。常用的颗粒复合材料就是金属陶瓷。它具有强度高、硬度高、耐磨性高、耐腐蚀、耐高温以及膨胀系数小等特性,是现优选的工具材料。例如,WC-Co 系硬质合金。

1.4　功能材料

在工业中,不仅需要以强度为指标为主的结构材料,还需要一些具有特殊的物理、化学性能的功能材料。因此,功能材料就是指具有特殊的电、磁、光、热、声、力、化学性能和生物性能及其转化的功能,用于非结构性的高新材料。这里主要是简单介绍一下电功能、磁功能以及热功能和光功能材料。

1.4.1　电功能材料

电功能材料是指利用材料的电学性能和各种电效应等电功能的材料。它包括导电材料、介电材料、压电材料及光电材料。

导电材料就是日常所说的导体、半导体和超导体材料。

介电材料又俗称电介质,材料在电场的作用下外表现出极化强度。电容器所用的材料就是这一类。

压电材料是指具有压电效应的材料。压电效应是指没有对称中心的材料受到机械应力作用处于应变状态时,材料内部会引起电极化的现象。利用压电材料可制成各种传感器、扬声器、超声探测仪等,如图 1.17 所示。

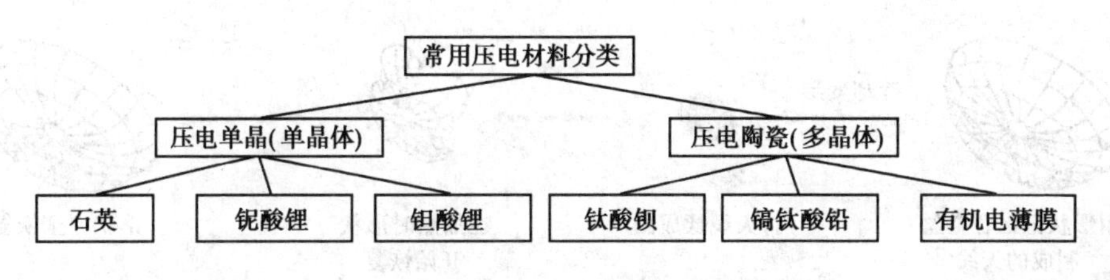

图1.17　常用的压电材料

光电材料是受光照射后,电导率急速增加的一种材料。它主要应用于太阳能利用、静电复印等。

1.4.2　磁功能材料

磁性是物质的基本属性之一。由于物质内部的电子运动和自旋,因而会产生一定大小的磁场。一切物质都具有磁性。但是,我们所指的磁功能材料是指那些具有较强磁性的材料,其广泛应用在电子器件、通信、计算机、汽车及航空航天等工业领域。

磁性材料分为软磁材料(铁芯)、硬磁材料(磁铁)、矩磁材料(记忆元件)。

(1)软磁材料

软磁材料是指在外磁场作用下,很容易磁化,去掉外磁场时又很容易去磁的磁性材料。常用的软磁材料有电工纯铁、硅钢片和铁铝合金等。

(2)硬磁材料

硬磁材料是指具有很强的抗退磁能力和高的剩余磁感应强度的强磁性材料,又称永磁材料。硬磁材料一旦经外加磁场饱和强化后,如果撤去外加磁场,在磁铁两个磁极之间的空隙便可产生恒定磁场,对外界提供有用的磁能。常用的硬磁材料有铝镍钴系永磁和铁氧体永磁。

(3)矩磁材料

矩磁材料是指一种具有矩形磁滞回线的铁氧体材料。常用的有镁锰铁氧体。它主要应用于各种类型电子计算机的存储器磁心。

1.4.3　热功能及光功能材料

热功能材料是指随着温度的变化,其某些物理性能发生显著的变化,如热胀冷缩、出现形状记忆效应或热电效应等。例如,膨胀材料、形状记忆材料和测温材料。

热膨胀是指材料的长度或体积在不加外力时随温度的升高而变大的现象。材料热膨胀的原因是原子间的平均距离随温度的升高而增大,也就是由原子的非简谐振动引起的。材料原子间的结合键越强,则给定温度下的热膨胀系数越小。因此,陶瓷材料的热膨胀系数最小,而高聚物的热膨胀系数最大。

记忆性材料是指将具有某种初始形状的制品进行变形后,通过加热等手段处理时,制品又恢复到初始形状。运用最广泛的是机械工程领域中的热套;生物医学方面用的接骨板、人工关节等;还有空间技术中的压缩天线,如图1.18所示。

光功能材料指在外场(电、光、磁、热、声、力等)作用下,利用材料本身光学性质(如折射率或感应电极化)发生变化的原理,去实现对入射光信号的探测、调制以及能量或频率转换作用

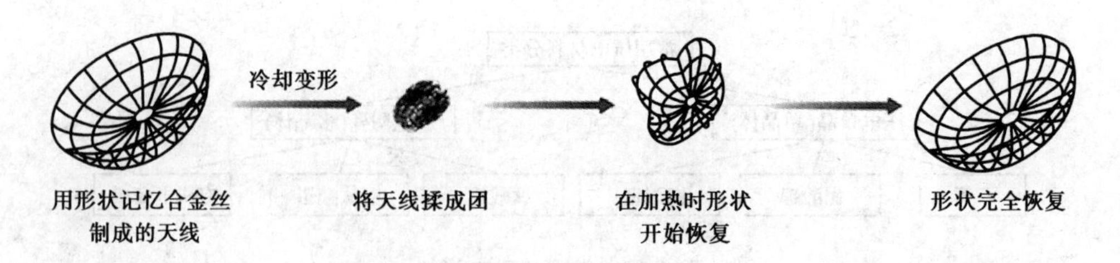

图 1.18　压缩天线的压缩与复原过程

的光学材料的统称。按照具体作用机理或应用目的的不同,尚可把光功能材料进一步区分为电光材料、磁光材料、弹光材料、声光材料、热光材料、非线性光学材料及激光材料等多种,这里不一一介绍。

思考题

1.1　试列举单晶质材料、多晶质材料、非晶态材料及准晶态材料各两种。

1.2　试分析导电材料、半导体材料和磁性材料的异同。

1.3　碳素钢中含哪些金属元素？试分析各合金元素含量对碳素钢的强度、韧性、导电性、导热性的影响。

1.4　刃具钢可否应用于建筑行业？为什么？

1.5　试分析不锈钢中铁素体、奥氏体和马氏体的产生,以及它们对钢体材料的影响。

1.6　试分析钛合金在未来的发展前景。

1.7　简述非金属材料的优缺点及应用。

1.8　简述复合材料的优缺点及应用。

第2章 机械产品生产装备

2.1 概 述

2.1.1 机床在国民经济中的地位和作用

金属切削机床是一种用切削方法加工金属零件的工作机械。它是制造机器的机器，因此又称工作母机或工具机，在我国，习惯上简称机床。

一个国家要繁荣富强，必须实现工业、农业、国防和科学技术的现代化，这就需要一个强大的机械制造业为国民经济各部门提供现代化的先进技术设备与装备，即各种机器、仪器和工具等。

在一般机械制造厂中，机床可占机械设备总台数的50%～70%，机床所负担的加工工作量，占机械制造总工作量的40%～60%。可见，机床技术性能的高低直接影响机械产品的质量及其制造经济性。

2.1.2 我国机床的发展水平

中国机床工业经过近几年的高速发展，已经具备相当规模，产品门类齐全，数控机床的品种从几百种发展到近两千种，全行业开发出一批市场急需的新产品，填补了国内空白。一批高精、高速、高效，一批多坐标、复合、智能型，一批大规格、大吨位、大尺寸的数控机床新产品，满足了国家重点用户需要。目前，中国机床工业正在通过调整产业结构、产品结构，提高自主创新能力，转变发展方式，借鉴国际先进制造技术，培育企业高水平的自主开发和创新能力，以精密、高效、柔性、成套、绿色需求为方向，以改革、改组、改造为动力，购并国际名牌企业和产品，努力提高国产机床市场占有率，不断拓宽机床工具产品的发展空间。

中国机床工业2009年在世界金融危机背景下一枝独秀，产值跃居世界第一，但中国机床工业虽大却不强，与世界先进水平仍有很大的差距。中国机床工业的“大”表现在：2009年中国首次成为世界机床第一大国，连续8年是世界机床第一消费大国和第一进口国；“不强”表现在：

(1)**低档产品产能过剩**

中国经济建设所需的高档数控机床主要依赖进口,中国拥有比较完善的产业链,但是发展中高档数控机床所需的数控系统和功能部件主要来自境外。中国机床工具行业生产的主导产品与国民经济发展需求不相适应,行业低档产品产能过剩与高档产品能力不足,国产高性能功能部件与主机发展配套失调,科研计划成果多但产业化应用效果不明显。

(2)**科技基础薄弱、产品质量水平低**

从整体上讲,我国机床工业技术水平低,重大技术装备和关键产品远不能满足国名经济快速增长的需要,与发达国家相比,我国机床工业企业物流在产品质量、技术水平还是在市场竞争能力方面,均存在着阶段性的差距,而且还有进一步拉大的趋势,不少企业装备陈旧,生产工艺落后,产品质量不稳定,一些基础元器件和零部件的可靠性差,基础机床的精度、效率较低。由于国产机床的质量不能满足用户的需求,导致近几年机床进口骤增,进出口逆差巨大,尽管国内机床市场需求旺盛,但将近一半的国内市场被外商占领了。目前,高精尖产品市场被西方发达国家占领,大型、重型和普通机床市场被俄罗斯占领,普及型数控机床台湾产品大量涌入。

(3)**缺乏大型国际集团、市场竞争力弱**

中国虽然有世界上数量最多的机床制造厂家,但还缺少著名的跨国机床集团和世界级的“精、特、专”企业。目前,我国机床行业发展得较好的大型企业包括沈阳机床集团、大连机床集团、济南一机床集团、重庆机床集团、陕西秦川机床工具集团等,但还很难与世界顶级机床集团比肩。

2.2 机床的分类和型号

2.2.1 机床的类型

机床的分类方法很多,最基本的是按机床的主要加工方法、所用刀具及其用途进行分类。

根据国家标准 GB/T 15375—1994,按加工性质和所用刀具的不同,机床可分为 12 大类:车床、钻床、镗床、磨床、齿轮加工机床、螺纹加工机床、铣床、刨插床、拉床、特种加工机床、锯床及其他机床。

①按通用程度分类如下:

a.通用机床

它的加工范围较广,通用性较好,可用于加工各种零件的不同工序,但机床结构比较复杂,主要适用于单件小批生产。例如,卧式车床、万能升降铣床等。

b.专门化机床

它的加工范围较窄,专门用于加工某一类或某几类零件的某一道或某几道特定工序。例如,精密丝杠车床、曲轴车床等。

c.专用机床

它的加工范围最窄,只能用于加工某一种零件的某一道特定工序。它的生产率较高,自动化程度也高,适用于大批量生产。例如,加工车床床身导轨的专用龙门磨床。

②按加工精度,可分为普通、精密和高精度机床。

③按自动化程度,可分为手动、机动、半自动及自动机床。

④按机床质量,可分为仪表、中型、大型、重型机床及超重型。

此外,机床还可按主要工作器官的数目进行分类,如单刀机床、多刀机床、单轴机床及多轴机床等。目前,机床正在向数控化方向发展,而且其功能也在不断增加。

2.2.2　机床的型号

根据《金属切削机床型号编制方法》(GB/T 15375—1994)规定,我国的机床型号由汉语拼音字母和阿拉伯数字按一定规律组合而成,适用于各类通用机床和专用机床(组合机床除外),如图2.1所示。

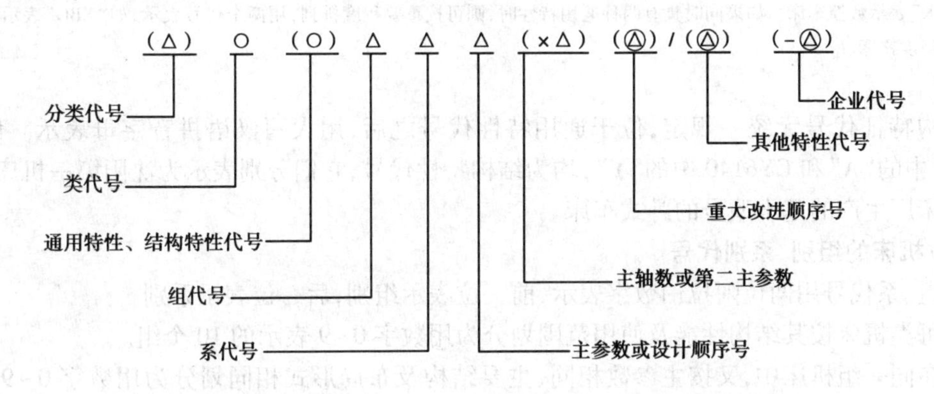

图2.1　机床型号表示代号

(1)机床的类别代号

机床的类别代号用大写的汉语拼音字母表示,并按相应的汉字字意读音。当需要时,每类又可分为若干分类,分类代号用阿拉伯数字表示,放在类代号之前,但第一分类不予表示。见表2.1。

表2.1　机床的类代号、分类代号及其读音

类别	车床	钻床	镗床	磨床			齿轮加工机床	螺纹加工机床	铣床	刨床	拉床	电加工机床	锯床	其他机床
代号	C	Z	T	1M	2M	3M	Y	S	X	B	L	D	J	Q
读音	车	钻	镗	磨	磨	磨	牙	丝	铣	刨	拉	电	锯	其

(2)机床的通用特性和结构特性代号

通用特征代号位于类代号之后,用大写汉语拼音字母表示,见表2.2。

表 2.2　通用特征代号

通用特性	代　号	通用特性	代　号
高精度	G	自动换刀	H
精　密	M	仿　形	F
自　动	Z	万　能	W
半自动	B	轻　型	Q
数字程序控制	K	简　式	J

例如:“CK”表示数控车床。如果同时具有两种通用特性时,则可按重要程度排列,用两个代号表示,如“XBG”表示半自动高精度铣床。

结构特征代号无统一规定,位于通用特性代号之后,用大写汉语拼音字母表示。例如,CA6140 中的“A”和 CY6140 中的“Y”,均为结构特性代号,它们分别表示为沈阳第一机床厂和云南机床厂生产的基本型号的卧式车床。

(3)机床的组别、系别代号

①组、系代号用两位阿拉伯数字表示,前一位表示组别,后一位表示系别。

②每类机床按其结构性能及使用范围划分为用数字 0~9 表示的 10 个组。

③在同一组机床中,又按主参数相同、主要结构及布局形式相同划分为用数字 0~9 表示的 10 个系。

(4)机床主参数、设计顺序号及第二主参数

①机床主参数是表示机床规格大小的一种尺寸参数。在机床型号中,用阿拉伯数字给出主参数的折算值,位于机床组、系代号之后。

②某些通用机床,当无法用一个主参数表示时,则用设计顺序号来表示。

③第二主参数是对主参数的补充,如最大工件长度、最大跨距、工作台工作面长度等,第二主参数一般不予给出。

例如,CA6140 型卧式机床中主参数的折算值为 40(折算系数是 1/10),其主参数表示在床身导轨面上能车削工件的最大回转直径为 400 mm。

根据通用机床型号编制方法,举例如下:

①CA6140。C:类别代号(床类);A:结构性代号(A 结构);6:组别代号(卧式车床组);1:系别代号(普通车床系);40:主参数代号(床身上最大回转直径 400 mm)。

②MM7132A。M:类别代号(磨床类);M:通用特性代号(精密);7:组别代号(平面及端面磨床组);1:系别代号(卧轴矩台平面磨床系);32:主参数代号(工作台面宽度 320 mm);A:重大改进顺序号(第一次重大改进)。

③Z3040X46/S2。Z:类别代号(钻床类);3:组别代号(摇臂钻床组);0:系别代号(摇臂钻床系);40:主参数代号(最大钻孔直径 40 mm);X46:第二主参数(最大跨距 1 600 mm);S2:企业代号(沈阳第二机床厂)。

2.3　常用普通机床

2.3.1　车床

车床类机床主要是使用各种车刀对内外圆柱面、圆锥面、成形回转体表面及其端面、各种内外螺纹等进行加工,还可使用钻头、扩孔钻、铰刀进行孔加工,使用丝锥、板牙进行内外螺纹加工等,如图2.2所示。

图2.2　典型车床

(1)车床的组成部分

主要组成部件有主轴箱、交换齿轮箱、进给箱、溜板箱、刀架、尾架、光杠、丝杠、床身、床脚及冷却装置,如图2.3所示。

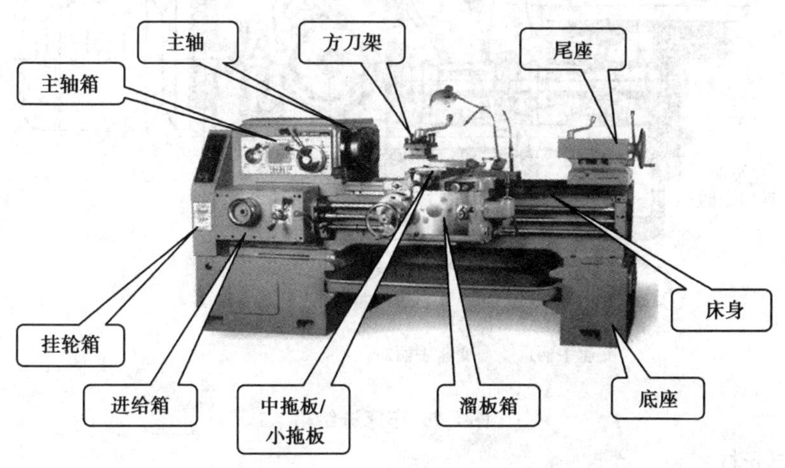

图2.3　CA6140车床

1)主轴箱

主轴箱又称床头箱,它的主要任务是将主电机传来的旋转运动经过一系列的变速机构使主轴得到所需的正反两种转向的不同转速,同时主轴箱分出部分动力将运动传给进给箱。主轴箱中的主轴是车床的关键零件。主轴在轴承上运转的平稳性直接影响工件的加工质量,一旦主轴的旋转精度降低,则机床的使用价值就会降低,如图 2.4 所示。

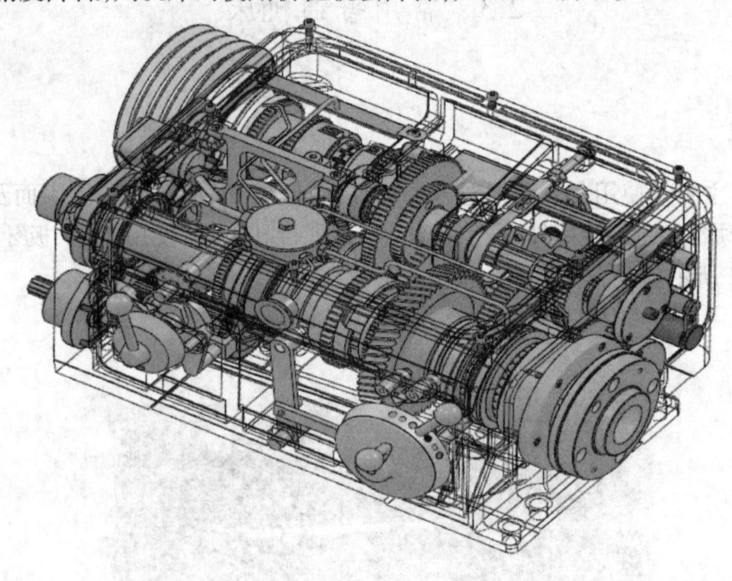

图 2.4　车床主轴箱

2)进给箱

进给箱又称走刀箱,进给箱中装有进给运动的变速机构,调整其变速机构,可得到所需的进给量或螺距,通过光杠或丝杠将运动传至刀架以进行切削,如图 2.5 所示。

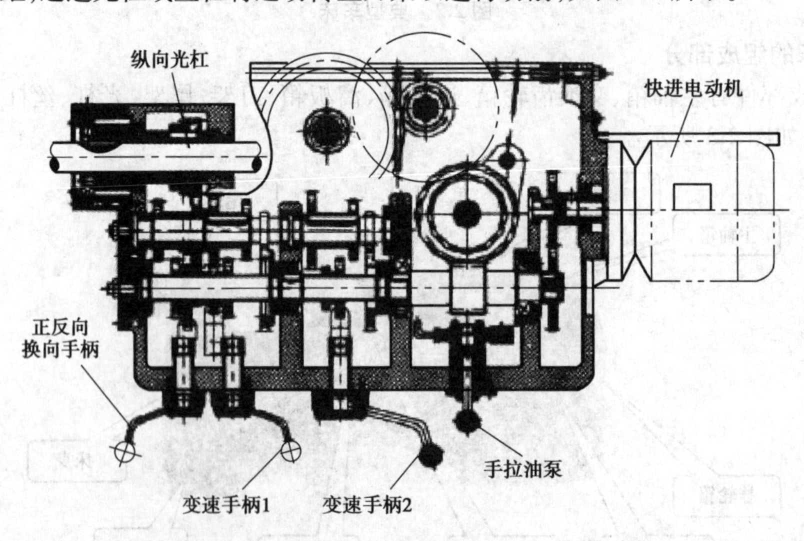

图 2.5　车床进给箱

3)丝杠与光杠

丝杠与光杠用以连接进给箱与溜板箱,并把进给箱的运动和动力传给溜板箱,使溜板箱获得纵向直线运动。丝杠是专门用来车削各种螺纹而设置的,在进行工件的其他表面车削时,只用光杠,不用丝杠。因此,要结合溜板箱的特征区分光杠与丝杠。

4)溜板箱

溜板箱是车床进给运动的操纵箱,内装有将光杠和丝杠的旋转运动变成刀架直线运动的机构。它通过光杠传动实现刀架的纵向进给运动、横向进给运动和快速移动,通过丝杠带动刀架作纵向直线运动,以便车削螺纹,如图 2.6 所示。

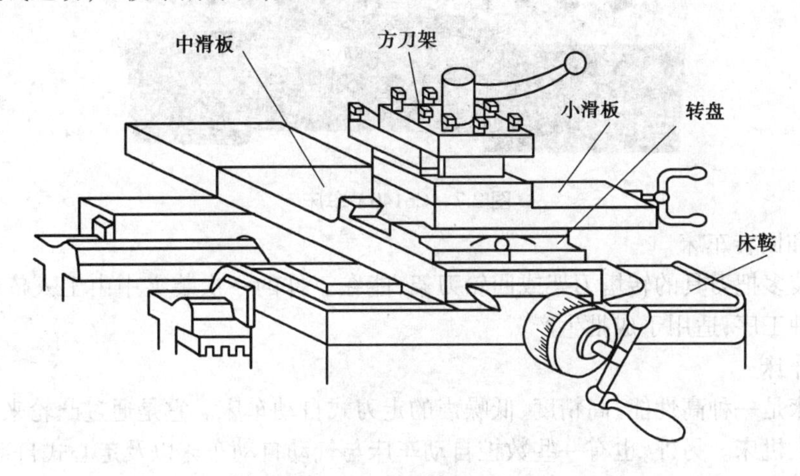

图 2.6　车床溜板箱与刀架

5)刀架

刀架有两层滑板(中、小滑板)、床鞍与刀架体共同组成。它用于安装车刀并带动车刀作纵向、横向或斜向运动。尾架安装在床身导轨上,并沿此导轨纵向移动,以调整其工作位置。尾架主要用来安装后顶尖,以支承较长工件,也可安装钻头、铰刀等进行孔加工。

6)床身

床身是车床带有精度要求很高的导轨(山形导轨和平导轨)的一个大型基础部件。用于支承和连接车床的各个部件,并保证各部件在工作时有准确的相对位置。

7)冷却装置

冷却装置主要通过冷却水泵将水箱中的切削液加压后喷射到切削区域,降低切削温度,冲走切屑,润滑加工表面,以提高刀具使用寿命和工件的表面加工质量。

(2)**车床类型**

按用途和结构的不同,车床主要分为卧式车床和落地车床、立式车床、转塔车床、单轴自动车床、多轴自动和半自动车床、仿形车床及多刀车床和各种专门化车床,如凸轮轴车床、曲轴车床、车轮车床、铲齿车床。

在所有车床中,以卧式车床应用最为广泛。卧式车床加工尺寸公差等级可达 IT8—IT7,表面粗糙度 Ra 值可达 1.6 μm。近年来,计算机技术被广泛运用到机床制造业,随之出现了数控车床、车削加工中心等机电一体化的产品。

1)普通车床

加工对象广,主轴转速和进给量的调整范围大,能加工工件的内外表面、端面和内外螺纹。这种车床主要由工人手工操作,生产效率低,适用于单件、小批生产和修配车间,如图 2.7 所示。

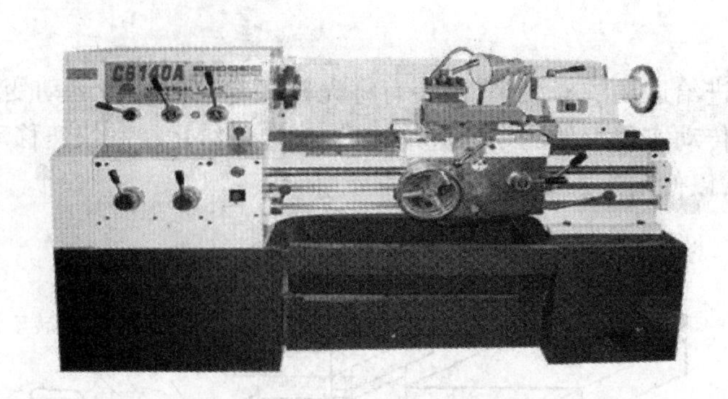

图 2.7　C6140A 车床

2）转塔和回转车床

具有能装多把刀具的转塔刀架或回轮刀架，能在工件的一次装夹中由工人依次使用不同刀具完成多种工序，适用于成批生产。

3）自动车床

自动车床是一种高性能、高精度、低噪声的走刀式自动车床。它是通过凸轮来控制加工程序的自动加工机床。另外，也有一些数控自动车床与气动自动车床以及走心式自动车床，其基本核心是可以经过一定设置与调教后可以长时间自动加工同一种产品。它适合铜、铝、铁、塑料等精密零件加工制造，适用于仪表、钟表、汽车、摩托、自行车、眼镜、文具、五金卫浴、电子零件、接插件、计算机、手机、机电、军工等行业成批加工小零件，特别是较为复杂的零件。按一定程序自动完成中小型工件的多工序加工，能自动上下料，重复加工一批同样的工件，适用于大批、大量生产，如图 2.8 所示。

图 2.8　自动车床 A-1525

4）多刀半自动车床

多刀半自动车床有单轴、多轴、卧式和立式之分。单轴卧式的布局形式与普通车床相似，但两组刀架分别装在主轴的前后或上下，用于加工盘、环和轴类工件，其生产率比普通车床提高 3~5 倍，如图 2.9 所示。

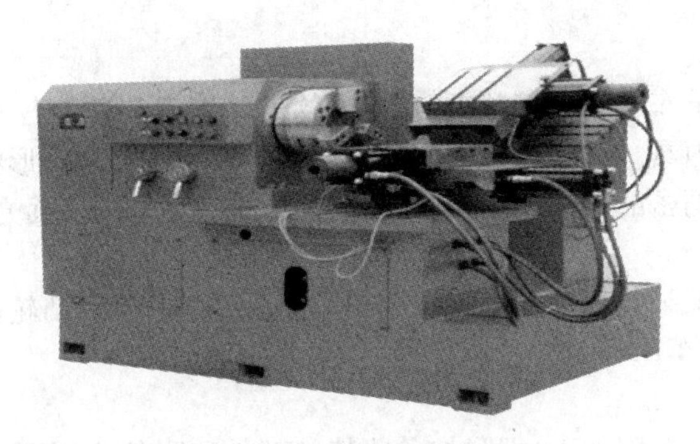

图 2.9　Cb7630 型多刀半自动车床

5)仿形车床

能仿照样板或样件的形状尺寸,自动完成工件的加工循环(见仿形机床),适用于形状较复杂的工件的小批和成批生产,生产率比普通车床高 10~15 倍。它有多刀架、多轴、卡盘式、立式等类型。

6)立式车床

主轴垂直于水平面,工件装夹在水平的回转工作台上,刀架在横梁或立柱上移动。适用于加工较大、较重、难于在普通车床上安装的工件,分单柱和双柱两大类。小型立式车床一般做成单柱式,大型立式车床做成双柱式。立式车床结构的主要特点是它的主轴处于垂直位置。立式车床的主要特点是:工作台在水平面内,工件的安装调整比较方便。工作台由导轨支承,刚性好,切削平稳。有几个刀架,并能快速换刀,立式车床的加工精度可达到 IT9—IT8,表面粗糙度 Ra 可达 3.2~1.6 μm。立式车床的主参数为最大车削直径 D,如图 2.10 所示。

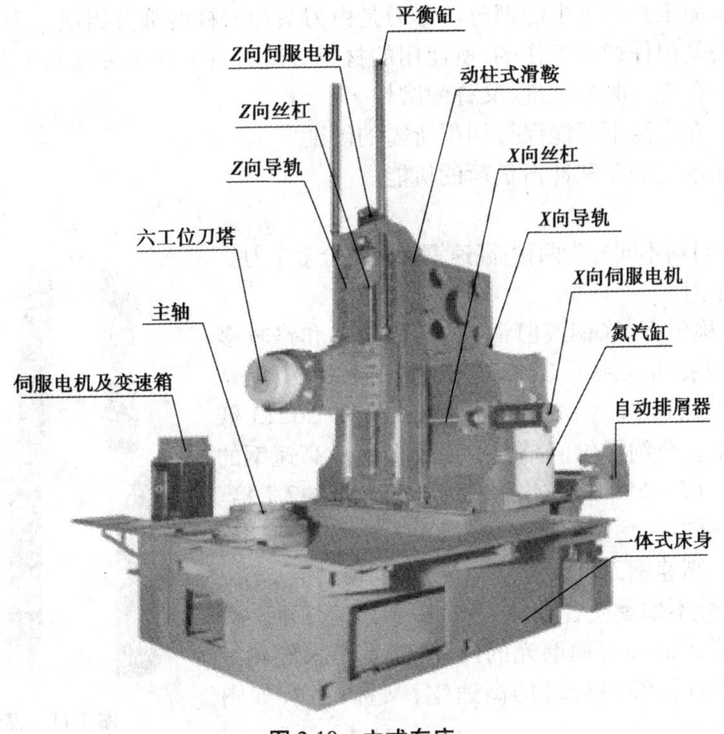

图 2.10　立式车床

7）铲齿车床

铲齿车床适用于铲车或铲磨模数1~12 mm的齿轮滚刀和其他各种类型的齿轮刀具以及需要铲削齿背的各种刀具。铲齿车床也可用来加工各种螺纹和特殊形状的零件。铲齿车床的设计结构不但能保证精密的加工精度，同时还能保证获得良好的表面光洁度。

8）专门化车床

专门化车床是加工某类工件的特定表面的车床，如曲轴车床、凸轮轴车床、车轮车床、车轴车床、轧辊车床和钢锭车床等。

9）联合车床

联合车床主要用于车削加工，但附加一些特殊部件和附件后还可进行镗、铣、钻、插、磨等加工，具有"一机多能"的特点，适用于工程车、船舶或移动修理站上的修配工作。

10）马鞍车床

马鞍车床在车头箱处的左端床身为下沉状，能够容纳直径大的零件。车床的外形为两头高，中间低，形似马鞍，故称为马鞍车床。马鞍车床适合加工径向尺寸大，轴向尺寸小的零件，适于车削工件外圆、内孔、端面、切槽和公制、英制、模数、经节螺纹，还可进行钻孔、镗孔、铰孔等工艺，特别适于单件、成批生产企业使用。马鞍车床在马鞍槽内可加工较大直径工件。机床导轨经淬硬并精磨，操作方便可靠。车床具有功率大、转速高，刚性强、精度高、噪声低等特点。

11）仪表车床

仪表车床属于简单的卧式车床，一般来说最大工件加工直径在250 mm以下的机床，多属于仪表车床。仪表车床分为普通型、六角型和精整型。这种车床主要由工人手工操作，适用于单件、简单零部件的大批生产。

（3）**车刀**

车刀是车床加工必不可少的部分。车刀是由刀头和刀杆两部分组成。刀杆一般是碳素结构钢制成。刀头是担任切削工作的，所使用的材料必须具备下列3种基本机能：

①冷硬性。在常温时的硬度，又称耐磨性。

②红硬性。在高温下还能保持切削所需的硬度。

③韧性。能承受振动和冲击负荷的机能。

1）车刀材料

车刀按刀头材料不同分为两种：高速钢和硬质合金车刀。

①高速钢车刀

高速钢（又称风钢、锋钢或白钢）是一种含钨和铬较多的合金钢。我国成功试制了B202无铬高速钢、B201无钴特种高速钢，B212，B214无钴超硬高速钢及B211，B213低钴高机能高速钢。节约了价值昂贵的稀有金属。高速钢的机能：硬度较高，62~65HRC。约为45号钢硬度的2.7倍。具有一定的红热硬度，耐温程度可达560~600 ℃。韧性和加工机能较好。高速钢刀具制造简朴，刃磨利便，为精车刀之用，但因红硬性不如硬质合金，故不易用于高速切削。高速钢材料有带黑皮的和表面磨光的两种；前者是未经热处理的高速钢，后者是经热处理的高速钢，又称白钢，如图2.11所示。

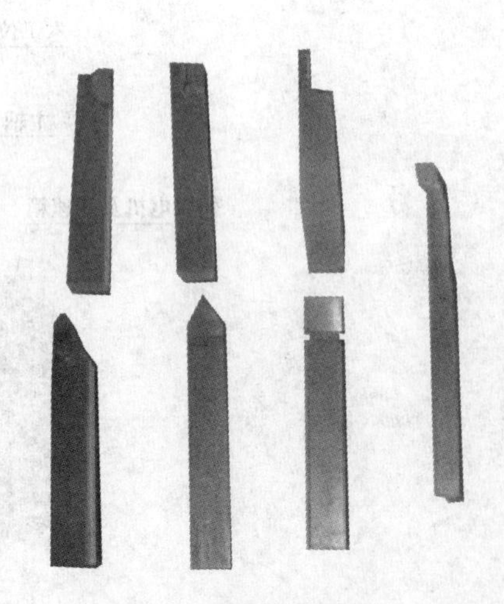

图2.11　高速钢车刀

②硬质合金车刀

硬质合金由难熔材料的碳化钨、碳化钛和钴的粉末，在高压下成形，经1 350~1 560 ℃高温烧结而成的。具有极高的硬度，常温下可达92HRA，仅次于金刚石；红硬性很好，在1 000 ℃左右仍能保持良好的切削机能；具有较高使用强度，抗弯强度高达100~170 kN/m；但性脆、韧性差、怕震；这些缺点可通过刃磨公道的角度予以克服。因此，硬质合金被广泛应用，如图2.12所示。

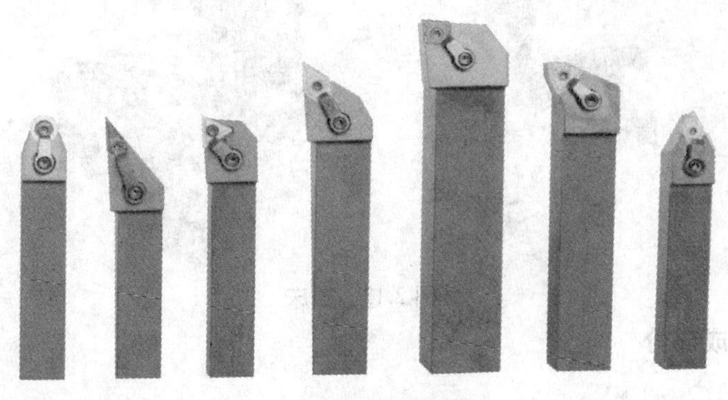

图2.12　硬质合金车刀

2）常用车刀种类

①尖形车刀

以直线形切削刃为特征的车刀一般成为尖形车刀。这类车刀的主、副切削刃为直线，两刀刃的交点就是刀尖，该刀尖常常被取为刀位点。常见的尖形车刀有90°外圆车刀、切槽刀、45°端面车刀及镗孔刀等。

②成形车刀

成形车刀是加工回转体成形表面的专用工具。它的切削刃形状是根据工件的轮廓设计的。

③可转位车刀

可转位车刀是将可转位的硬质合金刀片用机械方法夹持在刀杆上形成的。刀片具有供切削时选用的几何参数（不需磨）和3个以上供转位用的切削刃。当一个切削刃磨损后，松开夹紧机构，将刀片转位到另一切削刃后再夹紧，即可进行切削，当所有切削刃磨损后，则可取下再代之以新的同类刀片。

2.3.2　铣床

铣床是一种用途广泛的机床，在铣床上可加工平面（水平面、垂直面）、沟槽（键槽、T形槽、燕尾槽等）、分齿零件（齿轮、花键轴、链轮）、螺旋形表面（螺纹、螺旋槽）及各种曲面。此外，还可用于对回转体表面、内孔加工及进行切断工作等。铣床在工作时，工件装在工作台上或分度头等附件上，铣刀旋转为主运动，辅以工作台或铣头的进给运动，工件即可获得所需的加工表面。由于是多刃断续切削，因而铣床的生产率较高。简单来说，铣床可对工件进行铣削、钻削和镗孔加工的机床。

铣床主要是指用铣刀在工件上加工多种表面的机床。通常铣刀旋转运动为主运动，工件和铣刀的移动为进给运动。它可加工平面、沟槽，也可加工各种曲面、齿轮等。铣床是用铣刀对工件进行铣削加工的机床。铣床除了能铣削平面、沟槽、轮齿、螺纹和花键轴外，还能加工比较复杂的型面，效率较刨床高，在机械制造和修理部门得到广泛应用，如图 2.13 所示。

图 2.13　铣床

(1)铣床的组成部分

1)底座

底座是整部机床的支承部件，具有足够的刚性和强度。底座四角有机床安装孔，可用螺钉将机床安装在固定位置。底座本身是箱体结构，箱体内盛装冷却润滑液，供切削时冷却润滑，如图 2.14 所示。

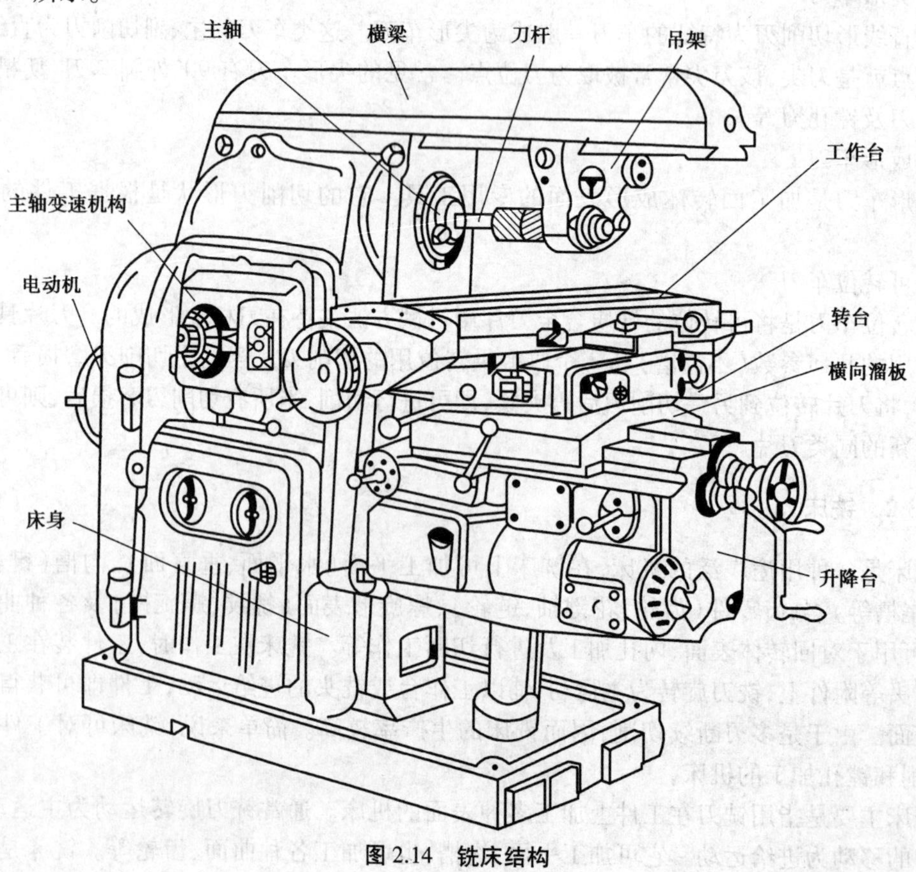

图 2.14　铣床结构

2)床身

床身是机床的主体,机床大部分部件都安装在床身上。床身是箱体结构,一般选用优质灰铸铁铸成,结构坚固、刚性好、强度高,同时由于机床精度的要求,床身的制造还必须经过精密的金属切削加工和时效处理。床身与底座相连接。床身顶部有水平燕尾槽导轨,供横梁来回移动;床身正面有垂直导轨,供升降工作台上下移动;床身背面安装主电动机。床身内腔的上部安装铣床主轴,中部安装主轴变速部分,下部安装电器部分。

3)横梁

横梁上附带有一挂架,横梁可沿床身顶部导轨移动。它的主要作用是支持安装铣刀的长刀轴外端,横梁可调整伸出长度,以适应安装各种不同长度的铣刀刀轴。横梁背部成拱形,有足够的刚度;挂架上有与主轴同轴线的支持孔,保证支持端与主轴同心,避免刀轴安装后引起扭曲。

4)主轴

主轴是前端带锥孔的空心轴,从铣床外部能看到主轴锥孔和前端。锥孔锥度是一般选用7∶24,可安装刀轴;主轴前端面有两键块,起传递扭矩作用。铣削时,要求主轴旋转平稳,无跳动,在主轴外圆两端均有轴承支持,中部一般还装有飞轮,以使铣削平稳。主轴选用优质结构钢,并经过热处理和精密切削加工制造而成。

5)主轴变速机构

主轴变速机构的作用是将主电动机的固定转速通过齿轮变速,变换成18种不同转速,传递给主轴,适应铣削的需要。从机床外部能看到转速盘和变速手柄。

6)纵向工作台

纵向工作台是安装工件和带动工件作纵向移动的。纵向工作台台面上有3条T形槽,可用T形螺钉来安装固定工夹具;工作台前侧有一条长槽,用来安装、固定极限自动挡铁和自动循环挡铁;台面四周有沟通槽,给铣削时旋加的冷却润滑液提供回液通路;纵向工作台下部是燕尾导轨,两端有挂架,用以固定纵向丝杠,一端装有手轮,转动手轮,可使纵向工作台移动。纵向工作台台面及导轨面、T形槽直槽的精度要求都很高,如图2.15所示。

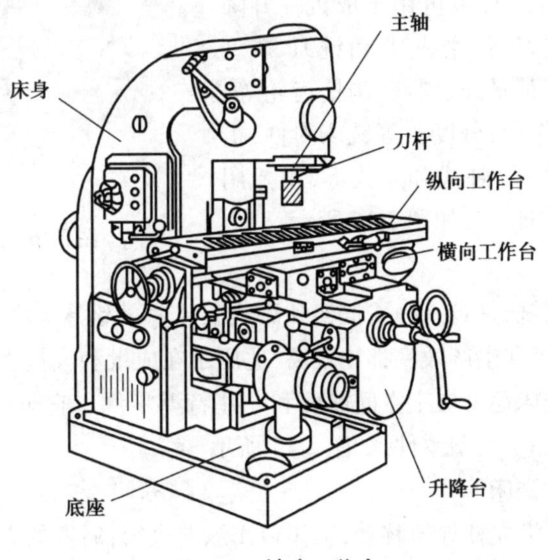

图2.15　铣床工作台

7)横向工作台

横向工作台在纵向工作台和升降台之间,用来带动纵向工作台作横向移动。横向工作台上部是纵向燕尾导轨槽,供纵向工作平移;中部是回转盘,可供纵向工作台在前后45°范围内扳转所需要的角度;下部是平导轨槽。从外表看,前侧安装有电器操纵开关、纵向进给机动手柄及固定螺钉,两侧安装横向工作台固定手柄,根据铣削的要求,可以固紧纵向或横向工作台,避免铣削中由切削力引起的剧烈振动。

8)升降台

升降台安装在床身前侧垂直导轨上,中部有丝杠与底座螺母相联接。其主要作用是带动工作台沿床身前侧垂直导轨作上下移动。工作台及进给部分传动装置都安装在升降台上。升降台前面装有进给电动机、横向工作台手轮及升降台手柄;侧面装有进给机构变速箱和横向升降台的机动手柄。升降台的精度要求也很高,否则在铣削过程中会产生很大振动,影响工作的加工精度。

9)进给变速机构

进给变速机构是将进给电动机的固定转速通过齿轮变速,变换成18种不同转速传递给进给机构,实现工作台移动的各种不同速度,以适应铣削的需要。进给变速机构位于升降台侧面,备有蘑菇形手柄和进给量数码盘。改变进给量时,只需操纵麻菇手柄,转动数码盘,即可达到所需要的自动进给量。

(2)铣床类型

1)按布局形式和适用范围加以区分

①升降台铣床

升降台铣床属于通用机床,特别适用于单件、小批生产和工具、修理部门,也可用于成批。升降台铣床可用各种圆柱铣刀、圆片铣刀、角铣刀、成型铣刀和端面铣刀加工各种平面、斜面、沟槽齿轮等。可选配万能铣头、圆工作台、分度头等铣床附件,扩大加工范围。它有万能式、卧式和立式等,主要用于加工中小型零件,应用较广,如图2.16所示。

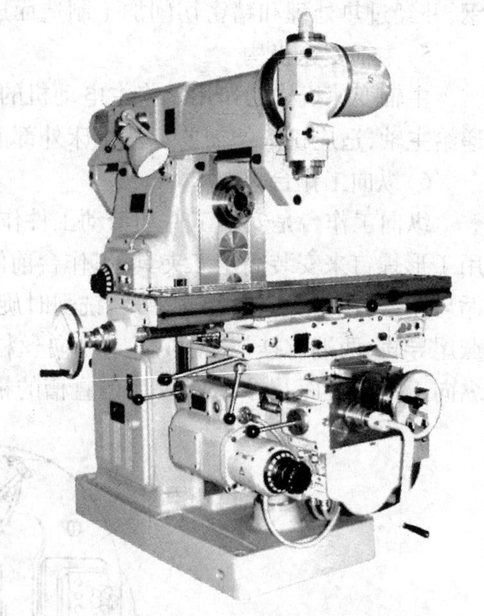

图2.16　万能升降台铣床

②龙门铣床

龙门铣床简称龙门铣,是具有门式框架和卧式长床身的铣床。龙门铣床上可用多把铣刀同时加工表面,加工精度和生产效率都比较高,适用于在成批和大量生产中加工大型工件的平面和斜面。数控龙门铣床还可加工空间曲面和一些特型零件。它包括龙门铣镗床、龙门铣刨床和双柱铣床,均用于加工大型零件,如图2.17所示。

③单柱铣床和单臂铣床

前者的水平铣头可沿立柱导轨移动,工作台作纵向进给;后者的立铣头可沿悬臂导轨水平移动,悬臂也可沿立柱导轨调整高度。两者均用于加工大型零件。

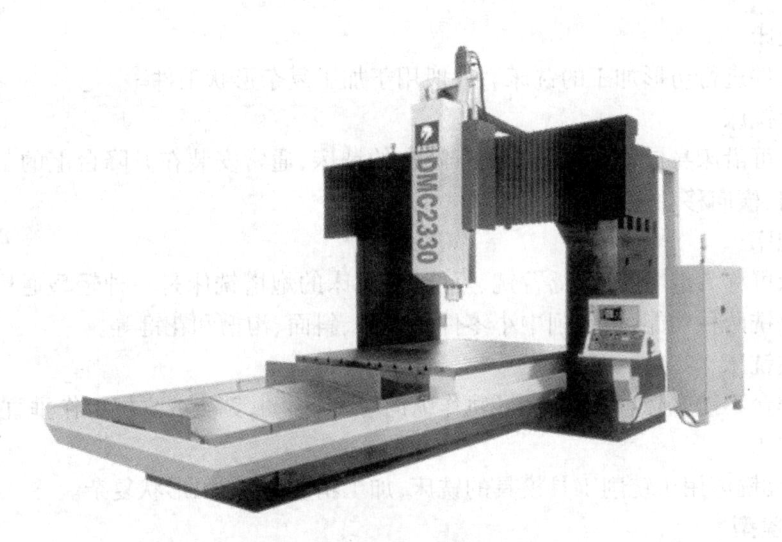

图 2.17　DMC2330 型龙门铣床

④工作台不升降铣床

它有矩形工作台式和圆工作台式两种，是介于升降台铣床和龙门铣床之间的一种中等规格的铣床。其垂直方向的运动由铣头在立柱上升降来完成。

⑤仪表铣床

它是一种小型的升降台铣床，用于加工仪器仪表和其他小型零件。

⑥工具铣床

它用于模具和工具制造，配有立铣头、万能角度工作台和插头等多种附件，还可进行钻削、镗削和插削等加工。

⑦其他铣床

如键槽铣床、凸轮铣床、曲轴铣床、轧辊轴颈铣床和方钢锭铣床等，是为加工相应的工件而制造的专用铣床。

2）按结构分类

①台式铣床

台式铣床是小型的用于铣削仪器、仪表等小型零件的铣床。

②悬臂式铣床

悬臂式铣床是铣头装在悬臂上的铣床，床身水平布置，悬臂一般可沿床身一侧立柱导轨作垂直移动，铣头沿悬臂导轨移动。

③滑枕式铣床

滑枕式铣床是主轴装在滑枕上的铣床。

④龙门式铣床

其床身水平布置，两侧的立柱和连接梁构成门架的铣床。铣头装在横梁和立柱上，可沿其导轨移动。通常横梁可沿立柱导轨垂向移动，工作台可沿床身导轨纵向移动，用于大件加工。

⑤平面铣床

它是用于铣削平面和成形面的铣床。

⑥仿形铣床

它是对工件进行仿形加工的铣床。一般用于加工复杂形状工件。

⑦升降台铣床

它是具有可沿床身导轨垂直移动的升降台的铣床,通常安装在升降台上的工作台和滑鞍可分别作纵向、横向移动。

⑧摇臂铣床

摇臂铣床可称为炮塔铣床、摇臂铣、万能铣,机床的炮塔铣床是一种轻型通用金属切削机床,具有立、卧铣两种功能,可铣削中小零件的平面、斜面、沟槽和花键等。

⑨床身式铣床

它的工作台不能升降,可沿床座导轨作纵向、横向移动,铣头或立柱可作垂直移动的铣床。

⑩专用铣床

例如,工具铣床用于铣削工具模具的铣床,加工精度高,加工形状复杂。

(3)**铣刀类型**

铣刀主要用于在铣床上加工平面、台阶、沟槽、成形表面及切断工件等。

1)按用途分类

①圆柱形铣刀

它用于卧式铣床上加工平面。刀齿分布在铣刀的圆周上,按齿形分为直齿和螺旋齿两种。按齿数分粗齿和细齿两种。螺旋齿粗齿铣刀齿数少,刀齿强度高,容屑空间大,适用于粗加工;细齿铣刀适用于精加工。

②面铣刀

它用于立式铣床、端面铣床或龙门铣床,上加工平面、端面和圆周上均有刀齿,也有粗齿和细齿之分。其结构有整体式、镶齿式和可转位式 3 种。

③立铣刀

它用于加工沟槽和台阶面等,刀齿在圆周和端面上,工作时不能沿轴向进给。当立铣刀上有通过中心的端齿时,可轴向进给(通常双刃立铣刀又被称为“键槽铣刀”可轴向进给)。

④三面刃铣刀

它用于加工各种沟槽和台阶面,其两侧面和圆周上均有刀齿。

⑤角度铣刀

它用于铣削成一定角度的沟槽,有单角和双角铣刀两种。

⑥锯片铣刀

它用于加工深槽和切断工件,其圆周上有较多的刀齿。为了减少铣切时的摩擦,刀齿两侧有 $15' \sim 1^{\circ}$ 的副偏角。此外,还有键槽铣刀、燕尾槽铣刀、T 形槽铣刀以及各种成形铣刀等。

2)按结构分类

①整体式

刀体和刀齿制成一体。

②整体焊齿式

刀齿用硬质合金或其他耐磨刀具材料制成,并钎焊在刀体上。

③镶齿式

刀齿用机械夹固的方法紧固在刀体上。这种可换的刀齿可以是整体刀具材料的刀头,也可以是焊接刀具材料的刀头。刀头装在刀体上刃磨的铣刀称为体内刃磨式;刀头在夹具上单独刃磨的称为体外刃磨式。

④可转位式

这种结构已广泛用于面铣刀、立铣刀和三面刃铣刀等。

2.3.3　镗床和钻床

(1)镗床

镗床主要用镗刀对工件已有的预制孔进行镗削的机床。通常镗刀旋转为主运动,镗刀或工件的移动为进给运动。它主要用于加工高精度孔或一次定位完成多个孔的精加工,此外还可从事与孔精加工有关的其他加工面的加工。使用不同的刀具和附件还可进行钻削、铣削、切削等。加工精度和表面质量要高于钻床。镗床是大型箱体零件加工的主要设备。它主要加工孔、表面、螺纹,以及加工外圆和端面等。

加工特点是加工过程中工件不动,让刀具移动,将刀具中心对正孔中心,并使刀具转动(主运动)。

镗床分为卧式镗床、落地镗铣床、金刚镗床及坐标镗床等类型。

1)卧式镗床

卧式镗床是镗床中应用最广泛的一种。它主要是用于孔加工,镗孔精度可达IT7,表面粗糙度 Ra 为1.6~0.8 μm。卧式镗床的主参数为主轴直径。镗轴水平布置并作轴向进给,主轴箱沿前立柱导轨垂直移动,工作台作纵向或横向移动,进行镗削加工。这种机床应用广泛且比较经济。它主要用于箱体(或支架)类零件的孔加工及其与孔有关的其他加工面加工。外观造型美观、大方,总体布局匀称、协调。床身、立柱、下滑座均采用矩形导轨,稳定性好。导轨采用制冷淬硬,耐磨度高。数字同步显示,直观准确,可提高工效,降低成本,如图2.18所示。

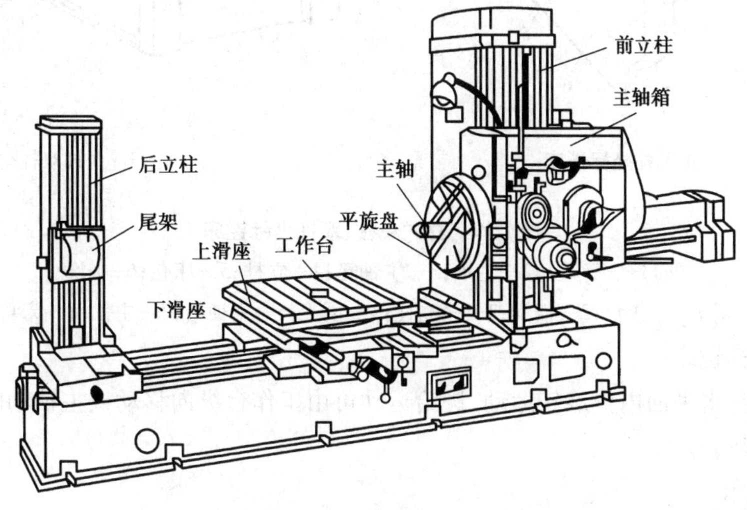

图2.18　卧式镗床

2)坐标镗床

坐标镗床是高精度机床的一种。它的结构特点是有坐标位置的精密测量装置。坐标镗床可分为单柱式坐标镗床、双柱式坐标镗床和卧式坐标镗床。它是具有精密坐标定位装置的镗床,它主要用于镗削尺寸、形状,特别是位置精度要求较高的孔系,也可用于精密坐标测量、样板划线、刻度等工作。

①单柱式坐标镗床

主轴带动刀具作旋转主运动,主轴套筒沿轴向作进给运动。其特点是:结构简单,操作方便,特别适宜加工板状零件的精密孔,但它的刚性较差,所以这种结构只适用于中小型坐标镗床。

②双柱式坐标镗床

主轴上安装刀具作主运动,工件安装在工作台上随工作台沿床身导轨作纵向直线移动。它的刚性较好,大型坐标镗床都采用这种结构。双柱式坐标镗床的主参数为工作台面宽度,如图 2.19 所示。

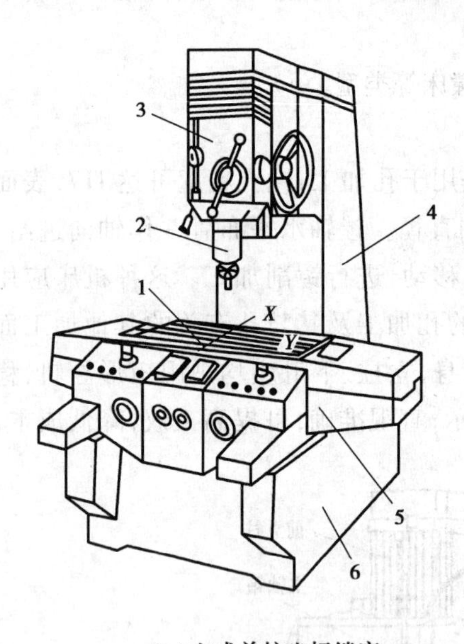

(a)立式单柱坐标镗床

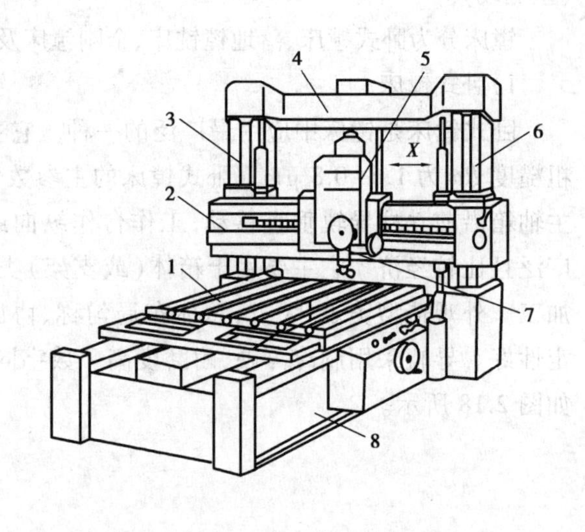

(b)立式双柱坐标镗床

图 2.19　立式单柱、双柱坐标镗床

(a)1—工作台;2—主轴;3—主轴箱;4—立柱;5—床鞍;6—床身

(b)1—工作台;2—横梁;3,6—立柱;4—顶梁;5—主轴箱;7—主轴;8—床身

③卧式坐标镗床

工作台能在水平面内作旋转运动,进给运动可由工作台纵向移动或主轴轴向移动来实现。它的加工精度较高。

3)金刚镗床

金刚镗床的特点是以很小的进给量和很高的切削速度进行加工,因而加工的工件具有较高的尺寸精度(IT6),表面粗糙度可达到0.2 μm。它是用金刚石或硬质合金等刀具进行精密镗孔的镗床。

4)落地镗铣床

它是将大型工件固定在落地平台上进行镗削和铣削的重型镗床。落地镗铣床没有可移动的工作台,工件固定在落地平台上,适宜于加工尺寸和质量较大的工件。主轴箱在立柱上垂直移动,立柱在床身上作纵横向移动或仅作横向移动。主轴箱内具有可与铣轴一同伸缩的滑枕,其断面形状有矩形、方形和多边形等,以矩形居多。滑枕尺寸较大,刚度较高,用滑枕支持主轴和安装附件,适于强力铣削,可以扩大工艺范围和提高加工精度。镗轴安装在铣轴内,可单独伸缩和进给。规格较大的落地镗铣床还设有供钻削用的高速主轴,如图2.20所示。

图2.20　落地镗铣床

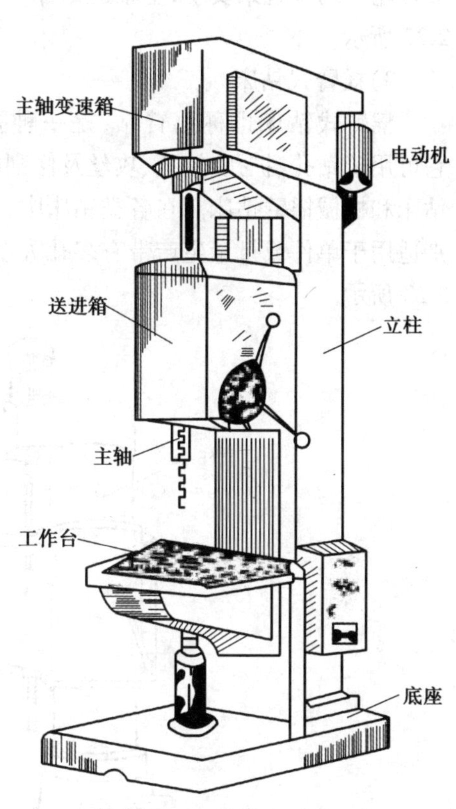

图2.21　钻床基本构造

(2)钻床

钻床是指主要用钻头在工件上加工孔的机床。通常钻头旋转为主运动,钻头轴向移动为进给运动。钻床结构简单,加工精度相对较低,可钻通孔、盲孔,更换特殊刀具,可扩、锪孔,铰孔或进行攻丝等加工。加工过程中工件不动,让刀具移动,将刀具中心对正孔中心,并使刀具转动(主运动)。钻床的特点是工件固定不动,刀具作旋转运动,如图2.21所示。

钻床分为立式、卧式、台式、摇臂式、深孔钻床及铣钻床。

1)立式钻床

立式钻床主轴竖直布置且中心位置固定的钻床,简称立钻。常用于机械制造和修配工厂加工中小型工件的孔。

2)台式钻床

台式钻床简称台钻,是一种体积小巧、操作简便,通常安装在专用工作台上使用的小型孔加工机床。台式钻床钻孔直径一般在 13 mm 以下,一般不超过 25 mm。其主轴变速一般通过改变三角带在塔形带轮上的位置来实现,主轴进给靠手动操作,如图 2.22 所示。

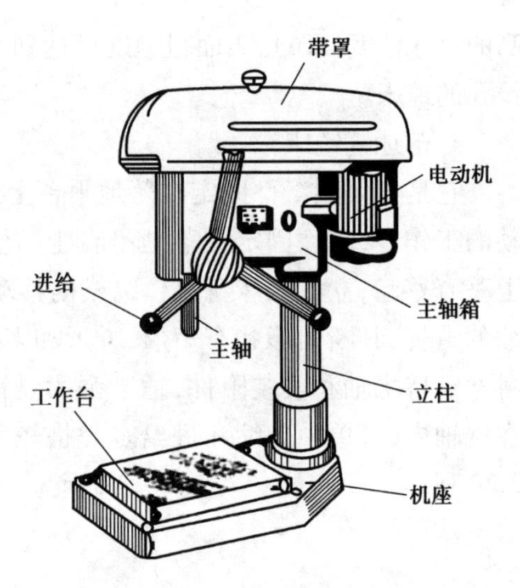

图 2.22　台式钻床构造

3)摇臂式钻床

摇臂式钻床也称摇臂钻,是一种孔加工设备。它可用于钻孔、扩孔、铰孔、攻丝及修刮端面等。按机床夹紧结构分类,摇臂钻可分为液压摇臂钻床和机械摇臂钻床。在各类钻床中,摇臂钻床操作方便、灵活,适用范围广,具有典型性,特别适用于单件或批量生产带有多孔大型零件的孔加工,是一般机械加工车间常见的机床,如图 2.23 所示。

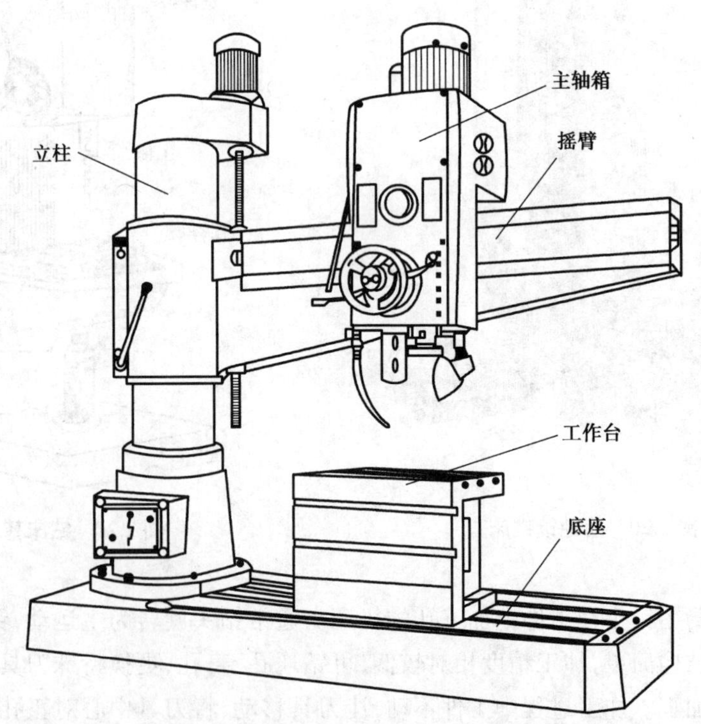

图 2.23　摇臂式钻床构造

4)深孔钻床

在进行深孔钻孔工序过程中专门使用的机床设备。深孔钻机床加工适用范围广,具有高刚性、高精度、高速度、高效率、高可靠性、大扭矩等特点。使用深孔钻机床孔钻可节省工艺装备,缩短生产工艺周期,保证制品加工质量,提高生产效率,如图 2.24 所示。

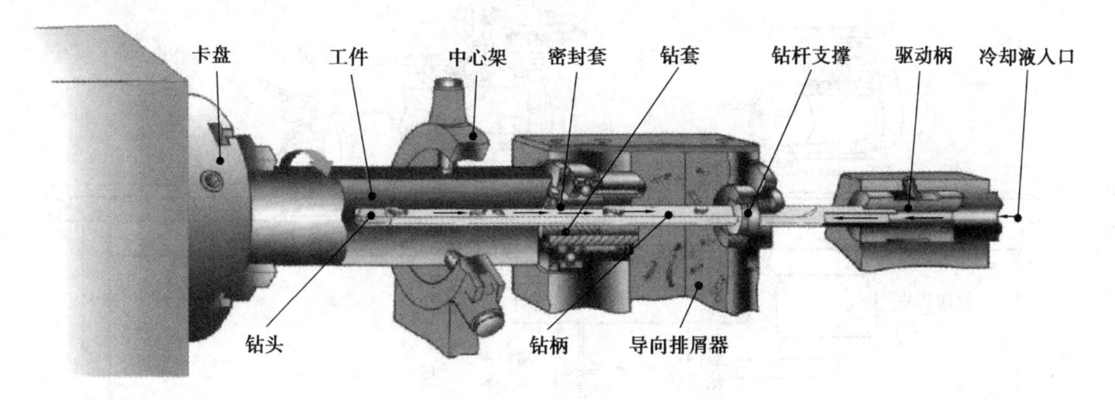

图 2.24　深孔钻床剖面图

5)铣钻床

铣钻床是机械加工主要设备之一。在铣钻床上用铣刀对工件进行加工的方法,称为铣削。它可用于加工平面、台阶、斜面、沟槽、成形表面、齿轮及切断等。

6)卧式钻床

卧式钻床是主轴水平布置、主轴箱可垂直移动的钻床。它一般比立式钻床加工效率高,可多面同时加工。

2.3.4　磨床

磨床是利用磨具对工件表面进行磨削加工的机床。大多数的磨床是使用高速旋转的砂轮进行磨削加工,少数的是使用油石、砂带等其他磨具和游离磨料进行加工,如珩磨机、超精加工机床、砂带磨床、研磨机及抛光机等,如图 2.25 所示。

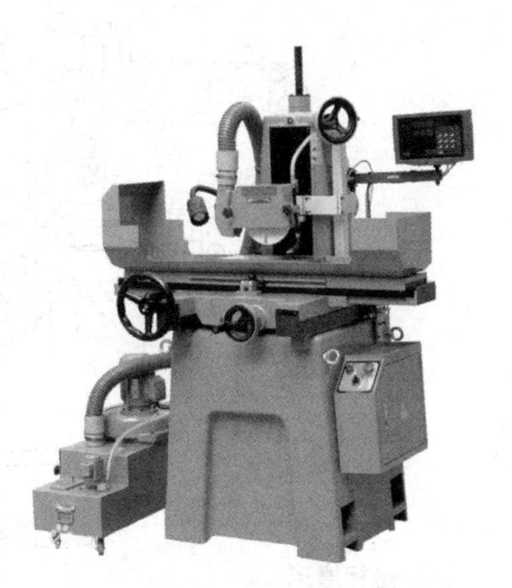

图 2.25　精磨磨床

磨床能加工硬度较高的材料,如淬硬钢、硬质合金等;也能加工脆性材料,如玻璃、花岗石。磨床能作高精度和表面粗糙度很小的磨削,也能进行高效率的磨削,如强力磨削等。

随着高精度、高硬度机械零件数量的增加,以及精密铸造和精密锻造工艺的发展,磨床的性能、品种和产量都在不断地提高和增长。一般可分为以下 5 类:

(1)外圆磨床

外圆磨床是加工工件圆柱形、圆锥形或其他形状素线展成的外表面和轴肩端面的磨床。最通用的外圆磨床一般加工粗糙度 Ra 可到 0.4 μm,如图 2.26 所示。

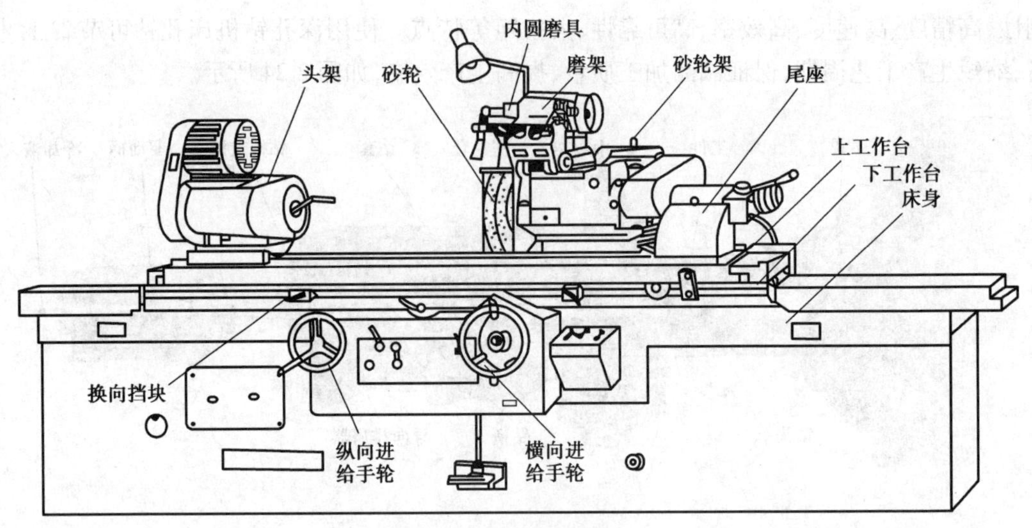

图 2.26　万能外圆磨床

(2) 内圆磨床

内圆磨床主要用于磨削圆柱形、圆锥形或其他形状素线展成的内孔表面及其端面。精度为 IT6,IT7 级。加工表面的表面粗糙度值 Ra 可控制在 1.25~0.08 μm,如图 2.27 所示。

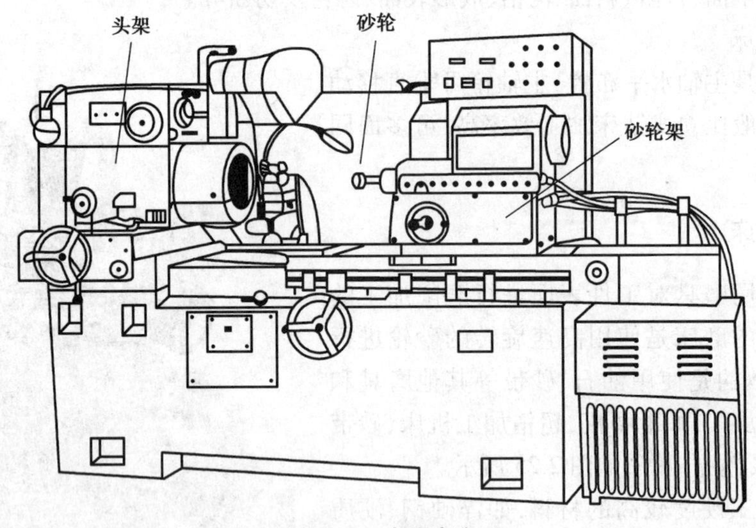

图 2.27　内圆磨床

(3) 坐标磨床

坐标磨床是以消除材料的热处理变形为目的发展起来的机床。它可磨削孔距精度很高的孔以及各种轮廓形状。该机床设有精密坐标机构,砂轮架和工作台各移动部分装有数据装置,可以显示其移动量的大小。

坐标磨床具有精密坐标定位装置,用于磨削孔距精度要求很高的精密孔和成形表面的磨床。坐标磨床与坐标镗床有相同的结构布局,不同的是镗刀主轴换成了高速磨头。磨削时,工件固定在能按坐标定位移动的工作台上,砂轮除高速自转外还通过行星传动机构作慢速的公转,并能作垂直进给运动。改变磨头行星运动的半径,可实现径向进给。磨头通常采用高频电动磨头或空气透平磨头。坐标磨床除能磨削圆柱孔外,还可磨削圆弧内外表面和圆锥孔等,主要用于加工淬硬工件、冲模和压模等。在磨头上安装插磨附件,使砂轮轴线处于水平位置,砂轮不作行星运动而只作上下往复运动,可进行类似于插削形式的磨削,以加工内齿圈、分度板和凸轮等。随着数字控制技术的应用,坐标磨床已能磨削各种成形表面。

(4)**无心磨床**

无心磨床是不需要采用工件的轴心定位而进行磨削的一类磨床。它主要由磨削砂轮、调整轮和工件支架 3 个机构构成。其中,磨削砂轮实际担任磨削的工作,调整轮控制工件的旋转,并控制工件的进刀速度,至于工件支架乃在磨削时支承工件,这 3 种机件可有数种配合的方法,但停止研磨除外,其余原理上都相同。

无心磨床磨削精度一般为:圆度 2 μm,尺寸精度 4 μm。高精度无心磨床可分别达到 0.5 μm和 2 μm。

(5)**平面磨床**

它主要用砂轮旋转研磨工件以使其可达到要求的平整度。根据工作台形状,可分为矩形和圆形工作台两种。矩形工作台平面磨床的主参数为工作台宽度及长度,圆形工作台的主参数为工作台面直径。根据轴类的不同,可分为卧轴及立轴磨床之分,如图 2.28 所示。

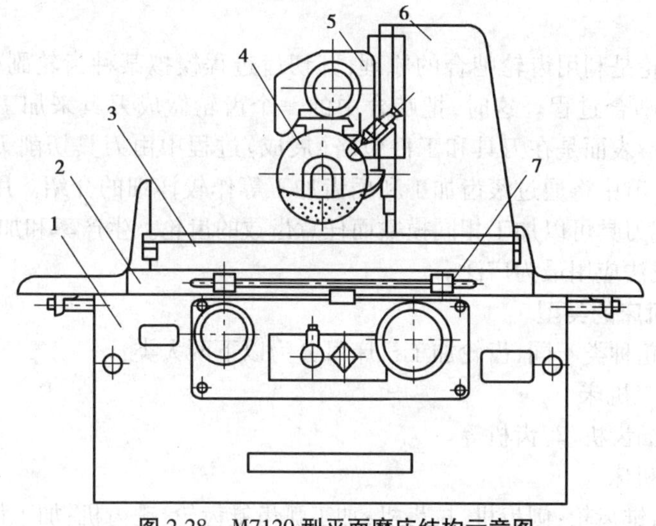

图 2.28　M7120 型平面磨床结构示意图

1—床身;2—工作台;3—电磁吸盘;4—砂轮箱;5—滑座;6—立柱;7—挡块

(6)**珩磨机**

它主要用于加工各种圆柱形孔(包括光孔、轴向或径向间断表面孔、通孔、盲孔和多台阶孔),还能加工圆锥孔、椭圆形孔、余摆线孔。圆柱度可控制在 0.03 mm 之内,表面粗糙度可达 *Ra*0.4 μm,且光滑均匀。

(7)**研磨机**

研磨机是用涂上或嵌入磨料的研具对工件表面进行研磨的磨床。主要用于研磨工件中的高精度平面、内外圆柱面、圆锥面、球面、螺纹面及其他型面。研磨机的主要类型有圆盘式研磨机、转轴式研磨机和各种专用研磨机。研磨机控制系统以 PLC 为控制核心,文本显示器为人机对话界面的控制方式。人机对话界面可以就设备维护、运行、故障等信息与人对话;操作界面直观方便、程序控制、操作简单。全方位安全考虑,非正常状态的误操作无效。实时监控,故障、错误报警,维护方便。加工精度可达 IT5—IT01,表面粗糙度可达 *Ra*0.63~0.01 μm。

2.3.5 齿轮加工机床

齿轮加工机床是加工各种圆柱齿轮、锥齿轮和其他带齿零件齿部的机床。齿轮加工机床的品种规格繁多,有加工几毫米直径齿轮的小型机床,加工十几米直径齿轮的大型机床,还有大量生产用的高效机床和加工精密齿轮的高精度机床。齿轮加工机床广泛应用在汽车、拖拉机、机床、工程机械、矿山机械、冶金机械、石油、仪表、飞机及航天器等各种机械制造业中。

(1)齿轮轮齿的加工方法

齿轮轮齿的加工方法有成形法和展成法两种。

1)成形法

成形法要求刀具的切削刃形状与被切齿轮的齿槽形状相吻合。它又包括滚齿法和铣齿法。其优点是:机床较简单,可利用通用机床加工。其缺点如下:

①对于同一模数的齿轮,只要齿数不同,齿廓形状就不相同,需采用不同的成形刀具。

②加工出来的齿形是近似的,加工精度较低。

③每加工完一个齿槽后,工件需要周期地分度一次,生产率也较低。

2)展成法

展成法加工齿轮是利用齿轮啮合的原理,其切齿过程模拟某种齿轮副(齿条、圆柱齿轮、蜗轮、锥齿轮等)的啮合过程。这时,把啮合中的一个齿轮做成刀具来加工另外一个齿轮毛坯。被加工齿的齿形表面是在刀具和工件包络(展成)过程中由刀具切削刃的位置连续变化而形成的,在后面几节中将通过滚齿加工和插齿加工等作较详细的介绍。用展成法加工齿轮的优点是:用同一把刀具可以加工相同模数而任意齿数的齿轮。生产率和加工精度都比较高。在齿轮加工中,展成法应用最为广泛。

(2)齿轮加工机床的类型

按照被加工齿轮种类不同,齿轮加工机床可分为以下两大类:

1)圆柱齿轮加工机床

例如,滚齿机、插齿机、车齿机等。

2)锥齿轮加工机床

例如,加工直齿锥齿轮:刨齿机、拉齿机;加工弧齿锥齿轮:铣齿机;加工齿线形状为延伸渐开线:锥齿轮铣齿机;精加工齿轮齿面:珩齿机、剃齿机和磨齿机。

①滚齿机

滚齿机是齿轮加工机床中应用最广泛的一种机床。在滚齿机上可切削直齿、斜齿圆柱齿轮,还可加工蜗轮、链轮等。用滚刀按展成法加工直齿、斜齿和人字齿圆柱齿轮以及蜗轮的齿轮加工机床。这种机床使用特制的滚刀时也能加工花键和链轮等各种特殊齿形的工件。普通滚齿机的加工精度为7~6级(JB 179—83),高精度滚齿机为4~3级。最大加工直径达15 m,如图2.29所示。

②插齿机

使用插齿刀按展成法加工内、外直齿和斜齿圆柱齿轮以及其他齿形件的齿轮加工机床。插齿机主要用于加工多联齿轮和内齿轮,加附件后还可加工齿条。在插齿机上使用专门刀具还能加工非圆齿轮、不完全齿轮和内外成形表面,如方孔、六角孔、带键轴(键与轴联成一体)等。加工精度可达7~5级(JB 179—83),最大加工工件直径达12 m,如图2.30所示。

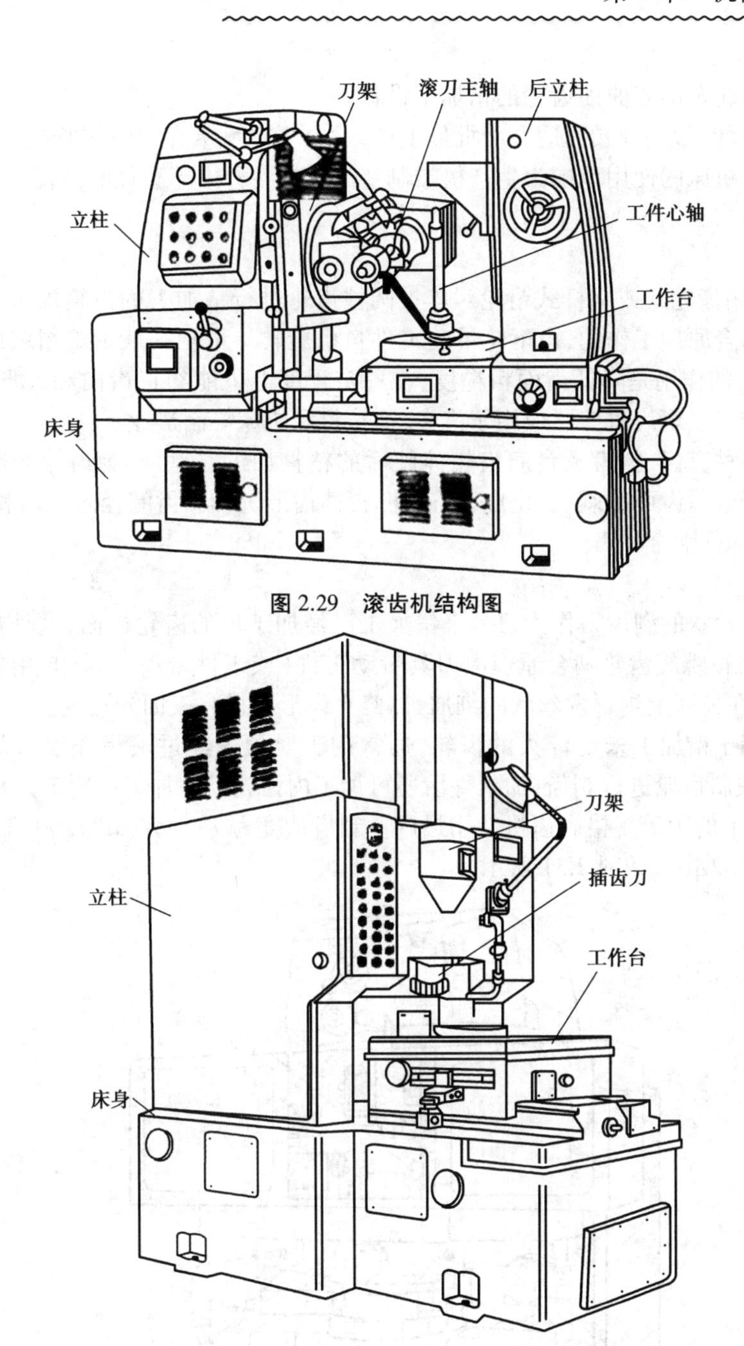

图 2.29　滚齿机结构图

图 2.30　立式插齿机

③刨齿机

刨齿机是一种金属切削机床,以专用刀具(刨齿刀)来加工直齿圆锥齿轮的齿形。直齿锥齿轮刨齿机可加工直径小至5 mm 、模数为0.5 mm ，大到直径为900 mm 、模数为20 mm 的工件。加工精度一般为7级,适用于中小批量生产。直径大于900 mm 的直齿锥齿轮则在按靠模法加工的刨齿机上加工，最大加工直径可达5 000 mm。

④铣齿机

弧齿锥齿轮铣齿机是采用数控技术,用于加工模数不大于15 mm、直径不大于800 mm 的高精度弧齿锥齿轮及准双曲面齿轮的精加工设备。

本机床的设计是万能性的，适合于批量生产，适合于重型卡车、矿山机械、工程机械、船舶和齿轮加工。本机床的使用范围为生产机械制造工业中各种中等直径的高精度弧齿锥齿轮及准双曲面齿轮。

⑤珩齿机

珩齿机(利用齿轮式或蜗杆式珩轮对淬火圆柱齿轮进行精加工的齿轮加工机床。珩齿机是按螺旋齿轮啮合原理工作的，由珩轮带动工件自由旋转。珩轮一般由塑料和磨料制成。珩齿(见齿轮加工)的作用是降低齿面粗糙度，在一定程度上也能纠正齿向和齿形的局部误差。珩齿生产效率较高。珩齿机广泛应用于汽车、拖拉机和机床等制造业。

它适用于各种直齿、斜齿及台肩齿轮淬硬后的精整加工，也可作为齿轮磨削后的精整加工。其作用在于消除齿面毛刺、氧化皮，磕碰伤，提高齿形、齿向、齿圈径向跳动和周节精度，减小齿面粗糙度，降低啮合噪声。

⑥剃齿机

剃齿机以齿轮状的剃齿刀作为刀具来精加工已经加工出的齿轮齿面，这种加工方法称为“剃齿”。剃齿机按螺旋齿轮啮合原理由刀具带动工件(或工件带动刀具)自由旋转对圆柱齿轮进行精加工，在齿面上剃下发丝状的细屑，以修正齿形和提高表面光洁度。

剃齿机适用于精加工未经淬火的齿轮，通常用于对预先经过滚齿或插齿的硬度不大于48HRC的直齿或斜齿轮进行剃齿，加附件后还可加工内齿轮。被加工齿轮最大直径可达5 m，但以500 mm以下的中等规格剃齿机使用最广。剃齿精度为7~6级(JB 179—83)，表面粗糙度 Ra 达0.63~0.32 μm，如图2.31所示。

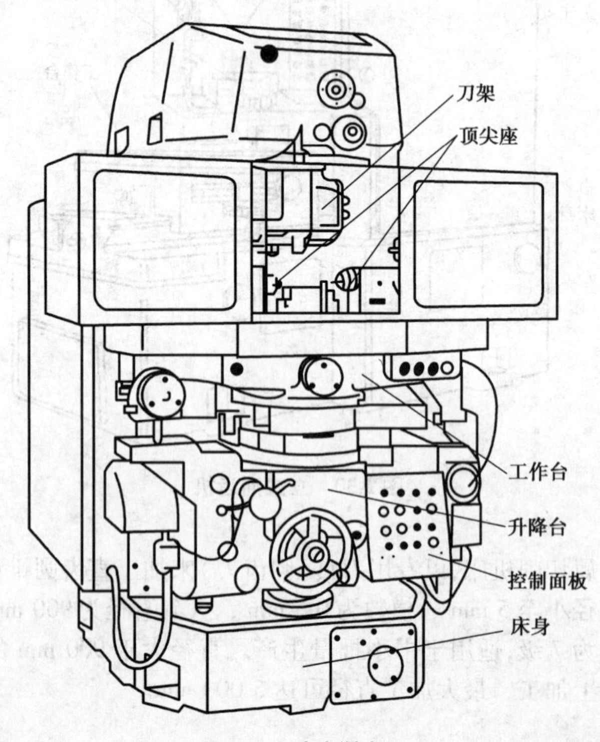

图2.31 卧式剃齿机

⑦磨齿机

利用砂轮作为磨具加工圆柱齿轮或某些齿轮(斜齿轮、锥齿轮等)加工刀具齿面的齿轮加工机床。主要用于消除热处理后的变形和提高齿轮精度,磨削后齿的精度可达6~3级(JB 179—83)或更高,如图2.32所示。

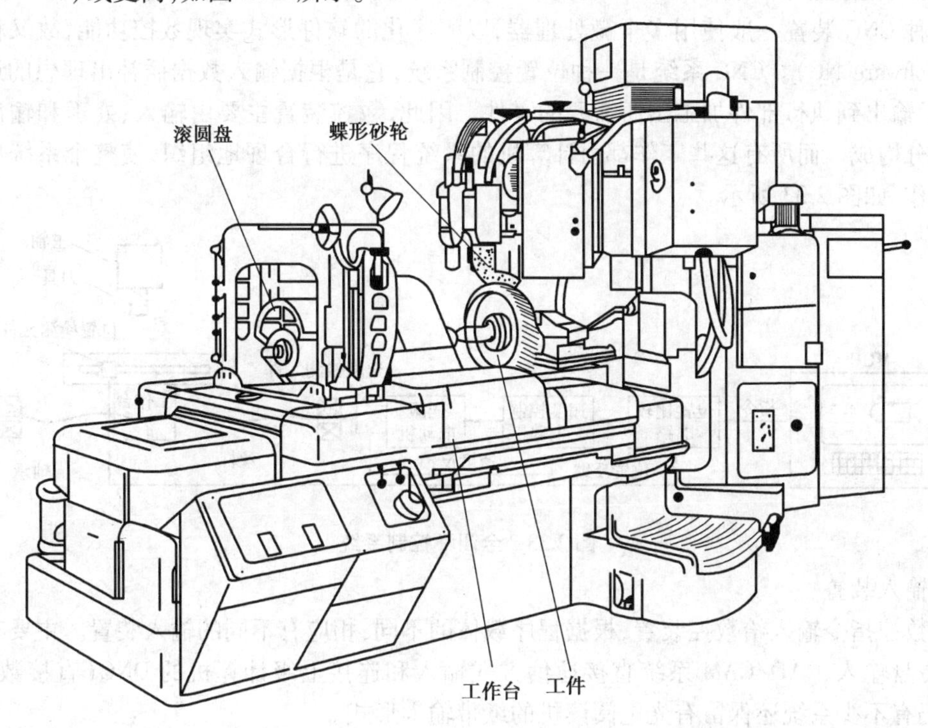

图2.32　蝶形砂轮磨齿机

2.4　典型的数控机床

数控机床是数字控制机床(computer numerical control machine tools)的简称,是一种装有程序控制系统的自动化机床。该控制系统能够逻辑地处理具有控制编码或其他符号指令规定的程序,并将其译码,用代码化的数字表示,通过信息载体输入数控装置。经运算处理由数控装置发出各种控制信号,控制机床的动作,按图纸要求的形状和尺寸,自动地将零件加工出来。数控机床较好地解决了复杂、精密、小批量、多品种的零件加工问题,是一种柔性的、高效能的自动化机床,代表了现代机床控制技术的发展方向,是一种典型的机电一体化产品。

(1)**基本组成**

数控机床的基本组成包括加工程序载体、数控装置、伺服驱动装置、机床主体及其他辅助装置。

1)加工程序载体

数控机床工作时,不需要工人直接去操作机床,要对数控机床进行控制,必须编制加工程序。零件加工程序中,包括机床上刀具和工件的相对运动轨迹、工艺参数(进给量主轴转速等）和辅助运动等。将零件加工程序用一定的格式和代码，存储在一种程序载体上，如穿孔纸带、盒式磁带、软磁盘等，通过数控机床的输入装置，将程序信息输入 CNC 单元。

2）数控装置

数控装置是数控机床的核心。现代数控装置均采用 CNC（Computer Numerical Control）形式。这种 CNC 装置一般使用多个微处理器，以程序化的软件形式实现数控功能，故又称软件数控（Software NC）。CNC 系统是一种位置控制系统，它是根据输入数据插补出理想的运动轨迹，然后输出到执行部件加工出所需要的零件。因此，数控装置主要由输入、处理和输出 3 个基本部分构成。而所有这些工作都由计算机的系统程序进行合理地组织，使整个系统协调地进行工作，如图 2.33 所示。

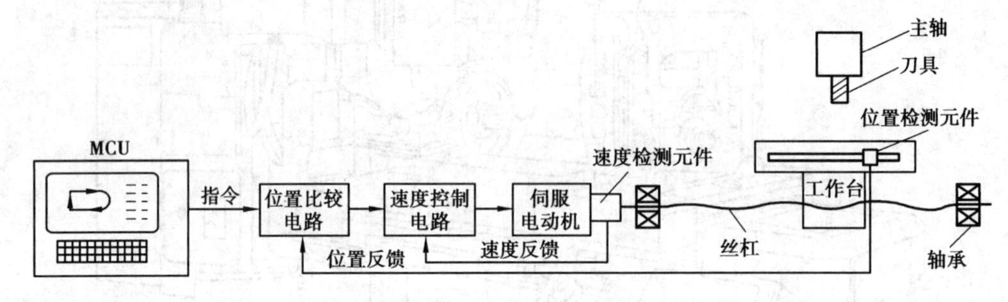

图 2.33　全闭环控制系统

①输入装置

将数控指令输入给数控装置，根据程序载体的不同，相应有不同的输入装置。主要有键盘输入、磁盘输入、CAD/CAM 系统直接通信方式输入和连接上级计算机的 DNC（直接数控）输入，现仍有不少系统还保留有光电阅读机的纸带输入形式。

A.纸带输入方式

可用纸带光电阅读机读入零件程序，直接控制机床运动，也可将纸带内容读入存储器，用存储器中储存的零件程序控制机床运动。

B.MDI 手动数据输入方式

操作者可利用操作面板上的键盘输入加工程序的指令，它适用于比较短的程序。

在控制装置编辑状态（EDIT）下，用软件输入加工程序，并存入控制装置的存储器中，这种输入方法可重复使用程序。一般手工编程均采用这种方法。在具有会话编程功能的数控装置上，可按照显示器上提示的问题，选择不同的菜单，用人机对话的方法，输入有关的尺寸数字，就可自动生成加工程序。

C.采用 DNC 直接数控输入方式

把零件程序保存在上级计算机中，CNC 系统一边加工一边接收来自计算机的后续程序段。DNC 方式多用于采用 CAD/CAM 软件设计的复杂工件并直接生成零件程序的情况。

②信息处理

输入装置将加工信息传给 CNC 单元，编译成计算机能识别的信息，由信息处理部分按照控制程序的规定，逐步存储并进行处理后，通过输出单元发出位置和速度指令给伺服系统和主运动控制部分。CNC 系统的输入数据包括：零件的轮廓信息（起点、终点、直线、圆弧等）、加工速度及其他辅助加工信息（如换刀、变速、冷却液开关等），数据处理的目的是完成插补运算前的准备工作。数据处理程序还包括刀具半径补偿、速度计算及辅助功能的处理等。

③输出装置

输出装置与伺服机构相联。输出装置根据控制器的命令接受运算器的输出脉冲,并把它送到各坐标的伺服控制系统,经过功率放大,驱动伺服系统,从而控制机床按规定要求运动。

3)伺服与测量反馈系统

伺服系统是数控机床的重要组成部分,用于实现数控机床的进给伺服控制和主轴伺服控制。伺服系统的作用是把接受来自数控装置的指令信息,经功率放大、整形处理后,转换成机床执行部件的直线位移或角位移运动。由于伺服系统是数控机床的最后环节,其性能将直接影响数控机床的精度和速度等技术指标。因此,对数控机床的伺服驱动装置,要求具有良好的快速反应性能,准确而灵敏地跟踪数控装置发出的数字指令信号,并能忠实地执行来自数控装置的指令,提高系统的动态跟随特性和静态跟踪精度。

伺服系统包括驱动装置和执行机构两大部分。驱动装置由主轴驱动单元、进给驱动单元和主轴伺服电动机、进给伺服电动机组成。步进电动机、直流伺服电动机和交流伺服电动机是常用的驱动装置。测量元件将数控机床各坐标轴的实际位移值检测出来并经反馈系统输入机床的数控装置中,数控装置对反馈回来的实际位移值与指令值进行比较,并向伺服系统输出达到设定值所需的位移量指令。

4)机床主体

机床主机是数控机床的主体。它包括床身、底座、立柱、横梁、滑座、工作台、主轴箱、进给机构、刀架及自动换刀装置等机械部件。它是在数控机床上自动地完成各种切削加工的机械部分,如图2.34所示。

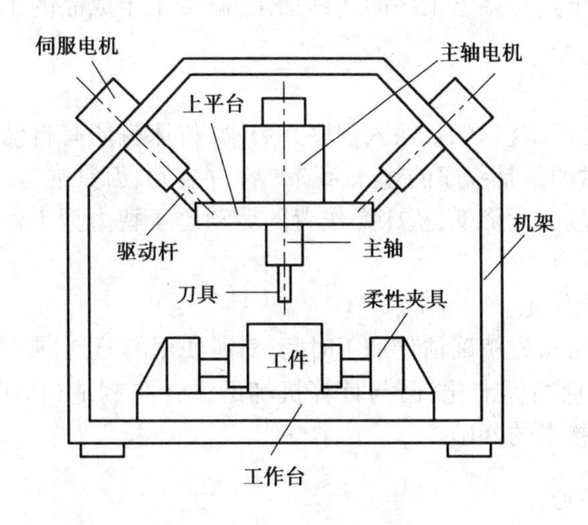

图2.34　机床主体简图

5)数控机床辅助装置

辅助装置是保证充分发挥数控机床功能所必需的配套装置,常用的辅助装置包括:气动、液压装置,排屑装置,冷却、润滑装置,回转工作台和数控分度头,以及防护、照明等各种辅助装置。

(2)**主要特点**

数控机床的操作和监控全部在数控单元中完成,它是数控机床的大脑。与普通机床相比,数控机床有以下特点:

1)具有高度柔性

在数控机床上加工零件,主要取决于加工程序,它与普通机床不同,不必制造,更换许多模具、夹具,不需要经常重新调整机床。因此,数控机床适用于所加工的零件频繁更换的场合,即适合单件、小批量产品的生产及新产品的开发,从而缩短了生产准备周期,节省了大量工艺装备的费用。

2)加工精度高

数控机床的加工精度一般可达 0.05~0.1 mm,数控机床是按数字信号形式控制的,数控装置每输出一脉冲信号,则机床移动部件移动一具脉冲当量(一般为 0.001 mm),而且机床进给传动链的反向间隙与丝杠螺距平均误差可由数控装置进行曲补偿。因此,数控机床定位精度比较高。

3)加工质量稳定、可靠

加工同一批零件,在同一机床,在相同加工条件下,使用相同刀具和加工程序,刀具的走刀轨迹完全相同,零件的一致性好,质量稳定。

4)生产率高

数控机床可有效地减少零件的加工时间和辅助时间,数控机床的主轴声速和进给量的范围大,允许机床进行大切削量的强力切削。数控机床正进入高速加工时代,数控机床移动部件的快速移动和定位及高速切削加工,极大地提高了生产率。另外,与加工中心的刀库配合使用,可实现在一台机床上进行多道工序的连续加工,减少了半成品的工序间周转时间,提高了生产率。

5)改善劳动条件

数控机床加工前是经调整好后,输入程序并启动,机床就能有自动连续地进行加工,直至加工结束。操作者要做的只是程序的输入、编辑、零件装卸、刀具准备、加工状态的观测、零件的检验等工作,劳动强度大大降低,机床操作者的劳动趋于智力型工作。另外,机床一般是结合起来的,既清洁,又安全。

6)利用生产管理现代化

数控机床的加工,可预先精确估计加工时间,对所使用的刀具、夹具可进行规范化,现代化管理,易于实现加工信息的标准化,已与计算机辅助设计与制造(CAD/CAM)有机地结合起来,是现代化集成制造技术的基础。

2.4.1 数控加工中心

加工中心是从数控铣床发展而来的。与数控铣床的最大区别在于加工中心具有自动交换加工刀具的能力,通过在刀库上安装不同用途的刀具,可在一次装夹中通过自动换刀装置改变主轴上的加工刀具,实现多种加工功能。

数控加工中心是由机械设备与数控系统组成的适用于加工复杂零件的高效率自动化机床。数控加工中心是目前世界上产量最高、应用最广泛的数控机床之一。它的综合加工能力较强,工件一次装夹后能完成较多的加工内容,加工精度较高,就中等加工难度的批量工件,其效率是普通设备的5~10倍,特别是它能完成许多普通设备不能完成的加工,对形状较复杂,精度要求高的单件加工或中小批量多品种生产更为适用。它把铣削、镗削、钻削、攻螺纹和切削螺纹等功能集中在一台设备上,使其具有多种工艺手段,如图2.35所示。

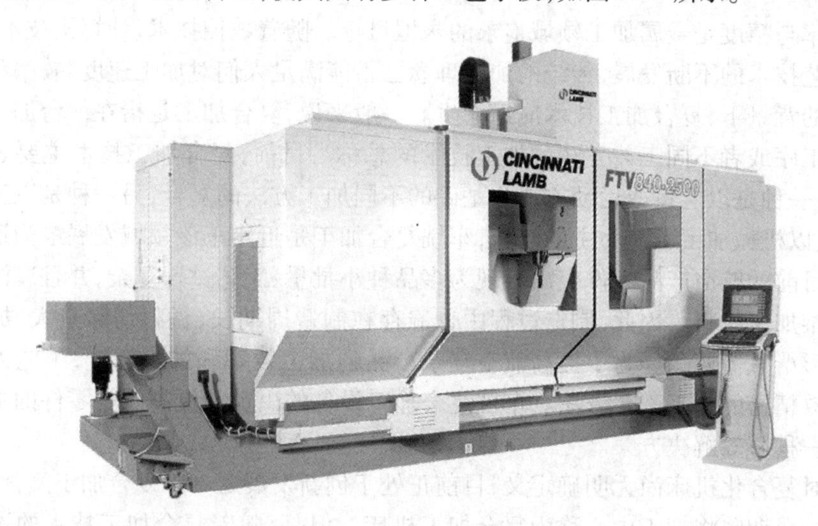

图2.35　CNC加工中心

数控加工中心有以下5种分类形式。

①按主轴在空间所处的状态,可分为立式加工中心和卧式加工中心。加工中心的主轴在空间处于垂直状态的称为立式加工中心,主轴在空间处于水平状态的称为卧式加工中心。主轴可作垂直和水平转换的,称为立卧式加工中心或五面加工中心,也称复合加工中心。

②按加工中心运动坐标数和同时控制的坐标数,可分为三轴二联动、三轴三联动、四轴三联动、五轴四联动及六轴五联动等。三轴、四轴是指加工中心具有的运动坐标数,联动是指控制系统可同时控制运动的坐标数,从而实现刀具相对工件的位置和速度控制。

③按加工精度,可分为普通加工中心和高精度加工中心。普通加工中心,分辨率为1 μm,最大进给速度15~25 m/min,定位精度10 μm左右。高精度加工中心、分辨率为0.1 μm,最大进给速度为15~100 m/min,定位精度为2 μm左右。介于2~10 μm的,以±5 μm较多,可称精密级。

④按工作台的数量和功能,可分为单工作台加工中心、双工作台加工中心和多工作台加工中心。

⑤按加工中心立柱的数量,可分为单柱式和双柱式(龙门式)。

2.4.2　车铣复合加工中心

车铣是利用铣刀旋转和工件旋转的合成运动来实现对工件的切削加工,使工件在形状精度、位置精度、已加工表面完整性等多方面达到使用要求的一种先进切削加工方法。车铣复合加工不是单纯地将车削和铣削两种加工手段合并到一台机床上,而是利用车铣合成运动来完成各类表面的加工,是在当今数控技术得到较大发展的条件下产生的一种新的切削理论和切削技术。

为了提高复杂异型产品的加工效率和加工精度,工艺人员一直在寻求更为高效精密的加工工艺方法。车铣复合加工设备的出现为提高航空航天零件的加工精度和效率提供了一种有效解决方案。

加工效率与精度是金属加工领域追求的永恒目标。随着数控技术、计算机技术、机床技术以及加工工艺技术的不断发展,传统的加工理念已不能满足人们对加工速度、效率和精度的要求。在这样的背景下,复合加工技术应运而生。一般来说,复合加工是指在一台加工设备上能够完成不同工序或者不同工艺方法的加工技术的总称。目前,复合加工技术主要表现为两种不同的类型:一种是以能量或运动方式为基础的不同加工方法的复合;另一种是以工序集中原则为基础的、以机械加工工艺为主的复合,车铣复合加工是近年来该领域发展最为迅速的加工方式之一。目前的航空产品零件突出表现为多品种小批量、工艺过程复杂,并且广泛采用整体薄壁结构和难加工材料。因此,制造过程中普遍存在制造周期长、材料切除量大、加工效率低以及加工变形严重等瓶颈。为了提高航空复杂产品的加工效率和加工精度,工艺人员一直在寻求更为高效精密的加工工艺方法。车铣复合加工设备的出现为提高航空零件的加工精度和效率提供了一种有效解决方案。

国际上对复合化机床尚无明确定义,目前正处于创新发展之中。复合加工又称完全加工、多功能加工。早期曾将加工中心称为复合加工机床。但是,随着复合加工技术的不断发展与进步,现在的复合加工机床与以前所称的复合加工机床有了本质上的区别。复合加工机床通过一次装夹零件完成多种加工工序,缩短了加工时间,提高了加工精度,因而受到用户的欢迎。数控车铣复合机床是复合加工机床的一种主要机型,通常是在数控车床上实现平面铣削、钻孔攻丝、铣槽等铣削加工工序,具有车削、铣削以及镗削等复合功能,能够实现一次装夹、全部完工的加工理念,如图 2.36 所示。

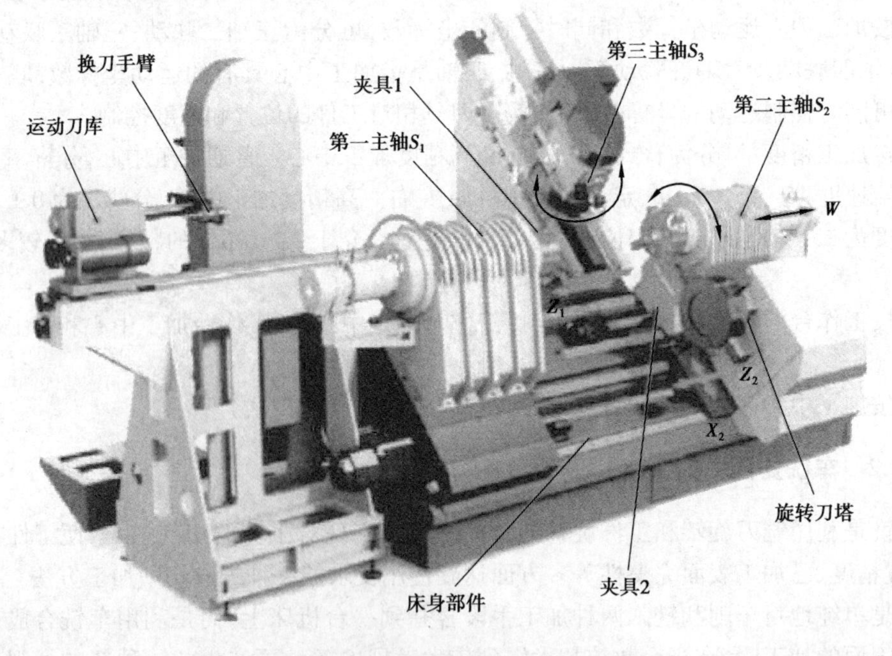

图 2.36　九轴五联动车铣复合加工中心内部结构

车铣复合加工机床的运动包括铣刀旋转、工件旋转、铣刀轴向进给及径向进给4个基本运动。依据工件旋转轴线与刀具旋转轴线相对位置的不同,车铣复合加工主要可分为轴向车铣加工、正交车铣加工和一般车铣加工。其中,轴向车铣和正交车铣是应用范围最广泛的两类车铣加工方法。轴向车铣加工由于铣刀与工件的旋转轴线相互平行,因此,它不但可以加工外圆柱表面,也可加工内孔表面。正交车铣加工由于铣刀与工件的旋转轴线相互垂直,在内孔直径较小时它不能对内孔进行加工,但在加工外圆柱表面时由于铣刀的纵向行程不受限制,且可以采用较大的纵向进给。因此,在加工外圆柱表面时效率较高。

与常规数控加工工艺相比,车铣复合加工具有的突出优势主要表现在以下3个方面:

(1)缩短产品制造工艺链,提高生产效率

可安装多种特殊刀具,新型的刀具排布,减少换刀时间,提高加工效率,车铣复合加工可实现一次装夹完成全部或者大部分加工工序,从而大大缩短产品制造工艺链。这样,一方面减少了由于装卡改变导致的生产辅助时间,另一方面也减少了工装卡具制造周期和等待时间,能够显著提高生产效率。

(2)减少装夹次数,提高加工精度

装卡次数的减少避免了由于定位基准转化而导致的误差积累。同时,目前的车铣复合加工设备大都具有在线检测的功能,可实现制造过程关键数据的在位检测和精度控制,从而提高产品的加工精度;高强度一体化的床身设计,提高了对难切削材料的重力加工能力;该机床配置有自动送料装置,可实现自动上料来连续,基本实现单台机床的流水线作业。

(3)减少占地面积,降低生产成本

紧凑美观的外形设计改善了空间利用方式,维护修理更方便让客户得到最大的满意;虽然车铣复合加工设备的单台价格比较高,但由于制造工艺链的缩短和产品所需设备的减少,以及工装夹具数量、车间占地面积和设备维护费用的减少,能够有效降低总体固定资产的投资、生产运作和管理的成本。

2.4.3　数控激光切割机

数控激光切割机在切割过程中具有割速快、割缝小等特点。工业母机式机床设计,确保了激光切割过程的高速和稳定,选配不同功率的光纤激光器,能对各种金属和材料进行切割打孔高速精密加工,配合跟随式动态调焦装置,在切割过程中,始终能够保持切割品质如一,如图2.37所示。

图2.37　CP400数控激光切割机

激光机应用于钣金加工、环保设备、机箱电柜、农机、厨具卫浴、汽车配件、体育器材、灯饰灯具、金属工艺品、风机、电器零件、通信设备、食品机械、物流设备、广告、五金及门窗等行业。

目前,国际上有代表性的激光切割设备制造商有德国通快 TRUMPF 公司、瑞士百超 BYSTRONIC、意大利 PRIMA、美国 WHITNEY 公司及日本 TANAKA 公司等。这些国际知名公司已陆续开发出了大功率、大幅面、高速、飞行光路,三维立体、数控自动的激光切割机,并且每年都在推出新的机型。例如,百超 2002 年推出加速度 2 g、2007 年推出 3 g 的高速机床,技术发展之迅速可见一斑。

随着激光切割的逐步普及,市场要求进一步提高切割效率(高速切割)、降低待机时间(自动上下料系统)、扩大应用面(向三维立体切割、厚板、高反射材料发展)、降低运行成本(降低电耗)等。国外激光切割技术发展趋势如下:

(1)**高速度**

在设备的运行速度上,目前多家企业竞相开发高速高精度切割机,用以取代机械冲床,例如瑞士百超激光有限公司推出的 BYSPEED 机型,切割速度可达 40 m/min,加速度为 3 g,可切割 20 mm 的不锈钢,12 mm 的铝合金和 6 mm 的紫铜等,其电耗仅 60 kW,机器有效利用率可达 95%,在薄板加工效率上与冲床相当。

普瑞玛工业公司最新推出的 SYNCRONO 机床则采用了一种与众不同的全新设计理念,首次在激光切割设计中引入了并联机床的概念,并将两台机床合二为一:一台具有极高动态性能和极轻质量的小型切割机床(切割头)和一台负责在大加工范围内移动的大型传统机床,两者之间通过数控实现完美的同步运动和最佳的加工效率优化。由于切割头部分的质量极轻,故能实现非常高的动态性能,同时机床还采取了特殊的动态平衡设计和专门优化的驱动控制算法,使其在高速运动的同时轨迹光滑且完全避免了振动。这种设计的结果使 SYNCRONO 机床达到了一种超乎想象的加 T 效率,其切割时的加速度可达 6 g,1 min 内可切割 1 000 个孔,几乎比目前市场上最快的切割机还要快 1 倍。同时,其运行成本远远低于对手,实际上,SYNCRONO 正在开创一个激光切割的新时代。

(2)**多自由度**

激光切割机广泛地应用到复杂曲面,工件的加工。如激光切割机器人、专门用于管材切割的 2.5D 激光切割机、3D 光纤传输激光切割机等。

以前的三维激光切割机只能进行汽车内饰件的切割,无法加工金属冲压件。普瑞玛工业公司创造性地将电容式传感器集成到三维激光切割设备中,使机床可自动适应冲压件弹性变形造成的误差,从而使三维激光切割技术真正成为汽车车身加工的一种精密、灵活的加工手段,广泛应用于汽车、航天航空工业、工程机械、模具、健身器材、钣金加工等制造领域。

(3)**大幅面大厚板**

目前,国际上出现了“精密造船”的概念,美国、欧盟、日本、韩国等国家和地区的船舶制造普遍采用高功率激光切割技术。目前,国外主流大幅面激光切割机一般采取机载激光器结构,加工幅面为 3 m×25 m,切割板厚可达到 40 mm,在船舶、舰艇等行业得到越来越多的应用。

(4)**智能化**

进一步把激光器与计算机数控技术、先进的光学系统以及高精度和自动化的工件定位相结合,将自动排料、切割工艺数据库、远程诊断、远程控制集成一体,把激光切割的功能部件与其他加工方法组合,制成如激光冲床等多功能加工机,更符合工厂复杂加工高效的需要,它兼有激光切割的多功能性和其他加工形式的高速、高效的特点,可同时完成切割、打孔、打标、划线、成形等。

2.4.4　数控线切割机

电火花线切割加工简称“线切割”。它是采用电极丝(钼丝、钨钼丝等)作为工具电极,在脉冲电源的作用下,工具电极和加工工件之间形成火花放电,火花通道瞬间产生大量的热,使工件表面熔化甚至汽化。线切割机床通过 XY 托板和 UV 托板的运动,使电极丝沿着与预定的轨迹运动,从而达到加工工件的目的。

在日常生活中,经常看到电器在开关闭合或断开的瞬间产生火花,火花所产生的高温在触点上融化出现凸凹不平的斑点,这就是电腐蚀现象。它会造成开关接触不良,最终损坏,这是电腐蚀现象有害的一面。但是,随着人们对电腐蚀现象的深入研究,目前不但能够通过科学的方法减小并防止腐蚀,而且已成功地利用电腐蚀对金属进行各种加工,从而发明了电火花的加工方法,如图 2.38 所示。

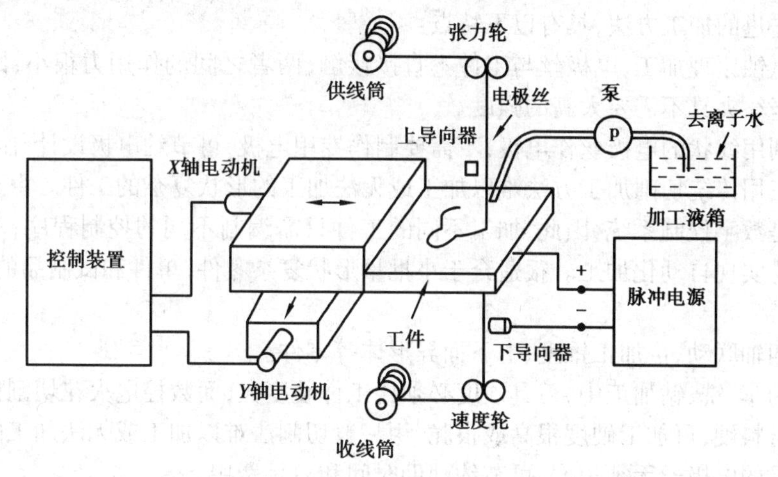

图 2.38　数控线切割加工原理图

(1)数控线切割机床组成

数控线切割机床由工作台、走丝机构、供液系统、脉冲电源及控制系统等组成。

1)工作台

工作台又称切割台,由工作台面、中托板和下托板组成,工作台面用以安装夹具和被切割工件,中托板和下托板分别由步进电动机拖动,通过齿轮变速机滚珠丝杠传动,完成工作台面的纵向和横向运动。工作台面的纵、横向运动既可以手动完成,又可以自动完成。

2)走丝机构

走丝机构主要由储丝筒、走丝电动机和导轮等部件组成。储丝筒安装在储丝筒托板上,由走丝电动机通过联轴器带动,正反转动。储丝筒的正反旋转运动通过齿轮同时传给储丝筒托板的丝杠,使托板作往复运动。电极丝安装在导轮和储丝筒上,开动走丝电动机,电极丝以一定的速度作往复运动,即走丝运动。

3)供液系统

供液系统由工作液箱、液压泵和喷嘴组成,为机床的切割加工提供足够、合适的工作液。

工作液主要有矿物油、乳化液和去离子水等。其主要作用有:对电极、工件和加工屑进行冷却,产生放电的爆炸压力,消除放电区电离子及对放电产物除垢。

4)脉冲电源

脉冲电源是产生脉冲电流的能源装置。线切割脉冲电源是影响线切割加工工艺指标最关键的设备之一。为了满足切割加工条件和工艺指标,对脉冲电源的要求为:较大的峰值电流,脉冲宽度要窄,要有较高的脉冲频率,线电极的损耗要小,参数设定方便。

5)控制系统

对整个线切割加工过程和钼丝轨迹作数字程序控制,可根据ISO格式和3B,4B格式的加工指令控制切割。机床的功能主要是由控制系统的功能决定的。

(2)数控线切割加工的特点

线切割的加工精确度可达±0.01 mm,表面粗糙度 Ra 为1.25~2.5 μm。线切割可加工用一般切削加工方法难以加工或无法加工的硬质合金和淬火刚等高硬度、复杂轮廓形状的板状金属工件,特别是对冲裁(落料)模具中的凸凹模尤其适用。数控线切割加工是机械制造中不可缺少的一种先进的加工方法,具有以下特点:

①利用电蚀原理加工,电极丝与工件不直接接触,两者之间的作用力很小,因而工件的变形很小,电极丝、夹具不需要太高的强度。

②直接利用线状的电极丝作电极,不需要制作专用电极,可节约电极设计、制造费用。

③可加工用传统切削加工方法难以加工或无法加工的形状复杂的工件。由于数控电火花线切割机床是数字控制系统,因此,加工不同的工件只需编制不同的控制程序,对不同形状的工件都很容易实现自动化加工。很适合于小批量形状复杂零件、单件和试制品的加工,加工周期短。

④采用四轴联动,可加工锥度、上下面异形体等零件。

⑤传统的车、铣、钻加工中,刀具硬度必须比工件硬度大,而数控电火花切割机床的电极丝不必比工件材料硬,可加工硬度很高或很脆、用一般切割法难以加工或无法加工的材料。在加工中作为刀具的电极丝无须刃磨,可节约辅助时间和刀具费用。

⑥直接利用电、热能进行加工,可方便对影响加工精度的加工参数(如脉冲宽度、间隔、电流)进行调整,有利于加工精度的提高,便于实现加工过程的自动化控制。

⑦工作液采用水机乳化液,成本低、不会发生火灾。

⑧电火花切割不能加工非导电材料。

⑨与一般切割加工相比,线切割加工的金属去除率低,因此加工成本高,不适合形状简单的大批量零件加工。

思考题

2.1 举例说明通用(万能)铣床、专门化机床和专用机床的主要区别是什么。它们的适用范围怎样?

2.2 说明下列机床的名称和主参数(第二主参数):CM6132,C1336,C2150×6,Z3040×16,XK5040,B2021A,MGB1432。

2.3　何谓简单运动？何谓复合运动？其本质区别是什么？

2.4　为什么卧式车床溜板箱中要设置互锁机构？丝杠传动与纵向、横向机动进给能否同时接通？纵向和横向机动进给之间是否需要互锁？为什么？

2.5　回轮转塔车床与卧式车床在布局和用途上有哪些区别？回轮转塔车床的生产率是否一定比卧式车床高？为什么？

2.6　与一般卧式车床相比，精密及高精密卧式车床主要采取了哪些措施来提高其加工精度和减小表面粗糙度？

2.7　万能外圆磨床上磨削圆锥面有哪几种方法？各适用于什么场合？

2.8　试分析无心外圆磨床和普通外圆磨床在布局、磨削方法、生产效率及适用范围方面各有什么不同。

2.9　内圆磨削的方法有几种？各适用于什么场合？

2.10　分析、比较应用范成法与成形法加工圆柱齿轮各有何特点。

2.11　磨齿有哪些方法？各有什么特点？

2.12　各类机床中，可用来加工外圆表面、内孔、平面和沟槽的各有哪些机床？它们的适用范围有何区别？

2.13　单柱、双柱及卧式坐标镗床在布局上各有什么特点？它们各适用于什么场合？

2.14　自动化机床与普通机床的主要区别是什么？自动机床与半自动机床的区别是什么？

2.15　数控机床的进给传动系统与普通机床比较，具有哪些优点？

2.16　与一般数控机床比较，自动换刀数控机床的主要特点是什么？两者的应用范围有何不同？

第3章 精密测量仪器

3.1 概 述

3.1.1 仪器仪表是信息的源头

仪器是认识世界的工具,是人们用来对物质(自然界)实体及其属性进行观察、监视、测定、验证、记录、传输、变换、显示、分析处理与控制的各种器具与系统的总称。仪器的功能在于用物理、化学或生物的方法,获取被检测对象运动或变化的信息,通过信息转换的处理,使其成为人们易于阅读和识别表达(信息显示、转换和运用)的量化形式,或进一步信号化、图像化。通过显示系统,以利观测、入库存档,或直接进入自动化、智能运转控制系统。它的研究内容是信息的获取、信息的处理以及信息的利用。仪器仪表发展至今已成为一门独立的学科,即仪器科学与技术,而现代精密仪器则是仪器学科与技术的一个重要组成部分,其研究的对象不仅是测量各种物理量所用的仪器仪表,而且已发展成高科技具有多种功能的系统设备。

认识世界往往是改造世界的先导,所以仪器与机器也同等重要,在现代条件下,仪器往往还是生产的物质先导,历史上许多重要仪器的科研成果常常会带来生产力水平的飞跃。

(1)仪器及检测技术已成为促进当代生产的主流环节,仪器整体发展水平是国家综合国力的重要标志之一

在现代化的国民经济活动中,仪器有着比以前更为广泛的用途,涉及人类各种活动的需求,在国民经济建设中仪器的作用意义重大,在工业生产中起着把关和指导者的作用。它从生产现场获取各种参数,运用科学规律和系统工程,综合有效地利用各种先进技术,通过自控手段和装备,使每个生产环节得到优化,进而保证生产规范化,提高产品质量,降低成本,满足需求,保证安全生产。

目前,仪器及检测技术广泛应用于炼油、化工、冶金、电力、电子、轻工、纺织等行业。据悉,现代化宝山钢铁总厂的技术装备投资,1/3 经费用于购置仪器和自控系统。即使原来认为可以土法生产的制酒工业,今天也需通过精密的仪器仪表严格控制温度和生产流程才能创出名牌。

据美国国家标准技术研究院(NIST)的统计,美国为了质量认证和控制、自动化及流程分析,每天要完成 2.5 亿个检测任务,占国民生产总值(GNP)的 3.5%。要完成这些检测任务,需要大量的种类繁多的分析和检测仪器。仪器与测试技术已是当代促进生产的一个主流环节。美国商业部国家标准局(NBS)在 20 世纪 90 年代初评估仪器仪表工业对美国国民经济总产值(GNP)的影响作用时,提出的调查报告中称:仪器仪表工业总产值只占工业总产值的 4%,但它对国民经济(GNP)的影响达至 66%。

仪器仪表对国民经济有巨大的"倍增器"和拉动作用。应用仪器仪表是现代生产从粗放型经营转变为集约型经营必须采取的措施,是改造传统工业必备的手段,也是产品具备竞争能力、进入市场经济的必由之路。

仪器在产品质量评估及计量等有关国家法制实施中起着技术监督的"物质法官"的作用。在国防建设和国家可持续发展战略的诸多方面,都有至关重要的作用。现代仪器已逐渐走进千家万户,与人们的健康、日常生活、工作和娱乐活动休戚相关。

(2)先进的科学仪器设备是知识创新和技术创新的前提

科学仪器是从事科学研究的物质手段。科研之成败决定于实验方法及探测仪器。有些科研工作可以用现成的商品仪器来完成,这时对仪器的配置,可认为是科研上技术条件的后勤工作;但是,当需靠仪器装备的创新开发来解决科研和生产中的关键问题时,则探索研究实验方法和仪器设备的研制,就应该是科研工作的重要组成部分,也是当前所提倡的知识创新、技术创新研究的主体内容之一和创新成就的重要体现形式。科学技术要转化为生产力,首先要靠科学仪器仪表去认识世界。

仪器的进展代表着科技的前沿,是科学发展的支柱。能不能创造高水平的新式科学仪器和设备,体现了一个民族、一个国家的创新能力。例如,电子显微镜、质谱技术、CT 断层扫描仪(见图 3.1)、X 射线物质结构分析仪、光学相衬显微镜、扫描隧道显微镜等新式科学仪器的发明,说明科学技术重大成就的获得和科学研究新领域的开辟,往往是以检测仪器和技术方法上的突破为先导的。为此,有些科学仪器越来越复杂、功能越来越多、性能越来越先进、规模也越来越大。

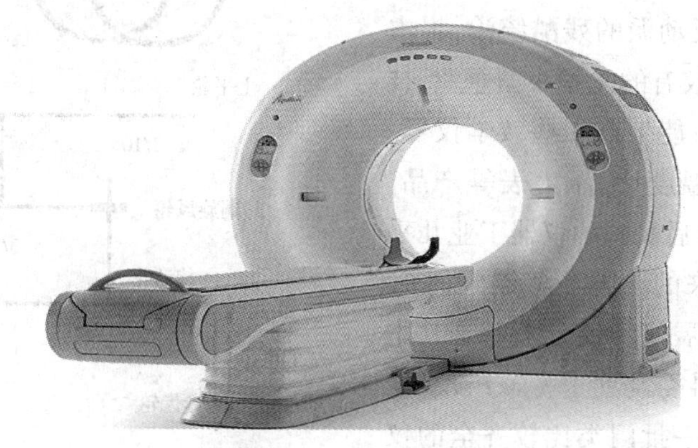

图 3.1　CT 断层扫描仪

(3)仪器是信息的源头技术

仪器又是国家高科技发展水平的标志。特别是在今天的信息时代,仪器具有多学科综合的特点,因此仪器科技在学科上也应具有适应时代发展的独立的学术地位。只有对仪器的地位和作用树立了正确的观念,才有利于仪器事业的发展。

今天,世界正在从工业化时代进入信息化时代,向知识经济时代迈进。这个时代的特征是以计算机为核心延伸人的大脑功能,起着扩展人脑力劳动的作用,使人类正在走出机械化,进入以物质手段扩展人的感官神经系统及脑力智力的时代。这时,仪器的作用主要是获取信息,作为智能行动的依据。

仪器是一种获取信息的工具,起着不可缺少的信息源的作用。仪器是信息时代的信息获取—处理—利用的源头技术。如果没有仪器,就不能获取生产、科研、环境、社会等领域中全方位的信息,进入信息时代将是不可能的。新技术革命的关键技术是信息技术。信息技术由测试技术、计算机技术、通信技术等3部分组成。测试技术则是关键和基础。

仪器不是单纯的精密仪器,也不是单纯的精密机械加光学,而是机、电、光计算机、材料科学、物理、化学、生物学等先进技术的高度综合的高技术。

仪器又是国家高科技发展水平的标志。特别是在今天的信息时代,仪器具有多学科综合的特点。

3.1.2 我国现代精密仪器发展的状况及趋势

(1)我国仪器发展的状况

我国古代就已发明创造了各种仪器,如算盘、指南针、记里鼓车(见图3.2)、地动仪(见图3.3)等。但是由于长期处于封建统治之下,社会生产力始终停留在较低的水平上,因而其发展远远地落后于世界水平。

中华人民共和国成立前,我国长期遭受帝国主义的掠夺和反动派的残酷统治,根本谈不上有仪器工业,仅有的几家小型企业,技术落后、设备陈旧,只能生产一些教学仪器、电工测试仪表以及温度计、压力表等产品。中华人民共和国成立后我国的仪器工业几乎是从零开始发展起来的。1955年制定的12年科技远景规划,发展仪器仪表工业是其中的第54项,在国家科委设立了专家组,成立了仪表总局,建设了一批门类比较齐全的仪器仪表的生产和科研基地,为钢铁、煤炭、电

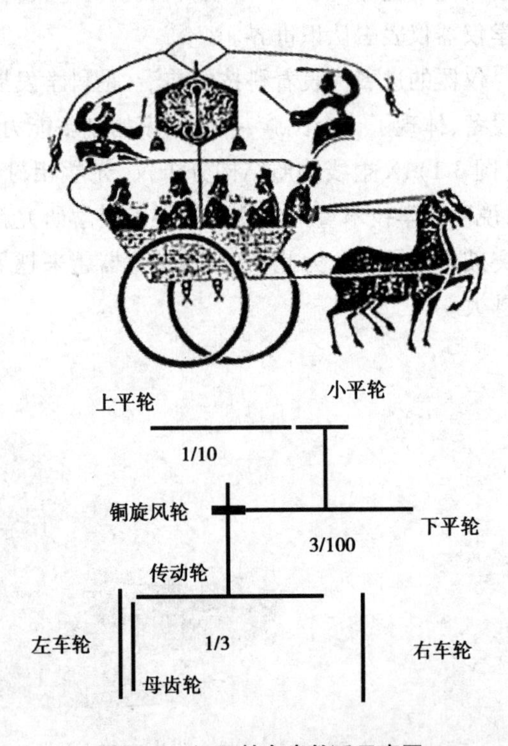

图3.2 记里鼓车齿轮系示意图

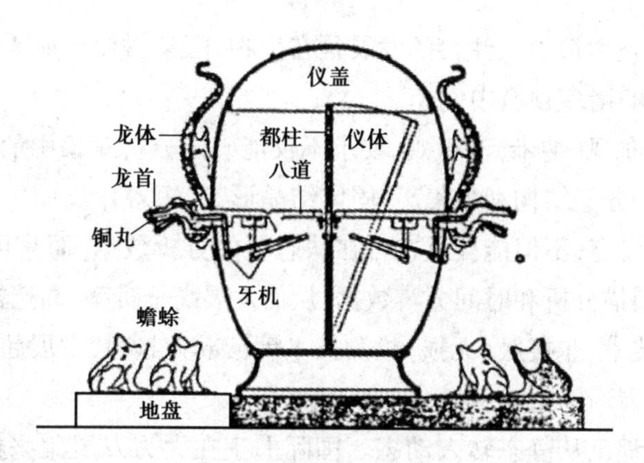

图 3.3　地动仪结构图

力、石油、化工、轻纺、交通等国家经济建设各行业，为国防建设、“两弹一星”及科学研究做出过积极而有成效的贡献。仪器仪表工业也得到了相应的重视和发展，针对我国仪器工业出现的上述情况，1995 年，20 位院士联名向国务院递交了“关于振兴仪器仪表工业的建议”，得到了国家多方面的重视和支持。国家计委、经委、科技部、科学院、自然科学基金委等部门为科学仪器的发展做了一定的安排。科技部颁发了“关于九五期间科学仪器发展的若干意见”，并将科学仪器研究开发列为“九五”国家科技攻关计划。这些措施的实施对振兴我国的科学仪器事业正在产生积极的影响。近年来，我国科学仪器研究工作有了很大发展，在生物、医学、材料、航天、环保、国防等直接关系到人类生存和发展的诸多领域中取得了可喜成果，部分科研已达到或接近世界先进水平，如中国科学院的原子力显微镜、清华大学的大型检测集装箱系统、微纳米检测仪器等，尺度深入介观（纳米）和微观领域。在国家基金委和“985”“973”“863”计划支持下，在智能化、微型化、集成化、芯片化和系统工程化及微型元器件都取得了可喜的进步，但是尚未形成批量生产。同时，还应该看到，现在我国科学仪器事业还处在十分被动的局面，与世界先进水平的差距还在不断扩大而不是逐年接近，大量高档的仪器和重大设备，主要依赖进口。1995 年仪器仪表进口为机械工业进口设备的第一位。据有关部门对分析仪器的调查统计表明，目前国外分析仪器占据我国市场的份额仍然高达 70%以上。全自动生化仪器、高档医疗仪器和科学仪器几乎全部是进口的。在工程建设配套中，过去还常使用国产仪器，而现在则以配套进口仪器作为现代化的象征。

（2）**仪器发展的趋势**

1）发展科学仪器已经成为国家的一项战略措施

发达国家中的科学仪器的发展，已从自发状态转入有意识、有目标的政府行为上来。美、日、欧等发达国家和地区早已制定各自的发展战略并锁定目标，有专门的投入，以加速原创性仪器的发明、发展、转化和产业化进程。

发达国家凭借其先进的科学研究水平、长期高技术储备、有效的管理体制、广泛占领世界市场的基础、强大的经济与军事实力，企图遏止发展中国家科学仪器的自主研制。这种态势已日益明显，应引起我们的高度注意。

2)当今科学仪器技术最引人注目的发展是在生物、医学、材料、航天、环保、国防等直接关系到人类生存和发展的诸多领域中

研究的尺度深入介观(纳米)和微观,要求不仅能确定分析对象中的元素、基因和含量,而且能回答原子的价态、分子结构和聚集态、固体结晶形态、短寿命反应中间产物的状态和生命化学物理进程中的激发态;不但能提供在自在状态下的分析数据,而且可作表面、内层和微区分析,甚至三维立体扫描分析和时间分辨数据,从而发展高分辨率、高选择性、高灵敏度的活体动态研究技术、原位技术、非接触(无损)检测技术等已成为趋势,发展超快时间和超高空间分辨技术已成为仪器发展新的追求目标。

研究的对象和过程已从静态转入动态。国际上正在大力发展集采样、样品处理(制作)、自动检测分析和结果输出于一身的流程分析系统;发展现场和实时的研究手段。生命科学等复杂体系研究的瓶颈是缺乏灵敏、有效和快速的现场或实时的研究手段,解决这一问题的突破口在于发展新的检测原理和新的检测仪器。

3)仪器的研制和生产趋向智能化、微型化、集成化、芯片化和系统工程化

利用现代微制造技术(光、机、电)、纳米技术、计算机技术、仿生学原理、新材料等高新技术发展新式的科学仪器已成为主流,如微型全化学分析系统、微型实验室、生物芯片、芯片实验室等。

如正在发展的芯片型自动分析元件,不仅有测试功能,而且还可执行分离、反应等操作。综合这些芯片的功能将组成微型的分析仪器,进而形成芯片实验室。现在用于基因及基因组研究的器件包括微流量分配装置、微电泳仪、微聚合酶链式反应器(PCR 仪)(见图 3.4)等。这些分离分析元器件可做在玻璃、熔石英或塑料上,大小犹如芯片,但具备某些"传统"分离、分析仪器的功能。

图 3.4　微聚合酶链式反应器(PCR 仪)

在微型元器件、微处理器高度发展的基础上研究和开发小型价廉而又准确可靠的家用和个人分析仪器看来可能有广大的市场容量。

另外,在一些重大科学前沿研究中,测试及研究手段成为重大复杂的科研工程,如大型天文望远镜(见图3.5)、高能粒子加速器、航天遥感系统等都是由诸多高新技术武装起来的分系统集成。

图3.5 欧洲南方天文台大型天文望远镜

4)测试仪器网络化

由于仪器的自动化智能化水平的提高,多台仪器联网已推广应用,虚拟仪器、三维多媒体等新技术开始实用化。因此,通过Internet网,仪器用户之间可异地交换信息和浏览,厂商能直接与异地用户交流,能及时完成如仪器故障诊断、指导用户维修或交换新仪器改进的数据、软件升级等工作。仪器操作过程更加简化,功能更换和扩张更加方便。网络化测试系统(仪器)是今后测试技术发展的必然道路。

3.2 精密测量仪器分类和型号

按系统工程的观点,仪器是以信息流和信息变换为主的技术系统,如测量仪器、控制仪器、电影机和照相机、计算仪器、天文仪器及导航仪器等。

用信息流可控制能量流和材料流,故仪器的应用十分广泛。由于新技术不断地涌现,仪器新产品不断产生,其种类十分繁多。因此,要对仪器进行细致的分类是相当复杂的,目前尚无统一的分类方法。

3.2.1 按应用领域分类

(1)长度几何量测量仪器

将被测长度与已知长度比较,从而得出测量结果的工具,简称测量工具。它包括三坐标测量机、万能角度测量仪、齿轮测量仪、长度测量仪、万能工具显微镜等,如图3.6和图3.7所示。

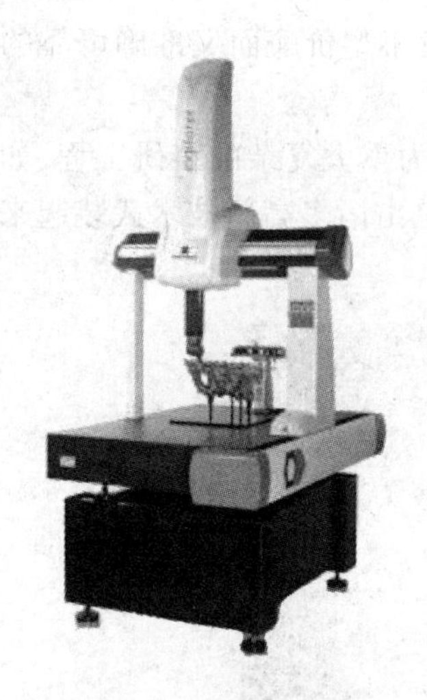

图3.6　三坐标测量机

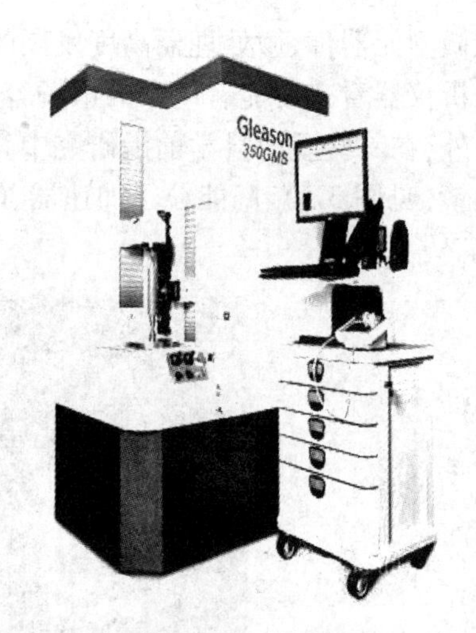

图3.7　齿轮测量仪

(2)电学测量仪器

利用电学效应,通过将得到的微小电流变化放大,而得出测量结果的工具。例如,电压、电阻、电流等测量仪器。

(3)工程力学测量仪器

工程力学测量仪器是指工程建设的规划设计、施工及经营管理阶段进行测量工作所需用的各种定向、测距、测角、测高、测图以及摄影测量等方面的仪器。例如,万能测力(拉力、压力)计,度量衡称重仪器等,如图3.8所示。

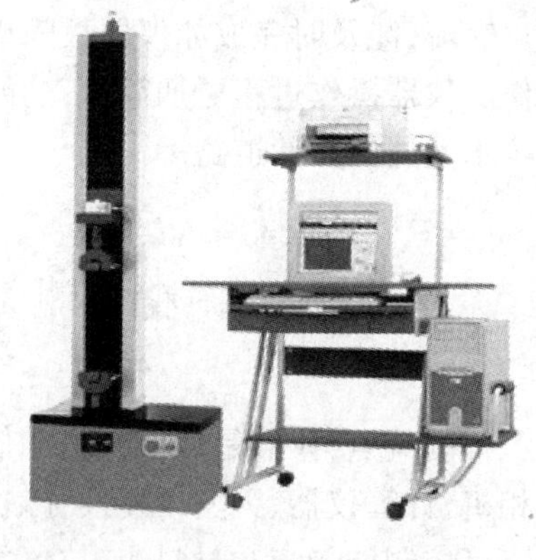

图3.8　万能测力计

(4)光学测量仪器

光学测量仪器是集光学、机械、电子、计算机图像处理技术于一体的高精度、高效率、高可靠性的测量仪器。例如,显微镜、经纬仪、光学转台、影像测量仪、光学频普测量仪、准直光管等,如图3.9和图3.10所示。

此外,它还包括声学、材料、金相、物理、化学等分析测量仪器等。

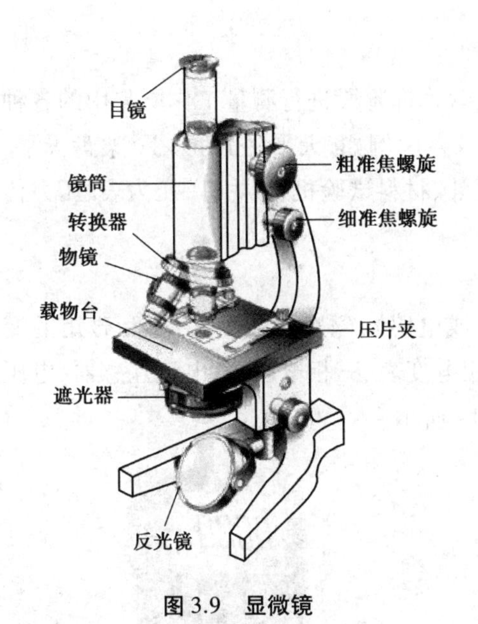

图 3.9　显微镜

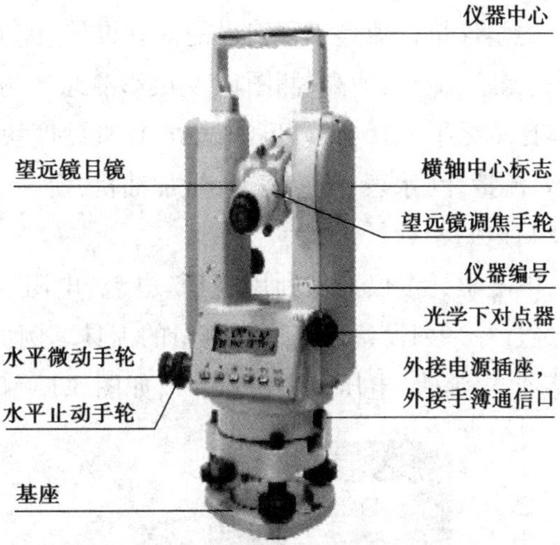

图 3.10　经纬仪

3.2.2　按计量测试角度分类

(1) **计量仪器**

它是用仪器将被测量取出并与计量标准进行比较,准确地表示被测量的真实数值。它又可分为以下 5 种:

1) 几何量计量仪器

将被测几何量与已知几何量比较,从而得出测量结果的工具。它包括表面粗糙度测量仪、轮廓测量仪、光学投影仪滚刀测量仪及激光测长机等。

2) 温度计量仪器

利用温度变化或者能观测出的微小热变形而进行测量的工具。它包括:膨胀式温度计,如玻璃液体温度计;压力式温度计,如蒸汽压力温度计;电阻温度计,如热敏电阻温度计;热辐射温度计,如光电温度计、辐射温度计;热电动势式温度计,如热电偶温度计(见图 3.11 和图 3.12)。

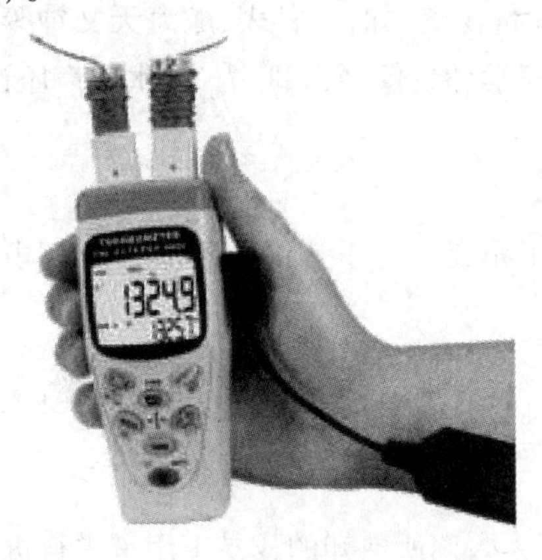

图 3.11　手持式热敏电阻温度计

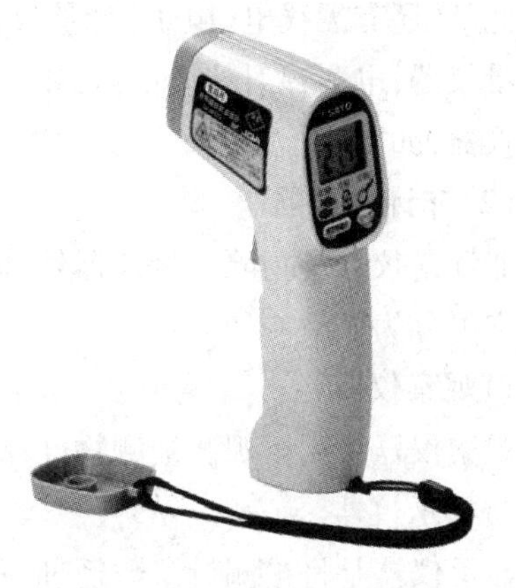

图 3.12　辐射温度计

3) 力学计量仪器

力学计量仪器是工程建设的规划设计、施工及经营管理阶段进行测量工作所需用的各种定向、测距、测角、测高、测图以及摄影测量等方面的仪器。例如,天平(扭力天平、架盘天平、液体比重天平)、衡器、硬度测试机、标准硬度块、黏度计、材料试验机、压力计、压力表、压力传感器、流量计(水表、蒸汽表、计量加油机)等。

4) 电磁学计量仪器

电磁学计量仪器是利用电压、电流、电阻、电容(或电感)、磁感应强度、磁通和磁矩的变化,经过一系列设备的复现而测量的工具。例如,单相电度表、三相电度表、电流互感器、电压互感器、电流表、电压表、万用表等,如图 3.13 和图 3.14 所示。

图 3.13　三相电度表

图 3.14　万用表

5) 光学计量仪器

光学计量仪器是集光学、机械、电子、计算机图像处理技术于一体的高精度、高效率、高可靠性的测量仪器。例如,球形光度计、照度计、亮度计、标准色板、色度计、色差计、分光光度计(可见光分光光度计、紫外分光光度计、红外分光光度计、荧光分光光度计、原子吸收分光光度计)、激光能量计、激光功率计、白度计、光泽计、光学密度计、雾度计(朦胧计)等。

此外,还有无线电(电子)计量仪器;时间频率计量仪器,如钟、秒表、航海天文钟等电离辐射计量仪器;电离辐射计量仪器,如射线测量仪等;声学计量仪器,如听力计、水声声压计;化学计量仪器,如 pH 值测试仪。

(2) **非计量仪器**

非计量仪器是指除计量仪器外,借助仪器的作用完成一定任务和程序的各种光、电精密机械。它可分为以下 4 种:

1) 观察仪器

观察仪器是用以观测被测物件,具有一定保护性质的工具。例如,显微镜。

2) 显示仪器

显示仪器是将被测量参数经过一定的处理而变为人们所熟知的或易于用来进行进一步处理的仪器。例如,示波器。

3)记录仪器

记录仪器是用以记录测量参数的仪器。例如,温度计。

4)调节仪器

调节仪器是用以在某一过程中对测量参数进行改变的仪器。例如,节流阀。

3.3　工业型精密测量仪器

3.3.1　精密三坐标测量仪

(1)仪器简介

三坐标测量机(Coordinate Measuring Machining,CMM),是20世纪60年代发展起来的一种新型高效的精密测量仪器(见图3.15)。它的出现,一方面是由于自动机床、数控机床高效率加工以及越来越多复杂形状零件加工需要有快速可靠的测量设备与之配套;另一方面是由于电子技术、计算机技术、数字控制技术以及精密加工技术的发展为三坐标测量机的产生提供了技术基础。1960年,英国FERRANTI公司研制成功世界上第一台三坐标测量机,到20世纪60年代末,已有近10个国家的30多家公司在生产CMM,不过这一时期的CMM尚处于初级阶段。进入20世纪80年代后,以ZEISS、LEITZ、DEA、LK、三丰、SIP、FERRANTI、MOORE等为代表的众多公司不断推出新产品,使得CMM的发展速度加快。现代CMM不仅能在计算机控制下完成各种复杂测量,而且可通过与数控机床交换信息,实现对加工的控制,并且还可根据测量数据,实现反求工程。目前,CMM已广泛用于机械制造业、汽车工业、电子工业、航空航天工业和国防工业等各部门,成为现代工业检测和质量控制不可缺少的万能测量设备。

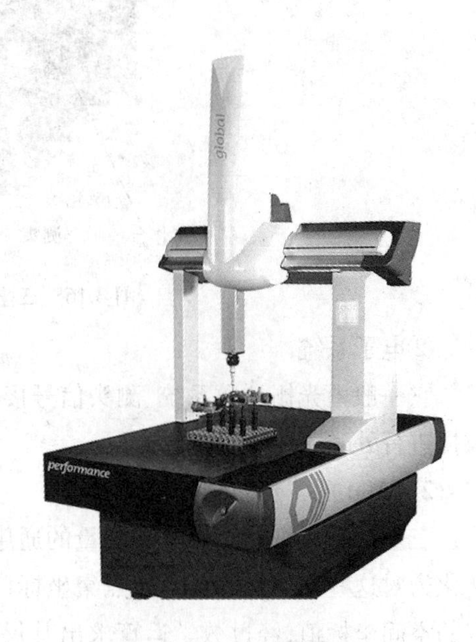

图3.15　三坐标测量机

(2)三坐标测量机的组成及工作原理

1)CMM的组成

三坐标测量机是典型的机电一体化设备,它由机械系统和电子系统两大部分组成。

①机械系统

机械系统一般由3个正交的直线运动轴构成。X向导轨系统装在工作台上,移动桥架横梁是Y向导轨系统,Z向导轨系统装在中央滑架内。3个方向轴上均装有光栅尺用以度量各轴位移值。人工驱动的手轮及机动、数控驱动的电机一般都在各轴附近。用来触测被检测零

件表面的测头装在 Z 轴端部，如图 3.16 所示。

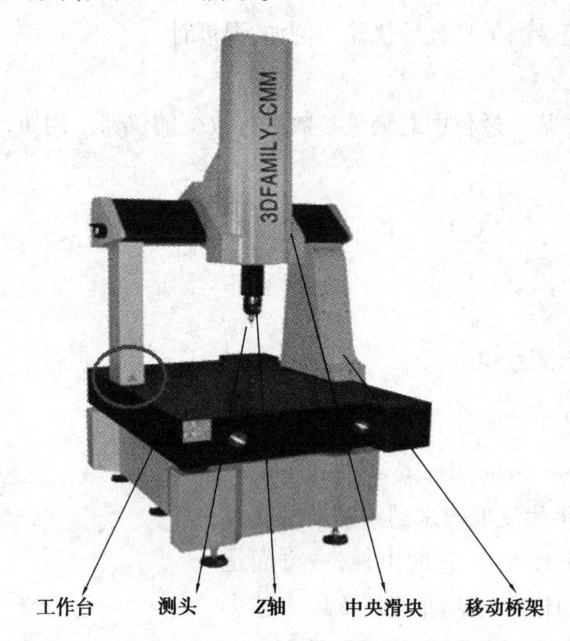

图 3.16 三坐标测量机机械系统组成图

②电子系统

它一般由光栅计数系统、测头信号接口和计算机等组成，用于获得被测坐标点数据，并对数据进行处理。

2）CMM 的工作原理

三坐标测量机是基于坐标测量的通用化数字测量设备。它首先将各被测几何元素的测量转化为对这些几何元素上一些点集坐标位置的测量，在测得这些点的坐标位置后，再根据这些点的空间坐标值，经过数学运算求出其尺寸和形位误差。由此可见，CMM 的这一工作原理使得其具有很大的通用性与柔性。从原理上说，它可测量任何工件的任何几何元素的任何参数。

（3）三坐标测量机的分类

1）按 CMM 的技术水平分类

①数字显示及打印型

这类 CMM 主要用于几何尺寸测量，可显示并打印出测得点的坐标数据，但要获得所需的几何尺寸形位误差，还需进行人工运算，其技术水平较低，目前已基本被淘汰。

②带有计算机进行数据处理型

这类 CMM 技术水平略高，目前应用较多。其测量仍为手动或机动，但用计算机处理测量数据，可完成诸如工件安装倾斜的自动校正计算、坐标变换、孔心距计算、偏差值计算等数据处理工作。

③计算机数字控制型

这类 CMM 技术水平较高，可像数控机床一样，按照编制好的程序自动测量。

2)按 CMM 的测量范围分类

①小型坐标测量机

这类 CMM 在其最长一个坐标轴方向(一般为 X 轴方向)上的测量范围小于 500 mm,主要用于小型精密模具、工具和刀具等的测量。

②中型坐标测量机

这类 CMM 在其最长一个坐标轴方向上的测量范围为 500~2 000 mm,是应用最多的机型,主要用于箱体、模具类零件的测量。

③大型坐标测量机

这类 CMM 在其最长一个坐标轴方向上的测量范围大于 2 000 mm,主要用于汽车与发动机外壳、航空发动机叶片等大型零件的测量。

3)按 CMM 的精度分类

①精密型 CMM

其单轴最大测量不确定度小于 $1\times10^{-6}L$(L 为最大量程,单位为 mm),空间最大测量不确定度小于 $(2\sim3)\times10^{-6}L$,一般放在具有恒温条件的计量室内,用于精密测量。

②中、低精度 CMM

低精度 CMM 的单轴最大测量不确定度大体在 $1\times10^{-4}L$ 左右,空间最大测量不确定度为 $(2\sim3)\times10^{-4}L$,中等精度 CMM 的单轴最大测量不确定度约为 $1\times10^{-5}L$,空间最大测量不确定度为 $(2\sim3)\times10^{-5}L$。这类 CMM 一般放在生产车间内,用于生产过程检测。

4)按 CMM 的结构形式分类

①移动桥架型

移动桥架型为最常用的三坐标测量仪的结构,轴为主轴在垂直方向移动,厢形架导引主轴沿水平梁在方向移动,此水平梁垂直轴且被两支柱支承于两端,梁与支柱形成“桥架”,桥架沿着两个在水平面上垂直于轴的导槽在轴方向移动。因为梁的两端被支柱支承,所以可得到最小的挠度,并且比悬臂型有较高的精度。

②床式桥架型

床式桥架型的轴为主轴在垂直方向移动,厢形架导引主轴沿着垂直轴的梁而移动,而梁沿着两水平导轨在轴方向移动,导轨位于支柱的上表面,而支柱固定在机械本体上。此型与移动桥架型一样,梁的两端被支承,因此梁的挠度为最少。此型比悬臂型的精度好,因为只有梁在轴方向移动,所以惯性比全部桥架移动时为小,手动操作时比移动桥架型较容易。

③柱式桥架型

柱式桥架型与床式桥架形式比较时,柱式桥架型其架是直接固定在地板上又称门形,比床式桥架型有较大且更好的刚性,大部分用在较大型的三坐标测量仪上。各轴都以马达驱动,测量范围很大,操作者可在桥架内工作。

④固定桥架型

固定桥架型的轴为主轴在垂直方向移动,厢形架导引主轴沿着垂直轴的水平横梁上作方向移动。桥架(支柱)被固定在机器本体上,测量台沿着水平平面的导轨作轴方向的移动,且垂直于轴。每轴皆由马达来驱动,可确保位置精度,此机型不适合手动操作。

⑤L 形桥架型

L 形桥架型,这个设计乃是为了使桥架在轴移动时有最小的惯性而作的改变。它与移动桥架型相比较,移动组件的惯性较少,因此操作较容易,但刚性较差。

⑥轴移动悬臂型

单支柱移动型的轴为主轴在垂直方向移动,支柱整体沿着水平面的导槽在轴上移动,且垂直轴,而轴连接于支柱上。测量台沿着水平面的导槽在轴上移动,且垂直轴和轴。此型测量台面、支柱等具很好的刚性,因此变形少,且各轴的线性刻度尺与测量轴较接近,以符合阿贝定理。

⑦单支柱移动型

轴移动悬臂型,Z 轴为主轴在垂直方向移动,厢形架导引主轴沿着垂直轴的水平悬臂梁在 Y 轴方向移动,悬臂梁沿着在水平面的导槽在 X 轴方向移动,且垂直于 Y 轴和 Z 轴。此型为三边开放,容易装拆工件,且工件可伸出台面,即可容纳较大工件,但因悬臂会造成精度不高。此型早期很盛行,现在已不普遍。

⑧单支柱测量台移动型

单支柱测量台移动型的轴为主轴在垂直方向移动,支柱上附有轴导槽,支柱被固定在测量仪本体上。测量时,测量台在水平面上沿着轴和轴方向作移动。

⑨水平臂测量台移动型

水平臂测量台移动型的厢形架支承水平臂沿着垂直的支柱在垂直(轴)的方向移动。探头装在水平方向的悬臂上,支柱沿着水平面的导槽在轴方向移动,且垂直轴,测量台沿着水平面的导槽在轴方向移动,且垂直于轴和轴。这是水平悬臂型的改良设计,为了消除水平臂在轴方向,因伸出或缩回所产生的挠度。

⑩水平臂测量台固定型

其构造与测量台移动型相似。此型测量台固定,轴均在导槽内移动。测量时,支柱在轴的导槽移动,而轴滑动台面在垂直轴方向移动。

⑪水平臂移动型

水平臂移动型的轴悬臂在水平方向移动,支承水平臂的厢形架沿着支柱在轴方向移动,而支柱垂直轴。支柱沿着水平面的导槽在轴方向移动,且垂直轴和轴,故不适合高精度的测量。除非水平臂在伸出或回收时,对因质量而造成的误差有所补偿。大多数情况应用在车辆检验工作。

⑫闭环桥架型

闭环桥架型由于它的驱动方式在工作台中心,可减少因桥架移动所造成的冲击,为所有三坐标测量仪的一种。

(4)**三坐标测量机的机械结构**

1)结构形式

三坐标测量机是由 3 个正交的直线运动轴构成的,这 3 个坐标轴的相互配置位置(即总体结构形式)对测量机的精度以及对被测工件的适用性影响较大。

2)工作台

早期的三坐标测量机的工作台一般是由铸铁或铸钢制成的,但近年来,各生产厂家已广泛采用花岗岩来制造工作台,这是因为花岗岩变形小、稳定性好、耐磨损、不生锈,且价格低廉,易于加工。有些测量机装有可升降的工作台,以扩大 Z 轴的测量范围,还有些测量机备有旋转工作台,以扩大测量功能。

3)导轨

导轨是测量机的导向装置,直接影响测量机的精度,因而要求其具有较高的直线性精度。在三坐标测量机上使用的导轨有滑动导轨、滚动导轨和气浮导轨,但常用的为滑动导轨和气浮导轨,滚动导轨应用较少,因为滚动导轨的耐磨性较差,刚度也较滑动导轨低。在早期的三坐标测量机中,许多机型采用的是滑动导轨。滑动导轨精度高,承载能力强,但摩擦阻力大,易磨损,低速运行时易产生爬行,也不易在高速下运行,有逐步被气浮导轨取代的趋势。目前,多数三坐标测量机已采用空气静压导轨(又称气浮导轨、气垫导轨),它具有许多优点,如制造简单、精度高、摩擦力极小、工作平稳等。

气浮技术的发展使三坐标测量机在加工周期和精度方面均有很大的突破。目前,不少生产厂在寻找高强度轻型材料作为导轨材料,有些生产厂已选用陶瓷或高膜量型的碳素纤维作为移动桥架和横梁上运动部件的材料。另外,为了加速热传导,减少热变形,ZEISS公司采用带涂层的抗时效合金来制造导轨,使其时效变形极小且使其各部分的温度更加趋于均匀一致,从而使整机的测量精度得到了提高,而对环境温度的要求却又可以放宽些。

(5)三坐标测量机的测量系统

三坐标测量机的测量系统由标尺系统和测头系统构成,它们是三坐标测量机的关键组成部分,决定着CMM测量精度的高低。

1)标尺系统

标尺系统是用来度量各轴的坐标数值的,目前三坐标测量机上使用的标尺系统种类很多,它们与在各种机床和仪器上使用的标尺系统大致相同,按其性质可分为机械式标尺系统(如精密丝杠加微分鼓轮、精密齿条及齿轮、滚动直尺)、光学式标尺系统(如光学读数刻线尺、光学编码器、光栅、激光干涉仪)和电气式标尺系统(如感应同步器、磁栅)。根据对国内外生产CMM所使用的标尺系统的统计分析可知,使用最多的是光栅,其次是感应同步器和光学编码器。有些高精度CMM的标尺系统采用了激光干涉仪。

2)测头系统

①测头

三坐标测量机是用测头来拾取信号的,因而测头的性能直接影响测量精度和测量效率,没有先进的测头就无法充分发挥测量机的功能。在三坐标测量机上使用的测头,按结构原理可分为机械式、光学式和电气式等;而按测量方法又可分为接触式和非接触式两类。

A.机械接触式测头

机械接触式测头为刚性测头,根据其触测部位的形状,可分为圆锥形测头、圆柱形测头、球形测头、半圆形测头、点测头及V形块测头等。这类测头的形状简单,制造容易,但是测量力的大小取决于操作者的经验和技能,因此测量精度差、效率低。目前,除少数手动测量机还采用此种测头外,绝大多数测量机已不再使用这类测头。

B.电气接触式测头

电气接触式测头目前已为绝大部分坐标测量机所采用。按其工作原理可分为动态测头和静态测头。

a.动态测头

测杆安装在芯体上,而芯体则通过 3 个沿圆周 120°分布的钢球安放在 3 对触点上,当测杆没有受到测量力时,芯体上的钢球与 3 对触点均保持接触。当测杆的球状端部与工件接触时,不论受到 X,Y,Z 哪个方向的接触力,至少会引起一个钢球与触点脱离接触,从而引起电路的断开,产生阶跃信号,直接或通过计算机控制采样电路,将沿 3 个轴方向的坐标数据送至存储器,供数据处理用。

可见,测头是在触测工件表面的运动过程中,瞬间进行测量采样的,故称为动态测头,也称触发式测头。动态测头结构简单,成本低,可用于高速测量,但精度稍低,而且动态测头不能以接触状态停留在工件表面,因而只能对工件表面作离散的逐点测量,不能作连续的扫描测量。目前,绝大多数生产厂选用英国 RENISHAW 公司生产的触发式测头。

b.静态测头

静态测头除具备触发式测头的触发采样功能外,还相当于一台超小型三坐标测量机。测头中有三维几何测量传感器,在测头与工件表面接触时,在 X,Y,Z 这 3 个坐标方向均有相应的位移量输出,从而驱动伺服系统进行自动调整,使测头停在规定的位移量上,在测头接近静止的状态下采集三维坐标数据,故称静态测头。静态测头沿工件表面移动时,可始终保持接触状态,进行扫描测量,因而也称扫描测头。其主要特点是精度高,可作连续扫描,但制造技术难度大,采样速度慢,价格昂贵,适合于高精度测量机使用。目前,由 LEITZ,ZEISS 和 KERRY 等厂家生产的静态测头均采用电感式位移传感器,此时也将静态测头称为三向电感测头。

c.光学测头

在多数情况下,光学测头与被测物体没有机械接触,这种非接触式测量具有一些突出优点,主要体现在:由于不存在测量力,因而适合于测量各种软的和薄的工件;由于是非接触测量,可对工件表面进行快速扫描测量;多数光学测头具有比较大的量程,这是一般接触式测头难以达到的;可探测工件上一般机械测头难以探测到的部位。近年来,光学测头发展较快,目前在坐标测量机上应用的光学测头的种类也较多,如三角法测头、激光聚集测头、光纤测头、体视式三维测头及接触式光栅测头等。

②测头附件

为了扩大测头功能、提高测量效率以及探测各种零件的不同部位,常需为测头配置各种附件,如测端、探针、连接器、测头回转附件等。

A.测端

对于接触式测头,测端是与被测工件表面直接接触的部分。对于不同形状的表面需要采用不同的测端。

B.探针

探针是指可更换的测杆。在有些情况下,为了便于测量,需选用不同的探针。探针对测量能力和测量精度有较大影响,在选用时应注意:

a.在满足测量要求的前提下,探针应尽量短。

b.探针直径必须小于测端直径,在不发生干涉条件下,应尽量选大直径探针。

c.在需要长探针时,可选用硬质合金探针,以提高刚度。若需要特别长的探针,可选用质量较轻的陶瓷探针。

3)连接器

为了将探针连接到测头上、测头连接到回转体上或测量机主轴上,需采用各种连接器。常用的有星形探针连接器、连接轴、星形测头座等。

4)回转附件

对于有些工件表面的检测,如一些倾斜表面、整体叶轮叶片表面等,仅用与工作台垂直的探针探测将无法完成要求的测量。这时,就需要借助一定的回转附件,使探针或整个测头回转一定角度再进行测量,从而扩大测头的功能。

(6)三坐标测量机的控制系统

1)控制系统的功能

控制系统是三坐标测量机的关键组成部分之一。其主要功能是:读取空间坐标值,控制测量瞄准系统对测头信号进行实时响应与处理,控制机械系统实现测量所必需的运动,实时监控坐标测量机的状态以保障整个系统的安全性与可靠性等。

2)控制系统的结构

按自动化程度分类,坐标测量机分为手动型、机动型和 CNC 型。早期的坐标测量机以手动型和机动型为主,其测量是由操作者直接手动或通过操纵杆完成各个点的采样,然后在计算机中进行数据处理。随着计算机技术及数控技术的发展,CNC 型控制系统变得日益普及,它是通过程序来控制坐标测量机自动进给和进行数据采样,同时在计算机中完成数据处理。

①手动型与机动型控制系统

这类控制系统结构简单、操作方便、价格低廉,在车间中应用较广。这两类坐标测量机的标尺系统通常为光栅,测头一般采用触发式测头。其工作过程是:每当触发式测头接触工件时,测头发出触发信号,通过测头控制接口向 CPU 发出一个中断信号,CPU 则执行相应的中断服务程序,实时地读出计数接口单元的数值,计算出相应的空间长度,形成采样坐标值 X,Y 和 Z,并将其送入采样数据缓冲区,供后续的数据处理使用。

②CNC 型控制系统

CNC 型控制系统的测量进给是计算机控制的。它可通过程序对测量机各轴的运动进行控制以及对测量机运行状态进行实时监测,从而实现自动测量。另外,它也可通过操纵杆进行手工测量。CNC 型控制系统又可分为集中控制与分布控制两类。

A.集中控制

集中控制由一个主 CPU 实现监测与坐标值的采样,完成主计算机命令的接收、解释与执行、状态信息及数据的回送与实时显示、控制命令的键盘输入及安全监测等任务。它的运动控制是由一个独立模块完成的,该模块是一个相对独立的计算机系统,完成单轴的伺服控制、三轴联动以及运动状态的监测。从功能上看,运动控制 CPU 既要完成数字调节器的运算,又要进行插补运算,运算量大,其实时性与测量进给速度取决于 CPU 的速度。

B.分布式控制

分布式控制是指系统中使用多个 CPU,每个 CPU 完成特定的控制,同时这些 CPU 协调工作,共同完成测量任务,因而速度快,提高了控制系统的实时性。另外,分布式控制的特点是多 CPU 并行处理,由于它是单元式的,故维修方便,便于扩充。如要增加一个转台只需在系统中再扩充一个单轴控制单元,并定义它在总线上的地址和增加相应的软件就可以了。

3)测量进给控制

手动型以外的坐标测量机是通过操纵杆或 CNC 程序对伺服电机进行速度控制,以此来控制测头和测量工作台按设定的轨迹作相对运动,从而实现对工件的测量。三坐标测量机的测量进给与数控机床的加工进给基本相同,但其对运动精度、运动平稳性及响应速度的要求更高。三坐标测量机的运动控制包括单轴伺服控制和多轴联动控制。单轴伺服控制较为简单,各轴的运动控制由各自的单轴伺服控制器完成。但当要求测头在三维空间按预定的轨迹相对于工件运动时,则需要 CPU 控制三轴按一定的算法联动来实现测头的空间运动,这样的控制由上述单轴伺服控制及插补器共同完成。在三坐标测量机控制系统中,插补器由 CPU 程序控制来实现。根据设定的轨迹,CPU 不断地向三轴伺服控制系统提供坐标轴的位置命令,单轴伺服控制系统则不断地跟踪,从而使测头一步一步地从起始点向终点运动。

4)控制系统的通信

控制系统的通信包括内通信和外通信。内通信是指主计算机与控制系统两者之间相互传送命令、参数、状态与数据等,这些是通过联接主计算机与控制系统的通信总线实现的。外通信则是指当 CMM 作为 FMS 系统或 CIMS 系统中的组成部分时,控制系统与其他设备之间的通信。目前,用于坐标测量机通信的主要有串行 RS-232 标准与并行 IEEE-488 标准。

(7)三坐标测量机的软件系统

现代三坐标测量机都配备有计算机,由计算机来采集数据,通过运算输出所需的测量结果。其软件系统功能的强弱直接影响到测量机的功能。因此,各坐标测量机生产厂家都非常重视软件系统的研究与开发,在这方面投入的人力和财力的比例在不断增加。下面对在三坐标测量机中使用的软件作简要介绍。

1)编程软件

为了使三坐标测量机能实现自动测量,需要事前编制好相应的测量程序。而这些测量程序的编制有以下 4 种方式:

①图示及窗口编程方式

图示及窗口编程是最简单的方式,它是通过图形菜单选择被测元素,建立坐标系,并通过"窗口"提示选择操作过程及输入参数,编制测量程序。该方式仅适用于比较简单的单项几何元素测量的程序编制。

②自学习编程方式

这种编程方式是在 CNC 测量机上,由操作者引导测量过程,并键入相应指令,直到完成测量,而由计算机自动记录下操作者手动操作的过程及相关信息,并自动生成相应的测量程序,若要重复测量同种零件,只需调用该测量程序,便可自动完成以前记录的全部测量过程。该方式适合于批量检测,也属于比较简单的编程方式。

③脱机编程

这种方式是采用三坐标测量机生产厂家提供的专用测量机语言在其他通用计算机上预先编制好测量程序,它与坐标测量机的开启无关。编制好程序后,再到测量机上试运行,若发现错误则进行修改。其优点是能解决很复杂的测量工作,缺点是容易出错。

④自动编程

在计算机集成制造系统中,通常由 CAD/CAM 系统自动生成测量程序。三坐标测量机一方面读取由 CAD 系统生成的设计图纸数据文件,自动构造虚拟工件,另一方面接受由 CAM 加工出的实际工件,并根据虚拟工件自动生成测量路径,实现无人自动测量。这一过程中的测量程序是完全由系统自动生成的。

2)测量软件包

测量软件包可含有许多种类的数据处理程序,以满足各种工程需要。一般将三坐标测量机的测量软件包分为通用测量软件包和专用测量软件包。通用测量软件包主要是指针对点、线、面、圆、圆柱、圆锥、球等基本几何元素及其形位误差、相互关系进行测量的软件包。通常各三坐标测量机都配置有这类软件包。专用测量软件包是指坐标测量机生产厂家为了提高对一些特定测量对象进行测量的测量效率和测量精度而开发的各类测量软件包。如有不少三坐标测量机配备有针对齿轮、凸轮与凸轮轴、螺纹、曲线、曲面等常见零件和表面测量的专用测量软件包。在有的测量机中,还配备有测量汽车车身、发动机叶片等零件的专用测量软件包。

3)系统调试软件

用于调试测量机及其控制系统,一般具有以下软件。

①自检及故障分析软件包:用于检查系统故障并自动显示故障类别。

②误差补偿软件包:用于对三坐标测量机的几何误差进行检测,在三坐标测量机工作时,按检测结果对测量机误差进行修正。

③系统参数识别及控制参数优化软件包:用于 CMM 控制系统的总调试,并生成具有优化参数的用户运行文件。

④精度测试及验收测量软件包:用于按验收标准测量检具。

4)系统工作软件

测量软件系统必须配置一些属于协调和辅助性质的工作软件,其中有些是必备的,有些用于扩充功能。

①测头管理软件。用于测头校准、测头旋转控制等。

②数控运行软件。用于测头运动控制。

③系统监控软件。用于对系统进行监控(如监控电源、气源等)。

④编译系统软件。用此程序编译,生成运行目标码。

⑤DMIS 接口软件。用于翻译 DMIS 格式文件。

⑥数据文件管理软件。用于各类文件管理。

⑦联网通信软件。用于与其他计算机实现双向或单向通信。

3.3.2 精密圆度仪

(1)仪器简介

圆度仪是一种利用回转轴法测量工件圆度误差的测量工具,如图 3.17 所示。

图 3.17 圆度仪

圆度仪分为传感器回转式和工作台回转式两种形式。测量时,被测件与精密轴系同心安装,精密轴系带着电感式长度传感器或工作台作精确的圆周运动。它由仪器的传感器、放大器、滤波器、输出装置组成。若仪器配有计算机,则计算机也包括在此系统内。

(2)测量特点

①采用最先进的补偿算法,对 Z 轴精度进行补偿。

②可评定锥形柱体的轮廓度(小锥体)。

③气浮运动轴系,精度保持长久。

④Z 轴光栅计数。

⑤关键件采用特殊去应力合金材料及特殊的去应力处理工艺,精度保持长久。

⑥业内领先的高精度采集控制系统,控制系统所有电路按军品标准设计、生产及验收,能在-70 ℃~+70 ℃稳定工作。

⑦模块化设计使用户维护成本降至最低。

⑧嵌入式 PC 保证用户连续工作,性能超越工控机。

⑨采用直线度为 0.15 μm/100 mm(0.3 μm/350 mm)的高精度、高耐久性陶制立柱,可进行直线度、圆柱度、直角度的测量。

(3)测量方法

圆度测量方法有回转轴法、三点法、两点法、投影法及坐标法等。

1)回转轴法

利用精密轴系中的轴回转一周所形成的圆轨迹(理想圆)与被测圆比较,两圆半径上的差值由电学式长度传感器转换为电信号,经电路处理和电子计算机计算后由显示仪表指示出圆度误差,或由记录器记录出被测圆轮廓图形。回转轴法有传感器回转和工作台回转两种形式。前者适用于高精度圆度测量,后者常用于测量小型工件。

2)三点法

常将被测工件置于V形块中进行测量。测量时,使被测工件在V形块中回转一周,从测微仪读出最大示值和最小示值,两示值差之半即为被测工件外圆的圆度误差。此法适用于测量具有奇数棱边形状误差的外圆或内圆,常用两角为90°,120°或72°,108°的两块V形块分别测量。

3)两点法

常用千分尺、比较仪等测量,以被测圆某一截面上各直径间最大差值之半作为此截面的圆度误差。此法适于测量具有偶数棱边形状误差的外圆或内圆。

4)投影法

常在投影仪上测量,将被测圆的轮廓影像与绘制在投影屏上的两极限同心圆比较,从而得到被测件的圆度误差。此法适用于测量具有刃口形边缘的小型工件。

5)坐标法

一般在带有电子计算机的三坐标测量机上测量。按预先选择的直角坐标系统测量出被测圆上若干点的坐标值,通过电子计算机按所选择的圆度误差评定方法计算出被测圆的圆度误差。

3.3.3 精密激光干涉仪

(1)仪器简介

利用激光作为长度基准,对数控设备(加工中心、三坐标测量机等)的位置精度(定位精度、重复定位精度等),几何精度(直线度、垂直度等)进行精密测量的精密测量设备,如图3.18所示。

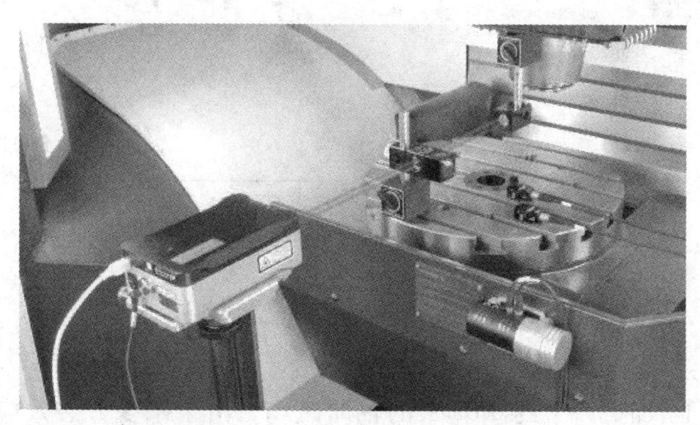

图3.18 xl-80激光干涉仪局部图

激光具有高强度、高度方向性、空间同调性、窄带宽和高度单色性等优点。目前,常用来测量长度的干涉仪,主要是以迈克尔逊干涉仪为主,并以稳频氦氖激光为光源,构成一个具有干涉作用的测量系统。激光干涉仪可配合各种折射镜、反射镜等来作线性位置、速度、角度、真平度、真直度、平行度及垂直度等测量工作,并可作为精密工具机或测量仪器的校正工作。

(2)**主要特点**

①激光干涉仪可同时测量线性定位误差、直线度误差(双轴)、偏摆角、俯仰角及滚动角等,以及测量速度、加速度和振动等参数,并评估机床动态特性等。

②可选的无线遥控传感器最长的控制距离可到 25 m。

③集成干涉镜与激光器于一体,简化了调整步骤,减少了调整时间。

④激光干涉仪的光源——激光,具有高强度、高度方向性、空间同调性、窄带宽及高度单色性等优点。

⑤激光干涉仪可配合各种折射镜、反射镜等来使用。

(3)**激光干涉仪的分类**

激光干涉仪有单频的和双频的两种。

1)单频激光干涉仪

从激光器发出的光束,经扩束准直后由分光镜分为两路,并分别从固定反射镜和可动反射镜反射回来会合在分光镜上而产生干涉条纹。当可动反射镜移动时,干涉条纹的光强变化由接收器中的光电转换元件和电子线路等转换为电脉冲信号,经整形、放大后输入可逆计数器计算出总脉冲数,再由电子计算机按计算式算出可动反射镜的位移量 L。使用单频激光干涉仪时,要求周围大气处于稳定状态,各种空气湍流都会引起直流电平变化而影响测量结果,如图 3.19 所示。

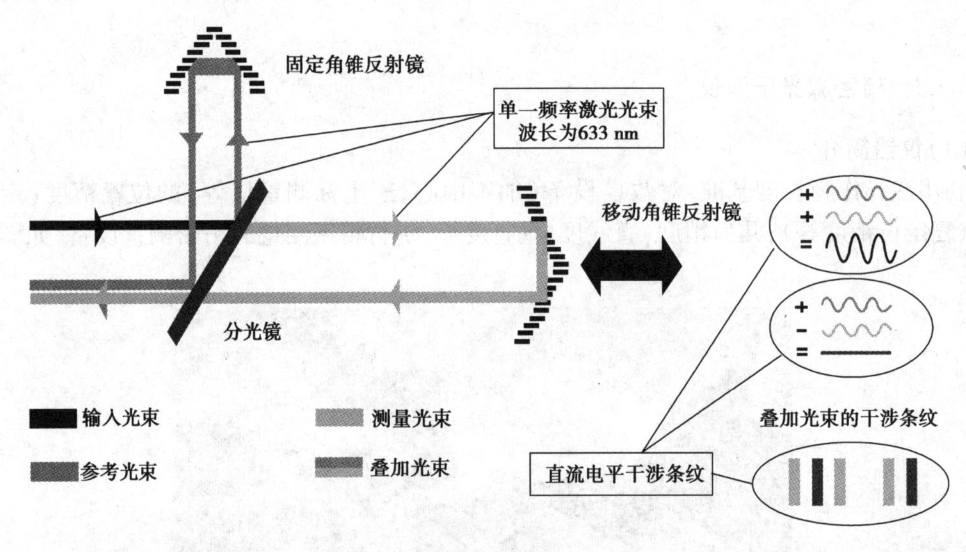

图 3.19　单频激光干涉仪原理图

2)双频激光干涉仪

在氦氖激光器上,加上一个约 0.03 T 的轴向磁场。由于塞曼分裂效应和频率牵引效应,激光器产生 1 和 2 两个不同频率的左旋和右旋圆偏振光。经 1/4 波片后成为两个互相垂直的线偏振光,再经分光镜分为两路。一路经偏振片 1 后成为含有频率为 f_1-f_2 的参考光束。另一路经偏振分光镜后又分为两路:一路成为仅含有 f_1 的光束,另一路成为仅含有 f_2 的光束。当可动反射镜移动时,含有 f_2 的光束经可动反射镜反射后成为含有 $f_2 \pm \Delta f$ 的光束,Δf 是可动反射镜移动时因多普勒效应产生的附加频率,正负号表示移动方向(多普勒效应是奥地利人 C.J.多普勒提出的，即波的频率在波源或接收器运动时会产生变化）。这路光束和由固定反射镜反射回来仅含有 f_1 的光的光束经偏振片 2 后会合成为 $f_1-(f_2\pm\Delta f)$ 的测量光束。测量光束和上述参考光束经各自的光电转换元件、放大器、整形器后进入减法器相减，输出仅含有 $\pm\Delta f$ 的电脉冲信号。经可逆计数器计数后，由电子计算机进行当量换算（乘 1/2 激光波长）后即可得出可动反射镜的位移量。双频激光干涉仪是应用频率变化来测量位移的，这种位移信息载于 f_1 和 f_2 的频差上，对由光强变化引起的直流电平变化不敏感，所以抗干扰能力强。它常用于检定测长机、三坐标测量机、光刻机和加工中心等的坐标精度，也可用作测长机、高精度三坐标测量机等的测量系统。利用相应附件，还可进行高精度直线度测量、平面度测量和小角度测量，如图 3.20 所示。

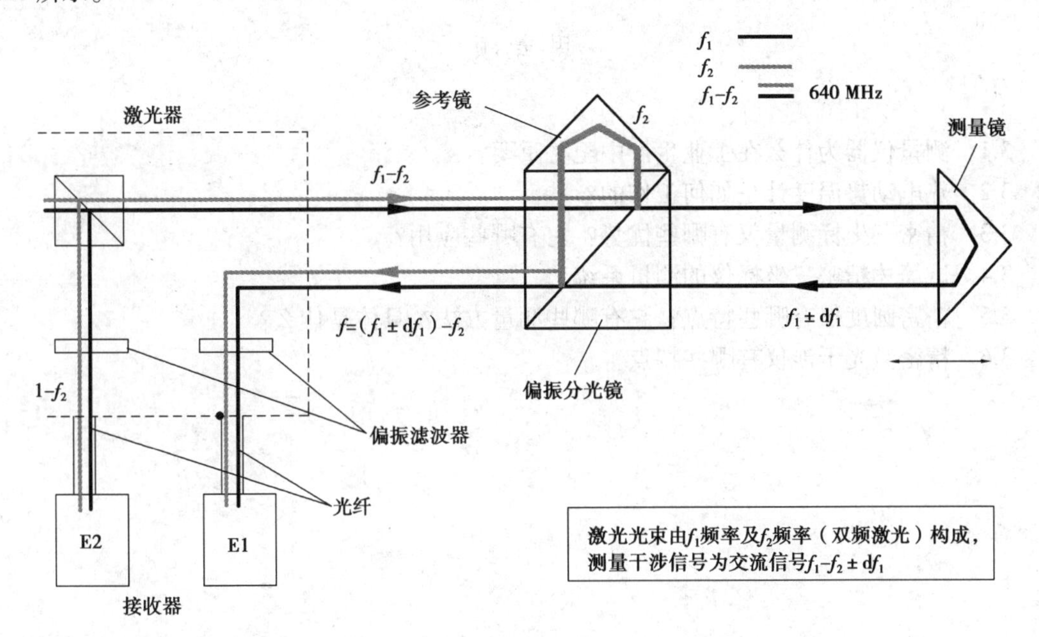

图 3.20　外差式双频激光干涉仪

（4）应用

1）几何精度检测

可用于检测直线度、垂直度、俯仰与偏摆、平面度、平行度等。

2）位置精度的检测及其自动补偿

可检测数控机床定位精度、重复定位精度、微量位移精度等。利用雷尼绍 ML10 激光干涉仪不仅能自动测量机器的误差，而且还能通过 RS232 接口自动对其线性误差进行补偿，比通常的补偿方法节省了大量时间，并且避免了手工计算和手动数控键入而引起的操作者误差，同时可最大限度地选用被测轴上的补偿点数，使机床达到最佳精度，另外操作者无须具有机床参数及补偿方法的知识。

3）数控转台分度精度的检测及其自动补偿

现在，利用 ML10 激光干涉仪加上 RX10 转台基准还能进行回转轴的自动测量。它可对任意角度位置，以任意角度间隔进行全自动测量，其精度达±1。新的国际标准已推荐使用该项新技术。它比传统用自准直仪和多面体的方法不仅节约了大量的测量时间，而且还得到完整的回转轴精度曲线，知晓其精度的每一细节，并给出按相关标准处理的统计结果。

4）双轴定位精度的检测及其自动补偿

雷尼绍双激光干涉仪系统可同步测量大型龙门移动式数控机床，由双伺服驱动某一轴向运动的定位精度，而且还能通过 RS232 接口，自动对两轴线性误差分别进行补偿。

5）数控机床动态性能检测

利用 RENISHAW 动态特性测量与评估软件，可用激光干涉仪进行机床振动测试与分析（FFT）、滚珠丝杠的动态特性分析、伺服驱动系统的响应特性分析、导轨的动态特性（低速爬行）分析等。

思考题

3.1 测量仪器为什么在工业生产中至关重要？

3.2 热电动势温度计是如何工作的？

3.3 精密三坐标测量仪有哪些优势？它有哪些应用？

3.4 试简述精密三坐标仪的测量系统。

3.5 精密圆度仪有哪些特点？它有哪些测量方法？具体是什么？

3.6 精密激光干涉仪有哪些特点？

第4章 过程装备

4.1 概 述

化工生产是以各种物质为原料进行化学或物理的处理,使其成为服务于人们衣、食、住、行的具有较高价值的产品。例如,以石油为原料制成的汽油、合成纤维、塑料制品;以原油或焦炭、空气和水为原料制成合成氨、碳酸氢铵肥料;以食盐为主要原料制成的纯碱等。然而要完成这些化工过程,就需要有相应的机械和设备来实现。化工机械就是用于完成各种化工生产所使用的各种机械设备的统称。过程装备则是在化工机械的基础上,深化延伸的产物。

化工机械通常可以分为两大类:一类称为化工机器(又称动设备),主要是指完成工作过程依靠自身部件运动的化工机械,如各种类型的泵、压缩机以及流体输送机等;另一类称为化工设备(又称静设备),主要是指靠介质通过设备本身的特殊结构来完成工作过程的化工机械,如各种容器(槽、罐、釜等)以及用于精馏、解吸、吸收、萃取等工艺操作的塔设备,用于流体加热、冷却、液体汽化、蒸汽冷凝及废热回收的换热设备,用于石油化工中3大合成材料生产中的聚合、加氢、裂解、重整的反应设备和用于原料或成品半成品的储存、运输的储运设备等。据统计,化工生产企业中的机械设备80%左右都属于化工设备。

化工设备不仅应用于化工、石油和煤炭化工生产中,而且在轻工、医药、食品、冶金、能源、交通等工业部门也有着广泛的应用。由此可见,化工设备与我们的生活息息相关,对国民经济的发展起着非常重要的作用。

4.1.1 化工生产的特点

(1)化工原材料、中间体和产品,多是易燃、易爆、有毒和腐蚀性的物质

化工生产涉及物料种类多、性质差异大,充分了解原材料、中间体和产品的性质,对于安全生产是必要的。这些性质包括:物料的闪点、爆炸极限、熔点或凝固点、沸点及其在不同温度下的蒸气压,水在液态物料中的溶解度,物料与水能否形成共沸物;化学稳定性、热稳定性、光稳定性等;物料的毒性及腐蚀性,对人体的毒害,在空气中的允许浓度等;必要的防护措施、中毒的急救措施和安全生产措施。

例如,氯化反应用的PCl_3,$PClO_3$等遇水会剧烈分解,容易造成冲料,甚至引起爆炸;磺化、硝化常用的硫酸、硝酸腐蚀性和吸水性很强;可燃性物质的聚集状态不同,其燃烧的过程和形式也不同,可燃性气体、挥发性液体最易燃烧,甚至爆炸。因此,掌握各种物料的物理化学性质,对于按照工艺规程进行安全操作是必要的。

(2)**生产工艺因素较多,要求的工艺条件苛刻**

化工生产涉及多种反应类型,反应特性及工艺条件相差悬殊,影响因素多而易变,工艺条件要求严格,甚至苛刻。有的化学反应在高温、高压下进行,有的则需要在低温、高真空等条件下进行。例如,石油烃类裂解,裂解炉出口的温度高达950 ℃,而裂解产物气的分离需要在-96 ℃下进行;氨的合成要在30 MPa、300 ℃左右的条件下进行;乙烯聚合生产聚乙烯是在压力为130~300 MPa、温度为150~300 ℃的条件下进行的,乙烯在此条件下很不稳定,一旦分解,产生的巨大热量使反应加剧,可能引起爆聚,严重者可导致反应器和分离器爆炸。

绝大多数的氧化反应是放热反应,而且氧化的原料、产物多是易燃、易爆物质;严格控制氧化的原料与空气(氧气)的配比和进料速率十分重要。聚合过程中,单体在压缩过程中或高压系统泄漏、配料比控制不当时会引起爆聚;搅拌故障、停电、停水等使反应热不能及时移出而使反应器温度过高,造成局部过热或“飞温”,甚至爆炸。

(3)**化工生产装置的大型化、连续化、自动化以及智能化**

现代化工生产的规模日趋大型化。如氨的合成塔尺寸,50年来扩大了3倍,氨的产出率增加了9倍以上;乙烯装置的生产能力已达到年产100万t。化工装置的大型化,带来了生产的高度连续化、控制保障系统的自动化。计算机技术的应用,使化工生产实现了远程自动化控制和操作系统的智能化。化工生产装置日趋大型化、连续化,一旦发生危险,其影响、损失和危害是巨大的。现代大型化工生产装置的科学、安全和熟练地操作控制,需要操作人员具有现代化学工艺理论知识与技能、高度的安全生产意识和责任感,保证装置的安全运行。

(4)**化工生产的系统性和综合性强**

将原料转化为产品的化工生产活动,其综合性不仅体现在生产系统内部的原料、中间体、成品纵向上的联系,而且体现在与水、电、蒸汽等能源的供给,机械设备、电器、仪表的维护与保障,副产物的综合利用,废物处理和环境保护,产品应用等横向上的联系。任何系统或部门的运行状况都将影响甚至是制约化学工艺系统内的正常运行与操作。化工生产各系统间相互联系密切,系统性和协作性很强。

4.1.2 化工设备的特点

整套化工生产装置是由化工设备、化工机器以及其他诸如化工仪表、化工管路与阀门等组成,为保证整套装置的安全稳定可靠生产,要求化工设备要具有以下特点:

①要具有与生产装置的原料、产品、中间产品等所处理物料性能、数量、工艺特点、生产规模等相适应。

②一套生产装置,无论是连续还是间歇生产,都是由多种多台设备组成,因此,要求化工设备彼此及与其他设备之间,设备和管道、阀门、仪器、仪表、电器电路等之间要有可靠的协同性和适配性。

③要求化工设备对正常的温度、压力、流量、物料腐蚀性能等操作条件,在结构材质和强度要有足够的密封性能和机械强度。对可能出现的不正常,甚至可能出现的极端条件要有足够

的经受和防范、应急和处置能力。

④无论是连续还是间歇化工生产装置都需要长期进行操作使用。因此,要考虑化工设备磨损、腐蚀等因素,要保证有足够长的正常使用寿命。

⑤在满足上述条件的同时要优化化工设备的材质、选型、制造费用,效率和能耗,尽量达到最低。

⑥大部分各种结构和性能的化工设备也同样适用于如炼油、轻工、食品等工业部门使用,因此具有通用性。

4.1.3 化工生产中对化工设备的要求

化工设备在化工生产过程中起着非常重要的作用,它一方面承担了化工生产的整个过程,另一方面化工设备的革新、发展又会促进化工生产技术的发展。

许多化工生产过程中的物料是有毒、有害、易燃、易爆的,如果发生了设备事故,其破坏和危害程度是极其严重的。为了保证化工生产能安全、正常地进行,就必须使化工设备具有足够的安全可靠性,同时还需满足化工工艺条件,具有优良工艺性能,以及满足经济性能方面的要求,这是化工生产对化工设备的基本要求。

(1)安全可靠性要求

化工生产的特点要求化工机械设备必须要有足够的安全性。国内外化工生产实践表明,化工机械设备发生事故频繁,而且事故的危害性极大。为了保证化工机械设备安全可靠地运行,防止事故发生,化工机械设备必须具有足够的强度、刚度,良好的韧性、耐蚀性和可靠的密封性等。

①强度

强度是指设备及其零部件抵抗外力破坏的能力。化工机械设备及其零部件应具有足够的强度,是安全生产的重要保证。

②刚度

刚度是指设备及其零部件在外力作用下抵抗变形的能力。化工机械设备及其零部件应具有足够的刚度,以防止容器在使用、运输、安装、工作过程中出现变形、压瘪和折皱。

③耐久性和耐腐蚀性

耐蚀性是保证化工机械设备安全运行的一个基本要求。化工生产中的酸、碱、盐腐蚀性很强,其他许多化学介质也具有不同程度的腐蚀性。因此要选择合适的耐蚀性材料或采取相应的防腐蚀措施,以提高设备的使用寿命和保证化工生产运行的安全性。化工机械设备的耐久性是根据所要求的使用年限来决定的。化工机械设备及其零部件的使用年限一般为10~15年。容器的耐久性主要取决于腐蚀情况。

④密封性好

化工机械设备的密封性是化工机械设备安全操作的必要条件,是化工正常生产操作条件下阻止介质泄漏的能力。尤其对承压的或处理易燃、易爆、有毒介质的容器,必须保证有可靠的密封性,以确保化工生产和化工设备的安全,同时确保操作人员的安全,保证不污染环境,不发生爆炸等事故。

⑤设备的通用性

在实际生产中,有时需经常更换产品,这就不仅要考虑到设备的专用性,还应考虑到设备的通用性,在选择设备或零部件时,尽量选用通用设备和标准零部件。

(2)**工艺性能要求**

化工机械设备是为化工工艺服务的,故化工机械设备从结构、性能和特点上应满足在指定的生产条件下完成指定的生产任务,如压力、温度、介质特性等要求:首先达到工艺指标,如反应设备的反应速度、换热设备的传热量、塔设备的传质效率、输送机械设备的输送量、分离机械设备的物料处理量等;其次还应有较高的生产效率和较低的资源消耗。化工机械设备的生产效率是用单位时间内所完成的生产任务来衡量的:资源消耗是指生产单位质量或体积产品所需的原料、燃料、电能等。

(3)**经济性要求**

在满足安全可靠运行和工艺要求的前提下,要尽量做到经济、合理。首先保证生产效率高、消耗低;其次,选择合适材料,合理的结构,减少加工量,降低制造成本;此外,对于大型的化工机械设备,还要考虑降低运费、安装等方面的费用以及运行、维修等费用。

经济性能是指以下5个方面:

①单位生产能力。

②消耗系数。

③设备价格。

④管理费用:包括劳动工资、维护和检修费用等。

⑤产品总成本:是生产中一切经济效果的综合反应。一般要求产品总成本越低越好。

(4)**环境保护要求**

随着工艺条件要求的提高和人们环境保护意识的增强,对化工机械设备失效的概念有了新的认识,除通常所讲的破裂、变形、失稳、泄漏等功能失效外,现在提出“环境失效”。因此,化工机械设备的生产和使用还必须贯彻执行国家有关环境保护和职业安全卫生方面的法律、法规,对环境可能造成的近期和远期影响,对影响劳动者健康和安全的因素,要采取防治措施,使对环境的有害影响降到最低。例如,有害物质泄漏到大气中、生产过程残留的无法清除的有害物质以及化工企业由于机器转动、气体排放、工件撞击与摩擦所产生的生产性噪声或工业噪声。

(5)**使用合理性要求**

包括结构合理、制造简单;运输与安装方便;操作、控制、维护简便等。

4.1.4 过程装备的分类

(1)**流体动力过程及设备**

遵循流体力学规律的过程。它涉及泵、压缩机、风机、管道及阀门等。

(2)**传热过程及设备**

遵循热力学规律的过程。它涉及热量交换过程及设备,即换热器、热交换器等。

(3)**传质过程及设备**

遵循传质诸规律的过程。它涉及有关干燥、蒸馏、浓缩、萃取等传质过程及设备。

(4)**热力过程及设备**

遵循热力学诸规律的过程。它涉及燃烧、冷冻、深度冷冻、空气分离等过程及设备。

(5)**机械过程及设备**

遵循动量传递及固体力学诸规律的过程。它涉及固体物料的输送、粉碎、造粒等过程及设备。

(6)**化学过程及设备**

遵循化学反应诸规律的过程。它涉及化学反应,如合成、分解等过程及设备。

4.2 过程装备

4.2.1 反应装备

(1)**反应设备的应用**

用于完成化学反应的设备称为反应设备。许多化工及石油化工产品生产过程中,都是在对原料进行若干物理过程处理后,再按一定的要求进行化学反应得到最终产品。例如,氨的合成反应就是经过造气、精致,得到一定比例、合格纯度的氮氢混合气后,在合成塔中以一定的压力、温度及催化剂的存在下起化学反应得到氨气。其他如染料、油漆、农药等工业也都有氧化,氯化、硫化、硝化等化学反应过程则更为普遍。因此,反映设备在化工设备中是非常重要的。反应设备大多是化工生产中的关键设备,如合成氨生产中氨合成塔,聚乙烯生产中的聚合釜都是该生产中的关键设备。

(2)**对反应设备的要求**

反应器的主要作用是提供反应场所,并维持一定的反应条件,使化学反应过程按预定的方向进行,得到合格的反应产物。一个设计合理、性能良好的反应器,应能满足以下4方面的要求。

①满足化学动力学和传递过程的要求,做到反应速度快、选择性好、转化率高、目的产品多、副产物少。

②能及时有效地输入或输出热量,维持系统的热量平衡,使反应过程在适宜的温度下进行。

③有足够的机械强度和抗腐蚀能力,满足反应过程对压力的要求,保证设备经久耐用,生产安全可靠。

④制造容易,安装检修方便,操作调节灵活,生产周期长。

(3)**反应设备的类型**

在化工生产中,化学反应的种类很多,操作条件差异很大,物料的聚集状态也各不相同,使用反应器的种类也是多种多样。一般可按用途、操作方式、结构形式等进行分类,最常见的是按结构形式分类,可分为釜式反应器、管式反应器、塔式反应器、固定床反应器、流化床反应器等。

1)釜式反应器

釜式反应器也称槽式、锅式反应器,它是各类反应器中结构较为简单且应用较广的一种。它主要应用于液-液均相反应过程,在气-液、液-液非均相反应过程中也有应用。在化工生产中,既适用于间歇操作过程,又可单釜或多釜串联用于连续操作过程,但在间歇生产过程应用最多。釜式反应器具有适用的温度和压力范围宽、适应性强、操作弹性大、连续操作时温度浓度容易控制、产品质量均一等特点。但用在较高转化率工艺要求时,需要较大容积。通常在操作条件比较缓和的情况下操作,如常压、温度较低且低于物料沸点时,应用此类反应器最为普遍。

2)管式反应器

管式反应器主要用于气相、液相、气-液相连续反应过程,由单根(直管或盘管)连续或多根平行排列的管子组成,一般设有套管或壳管式换热装置。操作时,物料自一端连续加入,在管中连续反应,从另一端连续流出,便达到了要求的转化率。由于管式反应器能承受较高的压力,故用于加压反应尤为合适,例如油脂或脂肪酸加氢生产高碳醇、裂解反应用的管式炉便是管式反应器。此种反应器具有容积小、比表面大、返混少、反应混合物连续性变化、易于控制等优点。但若反应速度较慢时,则有所需管子长、压降较大等不足。随着化工生产越来越趋于大型化、连续化、自动化,连续操作的管式反应器在生产中使用越来越多,某些传统上一直使用间歇搅拌釜的高分子聚合反应,目前也开始改用连续操作的管式反应器。管式反应器的长径比较大,与釜式反应器相比在结构上差异较大,有直管式、盘管式、多管式等,如图4.1所示。

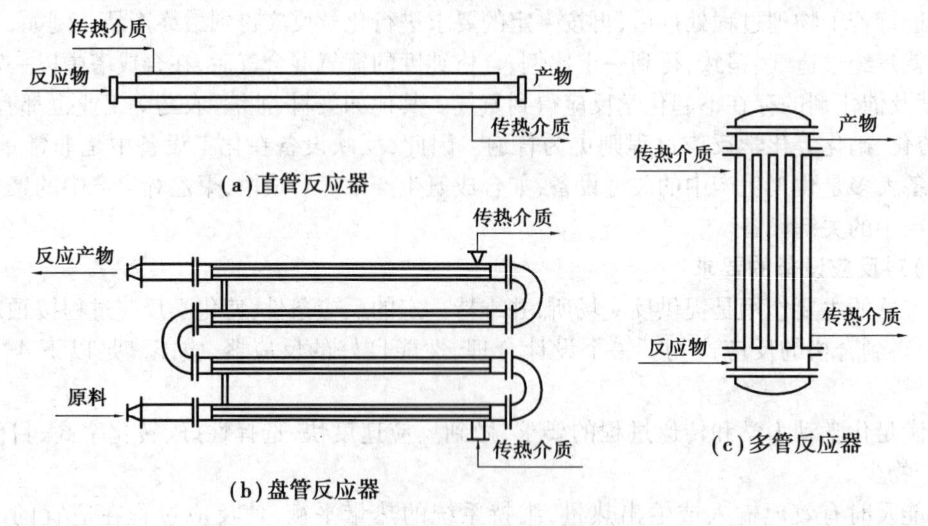

图4.1　管式反应器结构示意图

3)塔式反应器

塔式反应器的长径比介于釜式和管式之间。它主要用于气-液反应,常用的有鼓泡塔、填料塔、板式塔。最常用的是鼓泡塔式反应器,如图4.2所示。鼓泡塔内有盛液体的空心圆筒,底部装有气体分布器,壳外装有夹套或其他形式换热器或设有扩大段、液滴捕集器等。反应气体通过分布器上的小孔以鼓泡形式通过液层进行化学反应,液体间歇或连续加入,连续加入的液体可以和气体并流或逆流,一般采用并流形式较多。气体在塔内为分散相,液体为连续相,液体返混程度较大。为了提高气体分散程度和减少液体轴向循环,可在塔内安置水平多孔隔板。当吸收或反应过程热效应不大时,可采用夹套换热装置,热效应较大时,可在塔内增设换热蛇管或采用塔外换热装置,也可利用反应液蒸发的方法带走热量。

4)固定床反应器

固定床反应器是指流体通过静止不动的固体物料所形成的床层而进行化学反应的设备。以气-固反应的固定床反应器最常见。固定床反应器根据床层数的多少又可分为单段式和多段式两种类型。单段式一般为高径比不大的圆筒体,在圆筒体下部装有栅板等板件,其上为催化剂床层,均匀的堆置一定厚度的催化剂固体颗粒。单段式固定床反应器结构简单、造价便宜、反应器体积利用率高。多段式是在圆筒体反应器内设有多个催化剂床层,在各床层之间可

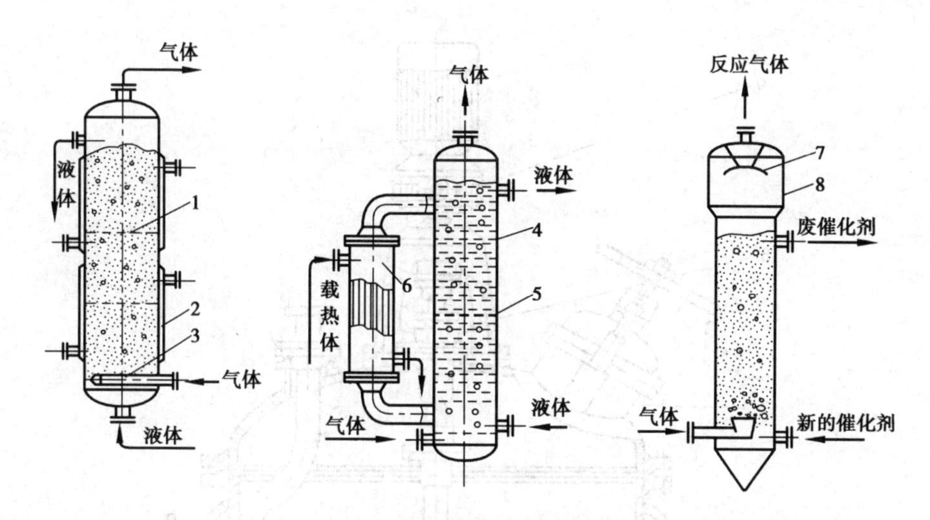

图4.2 鼓泡塔反应器结构示意图

1—分布格板;2—夹套;3—气体分布器;4—塔体;5—挡板;
6—塔外换热器;7—液体捕集器;8—扩大段

采用多种方式进行反应物料的换热。其特点是便于控制调节反应温度,防止反应温度超出允许范围。

5)流化床反应器

细小的固体颗粒被流动着的流体携带,具有像流体一样自由流动的性质,此种现象称为固体的流态化。一般把反应器和在其中呈流态化的固体催化剂颗粒合在一起,称为流化床反应器。流化床反应器多用于气-固反应过程。当原料气通过反应器催化剂床层时,催化剂颗粒受气流作用而悬浮起来呈翻滚沸腾状,原料气在处于流态化的催化剂表面进行化学反应,此时的催化剂床层即为流化床,也称沸腾床。

流化床反应器的形式很多,但一般都有壳体、内部构件、固体颗粒装卸设备及气体分布、传热、气固分离装置等构成。流化床反应器也可根据床层结构分为圆筒式、圆锥式和多管式等类型。

(4)釜式搅拌反应器的构造

1)总体结构

釜式搅拌反应器有立式容器中心搅拌、偏心搅拌、倾斜搅拌、卧式容器搅拌等类型。其中立式容器中心搅拌反应器是最典型的一种,其总体结构如图4.3所示。它主要包括搅拌罐、搅拌装置和密封装置3大部分。

①搅拌罐

由罐体和传热装置组成。作用是提供反应空间和反应条件。

②搅拌装置

由搅拌器、搅拌轴、传动装置组成。传动装置又由电动机、减速器、联轴器及机座等组成。搅拌轴将来自传动装置的动力传递给搅拌器,搅拌器的作用使釜内物料均匀混合、强化釜内的传热和传质过程。

③密封装置

防止罐内介质泄漏或外界空气进入罐内。

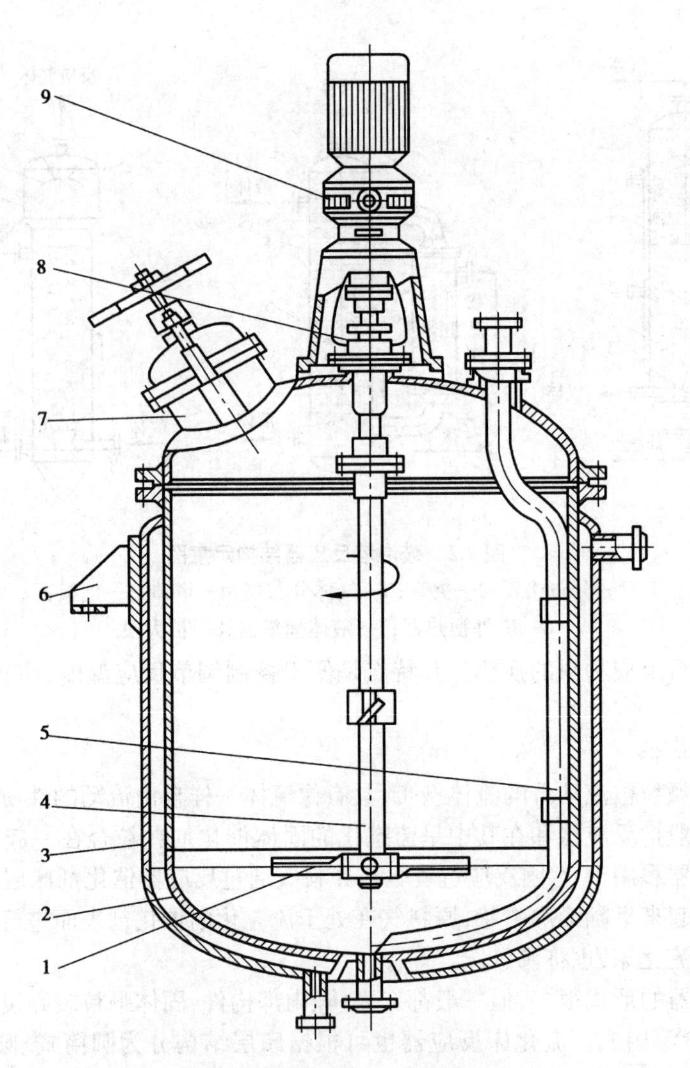

图 4.3　立式容器中心搅拌反应器

1—搅拌器;2—罐体;3—夹套;4—搅拌轴;5—压出管;
6—支座;7—人孔;8—轴封;9—传动装置

2)搅拌器

搅拌器的形式多种多样,其结构如图 4.4、图 4.5 所示。

①桨式搅拌器结构简单、制造容易,但主要产生旋转方向的液流且轴向流动范围较小。主要用于流体的循环或黏度较高物料的搅拌。

②推进式搅拌器的结构如同船舶的推进器,通常有 3 瓣叶片。搅拌时流体由桨叶上方吸入,下方以圆筒状螺旋形排出,液体至容器底在沿壁面返至桨叶上方,形成轴向流动。适用于低黏度、大流量的场合。它主要用于液-液混合,使温度均匀,在低浓度固-液系中防止淤泥沉降等。

③涡轮式搅拌器是一中应用较广的搅拌器,有开式和盘式两类。能有效地完成几乎所有的搅拌操作,并能处理黏度范围很广的流体。适用于低黏度到中黏度流体的混合、液-液分散、固-液悬浮,以及促进传热、传质和化学循环。

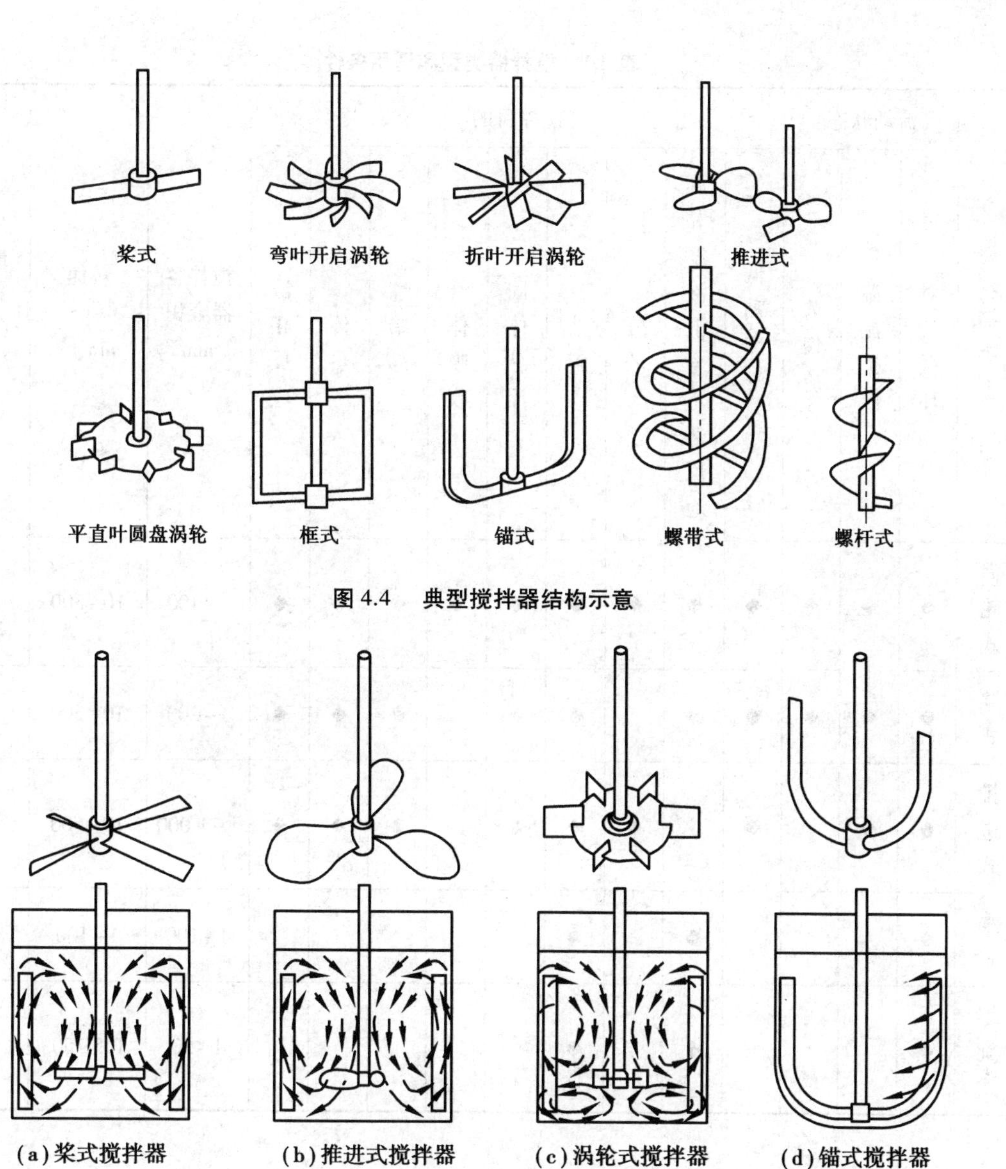

图4.4　典型搅拌器结构示意

图4.5　常用搅拌器及流型示意

④框式和锚式搅拌器则与以上3种有明显的差别,其直径与反应器罐体的直径很接近。这类搅拌器转速低,基本上不产生轴向液流,并且搅动范围很大,不会形成死区。但搅拌混合效果不太理想,适合于对混合要求不太高的场合。

⑤螺旋式搅拌器是由桨式搅拌器演变而来,其主要特点是消耗的功率较小。据资料介绍,在相同的雷诺数下,单螺旋搅拌器的耗功率是锚式搅拌器的1/2。因此,在化工生产中应用广泛,并主要适合于在高黏度、低转速下使用。

不同类型搅拌器的适用条件见表4.1。

表 4.1　搅拌器类型和适用条件

搅拌器类型	流动状态			搅拌目的										搅拌容器容积/mm^3	转速/($r \cdot min^{-1}$)	最高黏度/($Pa \cdot s$)
	对流循环	湍流扩散	剪切流	低黏度混合	高黏度液混合传热反应	分散	溶解	固体悬浮	气体吸收	结晶	传热	液相反应			
涡轮式	◆	◆	◆	◆	◆	◆	◆	◆	◆	◆	◆	◆	1~100	10~300	50
桨式	◆	◆	◆	◆	◆		◆	◆		◆	◆	◆	1~200	10~300	50
推进式	◆	◆		◆		◆	◆	◆		◆	◆	◆	1~1 000	10~500	2
锚式	◆				◆		◆						1~100	1~100	100
螺旋式	◆				◆		◆						1~50	0.5~50	100

3)搅拌附件

在液体黏度较低、搅拌器转速较高时,容易产生旋涡,使搅拌效果不佳。为了改善流体在搅拌过程中的旋涡现象,通常可在反应器内设置挡板或导流筒以改善流体的流动状态。但设置了搅拌附件会增加流体的流动阻力,搅拌耗功率增大。

①挡板

挡板的结构如图 4.6 所示,安装在反应器内壁上。挡板的作用避免旋涡现象,增大被搅拌液体的湍流程度,将切向流动变为轴向和径向流动,强化反应器内液体的对流和扩散,改善搅拌效果。图 4.6(a)是紧贴器壁的挡板,用于液体黏度不太大的场合;图 4.6(b)是当液体中含有固体颗粒或液体黏度较大时,为了避免固体堆积和液体黏附采用的形式,使挡板和器壁之间有一定的距离;如图 4.6(c)所示的挡板与器壁倾斜安装,这种结构可避免固体物料堆积或黏液生成死角。

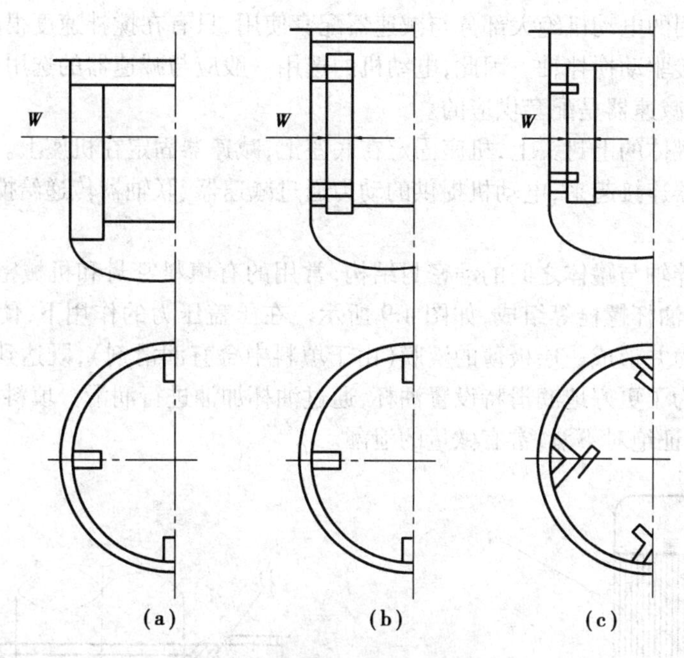

图 4.6　搅拌反应器的挡板结构

②导流筒

无论搅拌器的类型如何,液体总是从各个方面流向搅拌器,在需要控制流型的速度和方向以确定某一特定流型时,可在反应器内设置导流筒。导流筒是一个上下开口的圆筒,安装在搅拌器的外面,常用于推进式和涡轮式搅拌器中,如图 4.7 所示。安装导流筒后,一方面提高了对液体的搅拌程度,加强了搅拌器对液体的直接机械剪切作用;另一方面由于限定了液体的循环路径,确立了充分循环的流型,使器内所有物料均能通过导流筒内的强烈混合区,减少了走短路的机会。

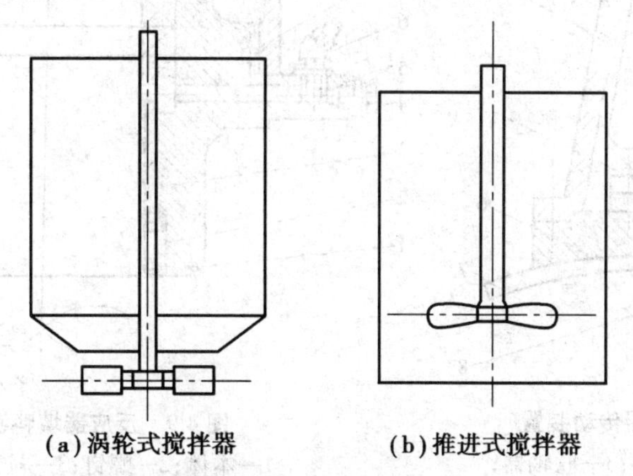

(a) 涡轮式搅拌器　　(b) 推进式搅拌器

图 4.7　导流筒示意图

4) 传动装置

搅拌反应器的传动装置通常安装在反应器的顶盖(上封头)上,一般采用立式布置。由电动机、减速器、联轴器、搅拌轴、机座、底座等组成,如图 4.8 所示。

搅拌反应器用的电动机绝大部分与减速器配套使用,只有在搅拌速度很高时,才使用电动机不经减速器直接驱动搅拌轴。因此,电动机的选用一般应与减速器的选用一起考虑,在很多情况下,电动机与减速器是配套供应的。

底座固定在罐体的上封头上,机座固定在底座上,减速器固定在机座上。联轴器的作用是将搅拌轴和减速器连接起来,电动机提供的动力通过减速器、联轴器传递给搅拌轴。

5)轴封结构

轴封是指搅拌轴与罐体之间的动密封结构,常用的有填料密封和机械密封。填料密封由压盖、本体、填料、油杯螺栓等组成,如图 4.9 所示。在压盖压力的作用下,使填料在搅拌轴表面产生径向压紧力并形成一层极薄的液膜(由于填料中含有润滑剂),既达到密封的目的又起到润滑的作用。为了更好地润滑特设置油杯,通过油杯加油进行润滑。填料密封结构简单、拆装方便,但不能保证绝对不漏,常有微量的泄漏。

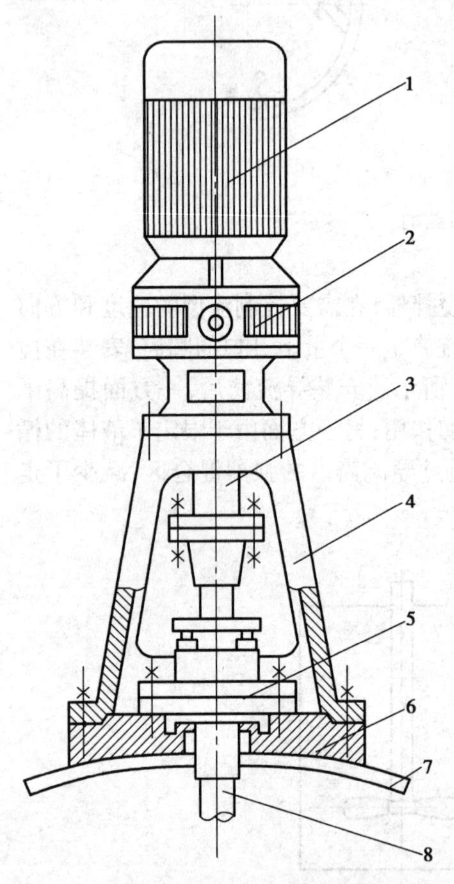

图 4.8 搅拌反应器传动装置

1—电动机;2—减速器;3—联轴器;
4—机座;5—轴封装置;6—底座;
7—封头;8—搅拌轴

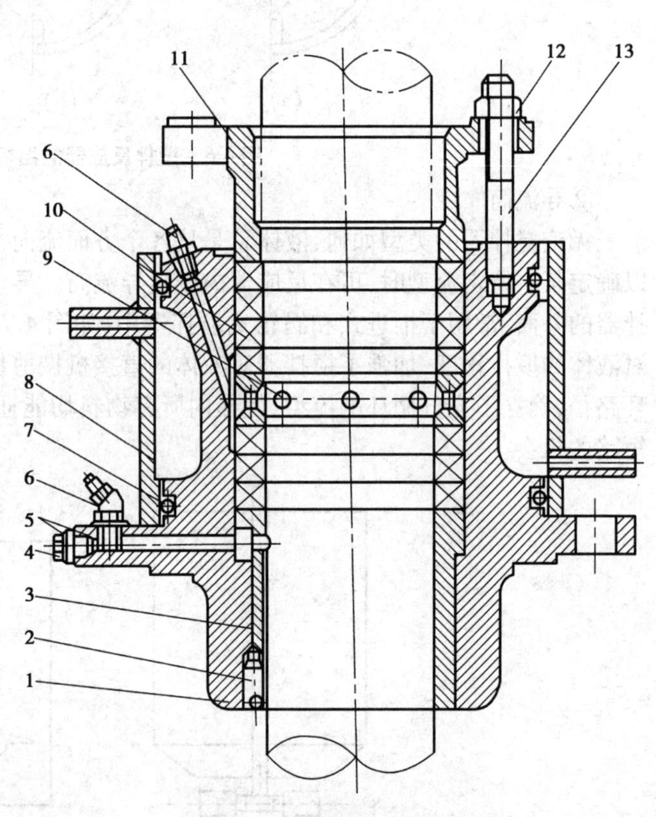

图 4.9 反应器填料密封结构

1—本体;2—螺钉;3—衬套;4—螺塞;
5—油圈;6—油杯;7—密封圈;
8—水夹套;9—油环;10—填料;
11—压盖;12—螺母;13—双头螺柱

机械密封又称端面密封,由动环、静环、弹簧、密封圈等组成,随轴一起旋转的动环与静止不动的静环之间形成摩擦副,如图4.10所示。密封原理及结构类型与泵用机械密封类似。机械密封的密封效果好,但结构复杂、造价高。

(5)**搅拌反应器的罐体**

1)罐体尺寸确定

①高径比

罐体是为物料完成搅拌反应提供反应空间的,罐体的内直径和高度是反应器的基本尺寸,如图4.11所示。在已知反应器的操作容积后,首先要确定罐体适宜的高径比,这需要考虑以下3点。

a.由于搅拌功率在一定条件下与搅拌器直径的5次方成正比,所以从减少搅拌功率的角度考虑,高径比可取得大一些。

b.若采用夹套传热结构,从传热角度看,希望高径比可取得大一些;当容积一定时,高径比大、罐体就高,盛料部分表面积大、传热面积也就大。

c.要考虑物料的状态,对发酵类物料,为了使通入罐内的空气与发酵物料充分接触,高径比应取得大一些。

一般可参考表4.2选取。

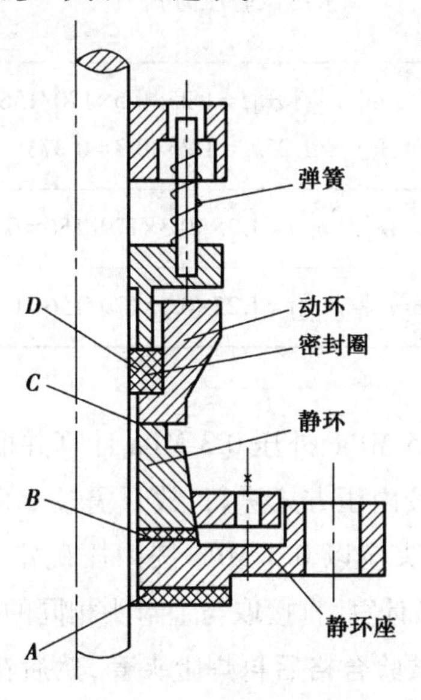

图4.10　反应器机械密封

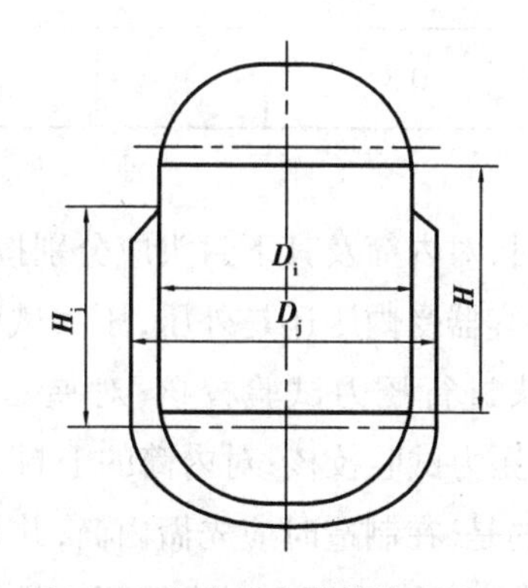

图4.11　夹套反应器罐体尺寸示意

表4.2　搅拌反应器的高径比

种　类	罐内物料类型	高径比 H/D_i
一般搅拌罐	液-液相、液-固相	1~1.3
	气-液相	1~2
聚合釜	悬浮液、乳化液	2.08~3.85
发酵罐类	发酵液	1.7~2.5

②直径及高度确定

在确定罐体的直径和高度时，应考虑装料系数，罐体内留有一定的空间以满足不同物料的反应要求。如果物料在反应过程中产生泡沫或呈沸腾状态，取装料系数0.6~0.7；若物料反应较平稳，则取装料系数0.8~0.85。

③夹套反应器壁厚确定及压力试验

带夹套的反应器由于内筒和夹套是两个独立的受压室，所以组合后会出现比较复杂的情况，应慎重对待。现以举例说明其壁厚计算方法。

例4.1 某夹套反应器，操作时内筒的最高压力为0.5 MPa，夹套内最高压力为0.3 MPa，内筒和夹套的材料均为16 MnR，其在设计温度300 ℃时的许用应力为156 MPa，在20 ℃时的许用应力为170 MPa。

本题的设计压力和水压试验压力按表4.3确定。

表4.3 例4.1设计压力及试验压力的确定/ MPa

部件名称	设计内压力 p	设计外压力 p_0	水压试验压力 p_T
内筒及下封头	0.5	0.3	按内压 $p_T=1.25p[\sigma]/[\sigma]t=1.25\times0.5\times170/156=0.681$ 按外压 $p_T=1.25p_0=1.25\times0.3=0.375$
夹套及封头	0.3		$p_T=1.25p[\sigma]/[\sigma]t=1.25\times0.3\times170/156=0.409$
内筒下封头	0.3		$p_T=1.25p[\sigma]/[\sigma]t=1.25\times0.5\times170/156=0.681$

设计计算时，对内筒及其下封头应分别按内压0.5 MPa、外压0.3 MPa计算并取大值为其壁厚，因为无论容器受内压还是外压，压力试验时都按内压方式进行，故只需按0.681 MPa对内筒及其下封头进行压力试验校核；对夹套及其封头应以0.3 MPa按内压确定其壁厚，按0.409 MPa进行压力试验校核；对内筒的上封头可不做计算，直接取与上封头相同的壁厚。

需要注意的是，在制造时应先做内筒，并且压力试验合格后再焊上夹套，然后在对夹套进行压力试验。夹套的试验压力对内筒而言是外压，所以要按此压力对内筒进行稳定性校核，若不满足则在作夹套的压力试验时，必须同时在内筒保持一定的压力，以使整个试压过程中夹套和内筒压力差不超过设计压力差。并应在图样上注明允许压力差。

2）传热装置

①夹套

反应器的传热装置有夹套和蛇管两种。夹套的结构如图4.12、图4.13所示。夹套的直径可按表4.4选取，夹套的高度主要取决于传热面积的大小，为了保证传热充分，夹套上端一般应高于内物料的液面。

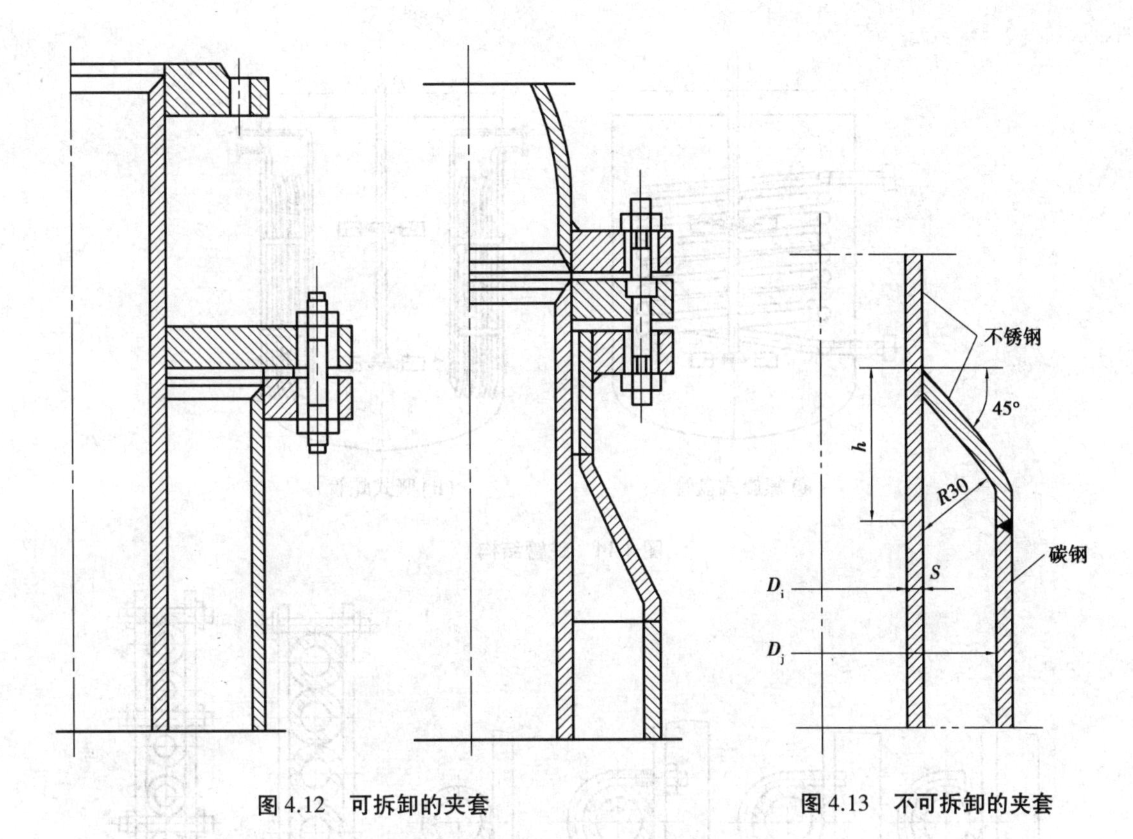

图 4.12　可拆卸的夹套　　图 4.13　不可拆卸的夹套

表 4.4　夹套直径与内筒直径的关系

内筒内直径 D_i/mm	500~600	7 000~1 800	2 000~3 000
夹套内直径 D_j/mm	D_i+50	D_i+100	D_i+200

②蛇管

当需要传热面积较大、夹套不能满足时,可采用蛇管传热。蛇管沉浸在物料中,热损失小、传热效果好,还能提高搅拌强度。也可以夹套与蛇管联合使用,以增大传热面积。蛇管的结构如图 4.14 所示。

蛇管在筒体内常用的固定方式如图 4.15 所示。其中,图 4.15(a)结构简单、制作方便,但不易拧紧,适合于压力不大、管径较小的场合;图 4.15(b)、(c)固定效果较好,适合于大管径和有较大振动的场合;图 4.15(d)图将蛇管支托在扁钢上,当温度变化时,管子可自由伸缩,使用于膨胀较大的场合;图 4.15(e)、(f)两图都是用扁钢和螺栓夹紧蛇管,适合于蛇管密集的搅拌设备中兼作导流筒的情况,图 4.15(f)适合于有剧烈振动的场合。

3)工艺接管

①进料管

反应器的接管包括进出料管、仪表接口、温度计及压力计管口等。接管的直径和方位由工

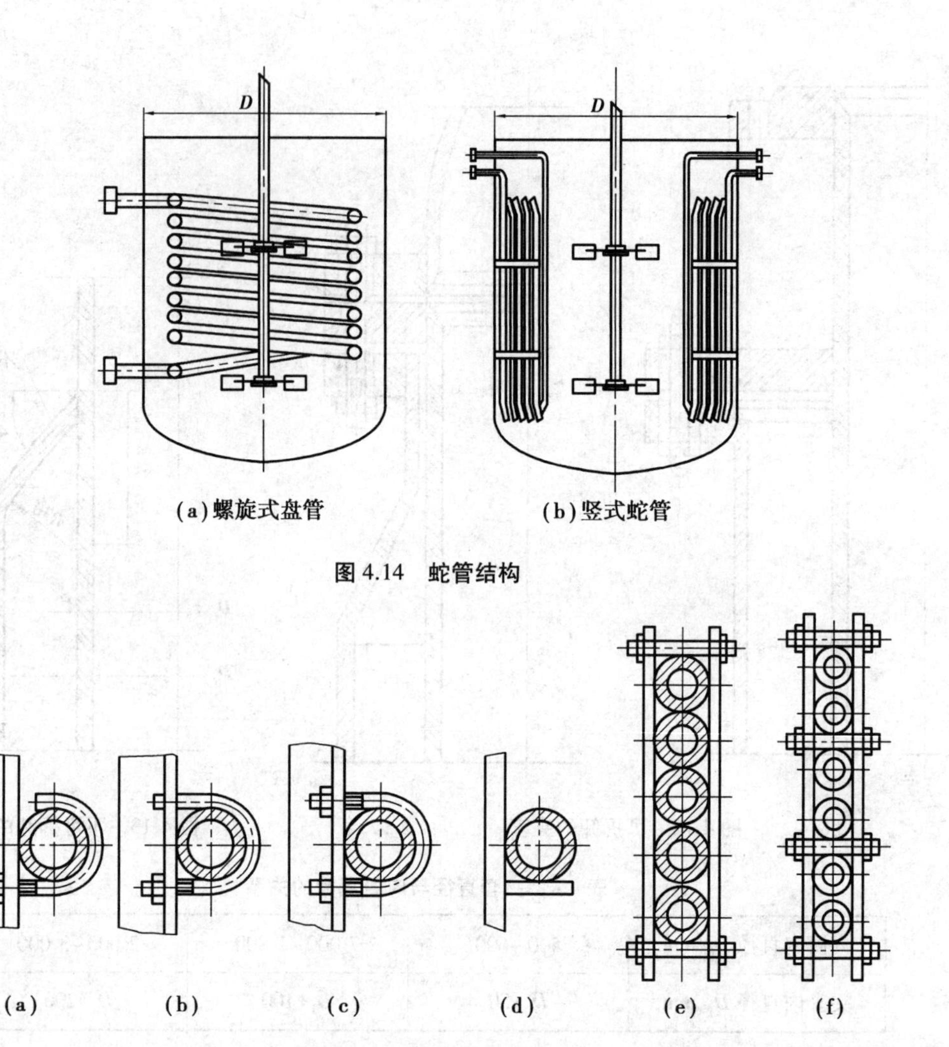

(a)螺旋式盘管　　(b)竖式蛇管

图 4.14　蛇管结构

图 4.15　蛇管的固定结构

艺要求确定。反应设备的进料管一般都是从顶盖进入,如图 4.16 所示。加料管下端做成 45°角,开口朝向设备中心,以防止物料冲刷罐体。其中,图 4.16(b)为套管结构,便于拆装、更换和清洗,使用于易腐蚀、易磨损、易堵塞的介质;图 4.16(c)为长进料结构,接管沉浸在料液中,这样可减少飞溅和冲击液面,并可起到液封的作用,也有利于稳定液面和气液吸收,为防止虹吸,在管子上部开有小孔。

②出料管

出料管分上出料和下出料两种。对黏度大或有固体颗粒的介质采用下部出料,如图 4.17 所示;当物料需要输送到较高位置或密闭输送时,采用压出结构的上出料,如图 4.18 所示。出料时,在罐体内充压缩空气或其他惰性气体(常用氮气),靠气体的压力将物料压入出料管,压出管的管口必须放在罐内最低处,且底部做成与罐体下封头相似的形状。

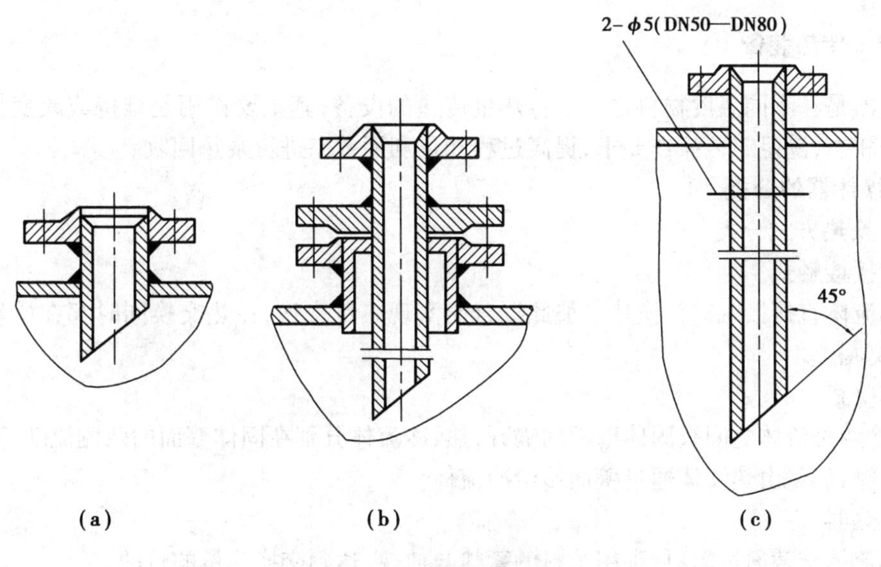

图 4.16　进料管结构

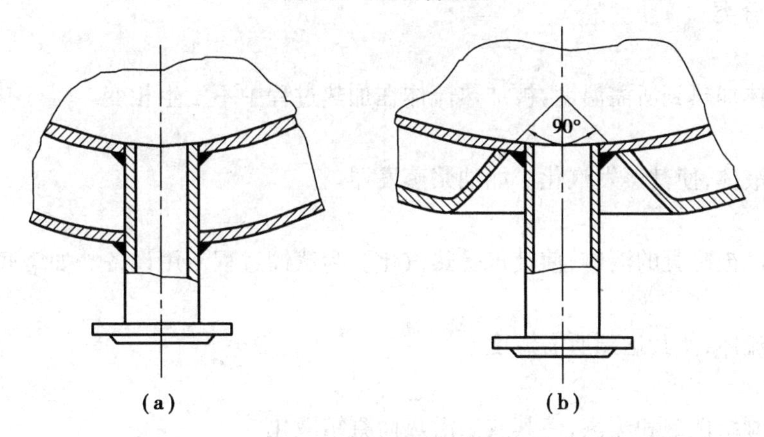

图 4.17　下部出料管

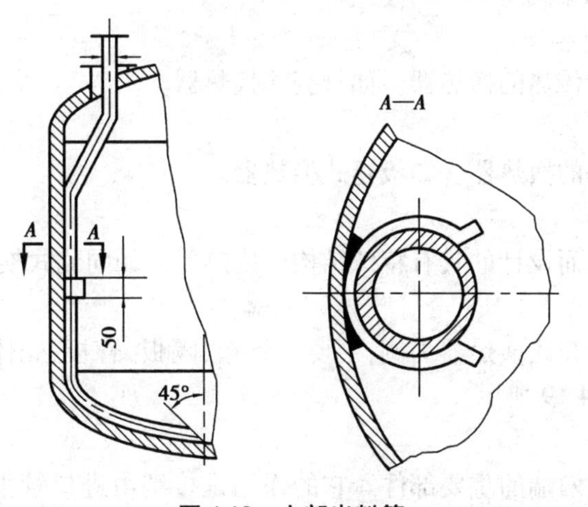

图 4.18　上部出料管

4.2.2 传热装备

换热器是在不同温度物料之间进行热量传递的设备，其主要作用是维持或改变物料的工作温度和相态，满足工艺操作要求，提高过程能量利用效率进行余热回收。

(1)**换热器的分类**

1)按换热方式分类

①直接接触式

冷热流体直接接触进行换热。彼此混合而实现热量交换，在热交换同时存在质量的混合(气体冷却塔)。

②间壁式

热、冷两种流体之间被固体壁面间隔开，热、冷流体分别在固体壁面的两侧流动，两种流体不直接接触，热量由热流体通过壁面传给冷流体。

③蓄热器

冷热流体交替通过填料，利用填料的蓄热与放热，达到交换热量的目的。

2)按用途分类

①加热器

用于把流体加热到所需温度，被加热流体在加热过程中不发生相变。

②蒸发器

用于加热液体，使其蒸发汽化。如油浆蒸发器。

③再沸器

用于加热已被冷凝的液体，使其再受热汽化。为蒸馏过程专用设备。如塔底重沸器。

④冷却器

用于冷却流体，使其达到所需温度。

⑤冷凝器

用于冷却凝结性饱和蒸汽，使其放出潜热而凝结液化。

3)按传热面形状和结构

①管式换热器

通过管子壁面进行传热的换热器。如管壳式换热器。

②板式换热器

通过板面进行传热的换热器。如板翅式换热器。

③特殊形式换热器

根据工艺特殊要求而设计的具有特殊结构的换热器。如同流式换热器。

(2)**换热器的结构**

换热器的结构以管壳式换热器为例，主要有管箱、隔板、管板、壳体、管束、折流板、支座及相连管线等组成，如图 4.19 所示。

1)管箱

管箱是位于换热器两端的重要部件。它的作用是接纳由进口管来的流体，并分配到各换热管内，或是汇集由换热管流出的流体，将其送入排出管输出。

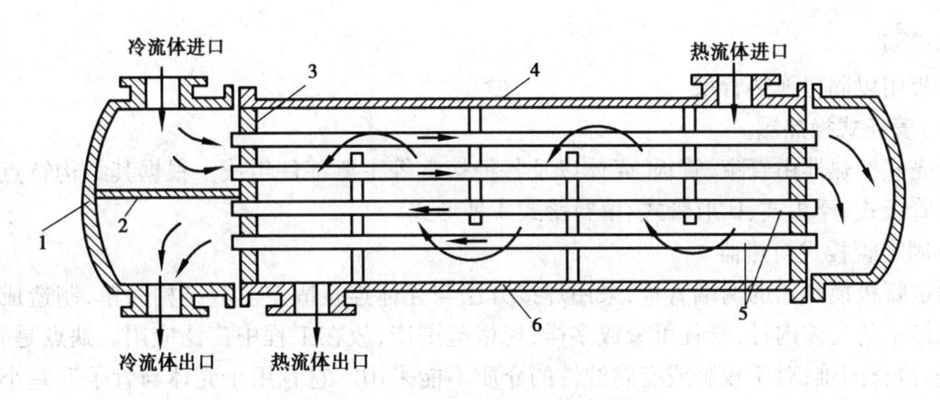

图4.19　管壳式换热器示意图

1—封头;2—隔板;3—管板;4—挡板;5—管子;6—外壳

2)壳体

壳体是壳程流体的通道。

3)换热器管束

换热器管束是管程流体的通道。

4)折流板

折流板是为了提高壳程介质流速,改变介质的流向,达到强化传热的目的;对于卧式换热器,还有支承管束的作用。图4.20(a)为圆盘形,图4.20(b)为双圆缺形,图4.20(c)为单圆缺形。

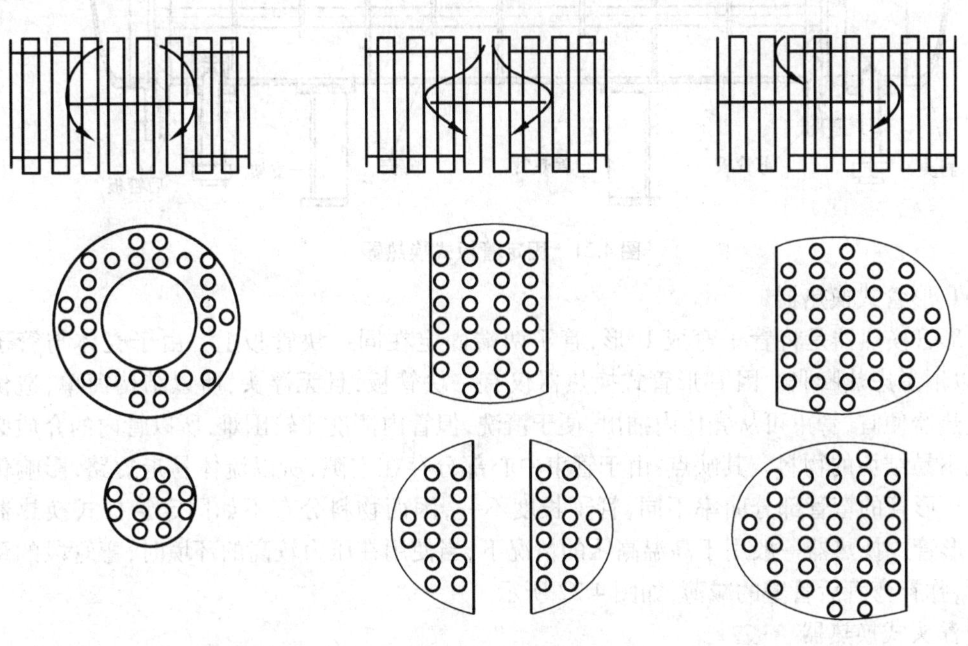

图4.20　折流板类型

5)支座

支座对整个换热器起到支承的作用。

6)管板

管板用以固定换热管束。

(3)**管壳式换热器**

管壳式换热器由管束、管板、壳体以及各种接管等主要部件组成。根据其结构特点,可分为固定管板式、浮头式、U形管式、填料函式4种形式。

1)固定管板式换热器

固定管板换热器的两端管板,采用焊接方法与壳体连接固定。其结构简单,制造成本低,能得到最小的壳体内径,管程可分成多样,规格范围广,故在工程中广泛应用。缺点是壳程不能清洗,检查困难,对于较脏或有腐蚀性的介质不能采用。它宜用于壳体与管子温差小,壳程压力不高以及壳程结垢不严重或能用化学清洗的场合,如图4.21所示。

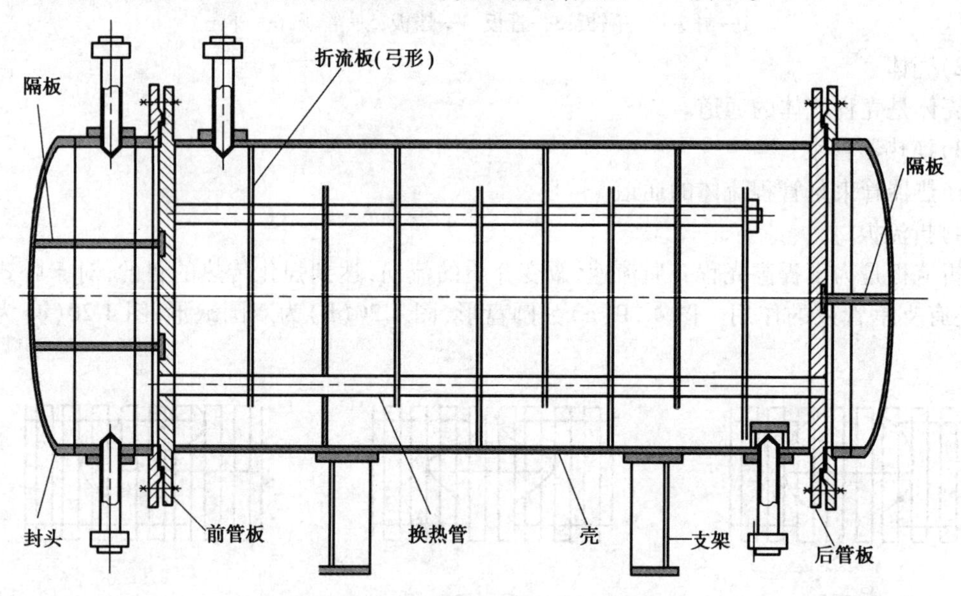

图4.21 固定管板式换热器

2)U形管式换热器

U形管换热器是将管子弯成U形,管子两端固定在同一块管板上。由于壳体与管子分开,可以不考虑热膨胀。因U形管式换热器仅有一块管板,且无浮头,所以结构简单,造价比其他换热器便宜,管束可从壳体内抽出,便于清洗,但管内清洗比较困难,所以管内的介质必须清洁或不易结垢的物料。其缺点:由于管束中心部分存在空隙,所以流体易走短路,影响传热效果。U形管的弯管部分曲率不同,管子长度不一,因而物料分布不如固定管板式换热器均匀。U形管式换热器一般用于高温高压的情况下,当使用在压力较高的环境时,弯管段的壁厚要加厚,弥补弯管后管壁的减薄,如图4.22所示。

3)浮头式换热器

浮头式换热器一端管板与壳体固定,而另一端的管板可在壳体内自由浮动。壳体和管子对热膨胀是自由的,当两种介质的温差较大时,管束与壳体之间不产生温差应力。浮头端设计成可拆结构,使管束易于地插入或抽出,这样为检修、清洗提供了方便。但结构较复杂,而且浮头端小盖在操作时无法知道泄漏情况,故在安装时要特别注意其密封,如图4.23所示。

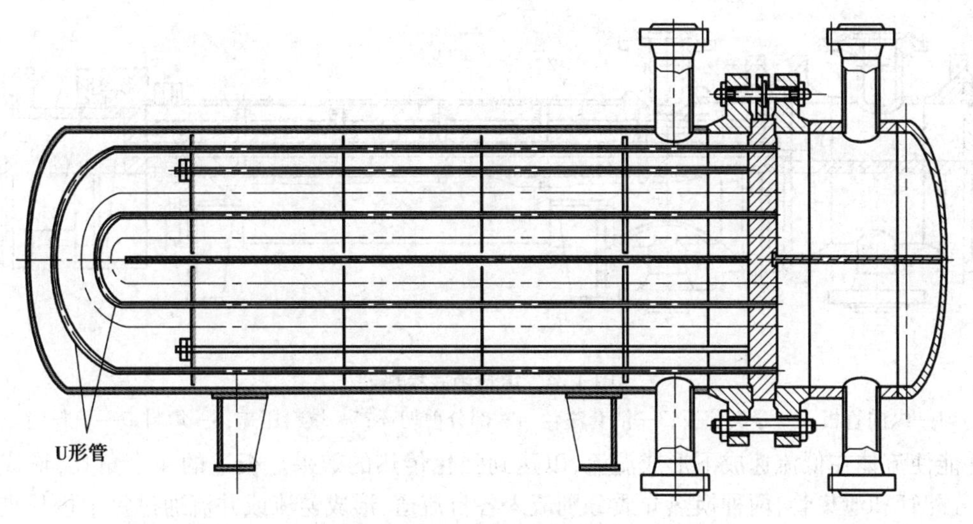

图4.22　U形管式换热器

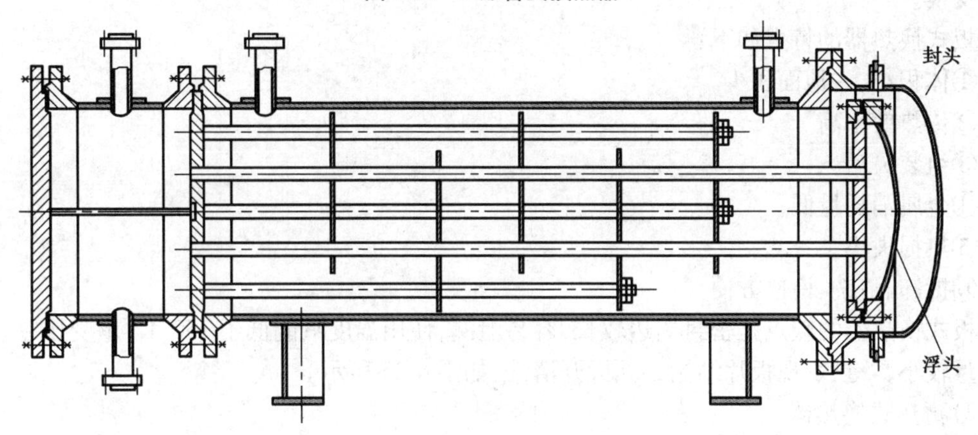

图4.23　浮头式换热器

4）填料函式换热器

这种设备的结构特点与浮头式换热器相类似，浮头部分露在壳体以外，在浮头与壳体的滑动接触面处采用填料函式密封结构。由于采用填料函式密封结构，使得管束在壳体轴向可以自由伸缩，不会产生壳壁与管壁热变形差而引起的热应力。其结构较浮头式换热器简单，加工制造方便，节省材料，造价比较低廉，且管束从壳体内可以抽出，管内、管间都能进行清洗，维修方便。

因填料处易产生泄漏，填料函式换热器一般适用于4 MPa以下的工作条件，且不适用于易挥发、易燃、易爆、有毒及贵重介质，使用温度也受填料的物性限制。填料函式换热器现在已很少采用，如图4.24所示。

（4）其他类型换热设备简介

1）板式换热器

由许多波纹形的传热板片，按一定的间隔，通过橡胶垫片压紧组成的可拆卸的换热设备。板片组装时，两组交替排列，板与板之间用黏结剂把橡胶密封板条固定好，其作用是防止流体泄漏并使两板之间形成狭窄的网形流道，换热板片压成各种波纹形，以增加换热板片面积和刚

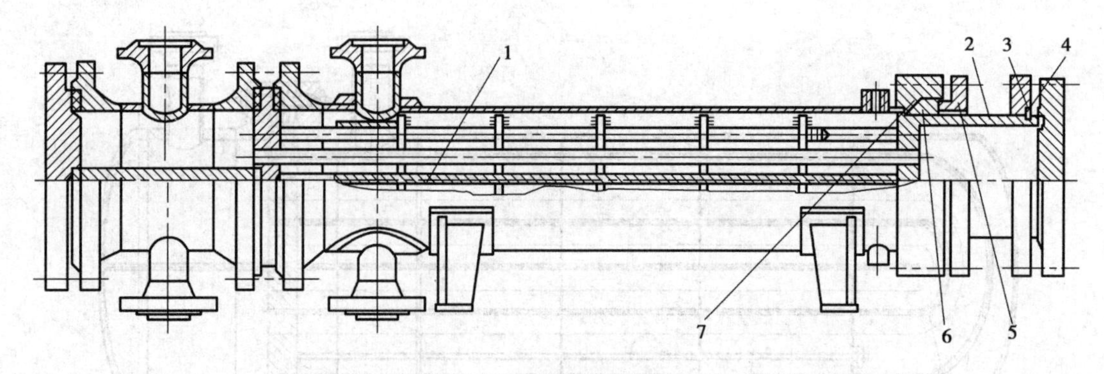

图 4.24 填料函式换热器

1—纵向管板;2—浮头管板;3—活套法兰;4—部分剪切环;5—填料压盖;6—填料;7—填料函

性,并能使流体在低流速成下形成湍流,以达到强化传热的效果。板上的 4 个角孔,形成了流体的分配管和泄集管,两种换热介质分别流入各自流道,形成逆流或并流通过每个板片进行热量的交换。

板式换热器的特点如下:

①体积小,占地面积少。

②传热效率高。

③组装灵活。

④金属消耗量低。

⑤热损失小。

⑥拆卸、清洗、检修方便。

板式换热器的缺点是密封周边较长,容易泄漏,使用温度只能低于 150 ℃,承受压差较小,处理量较小,一旦发现板片结垢必须拆开清洗,如图 4.25 所示。

2)蓄热式换热器

蓄热式换热器通过多孔填料或基质的短暂能量储存,将热量从一种流体传递到另外一种流体。首先,在习惯上称为加热周期的时间内,热气流流过蓄热式换热器中的填料,热量从气流传递到填料,气流温度降低。在这个周期结束时,流动方向进行切换,冷流体流经蓄热体。在冷却周期,流体从蓄热填料吸收热量。因此,对于常规的流向变换,蓄热体内的填料交替性的与冷热流体进行换热,蓄热体内以及气流在任意位置的温度都不断随时间波动。启动后,经过数个切换周期,蓄热式换热器进入稳定运行时状态,蓄热体内某一位置随时间的波动在相继的周期内都是相同的。从运行的特性上很容易区分蓄热式换热器和回热式换热器,回热式换热器中两种流体的换热是通过各个位置的固定边界进行的,在稳定运行时换热器内的温度只与位置有关,而在蓄热式换热器热量的传递都是动态的,同时依赖于位置和时间。

传热元件周期性地分别被热、冷流体加热和冷却;传热过程是不稳定的;单位容积内布置的换热面积较大,结构紧凑,节约金属,传热效率较高,通常用于换热系数不大的气体间的传热。但设备体积庞大,冷、热流体之间存在一定程度的混合,它常用于气体的余热或冷量的回收利用。由于有转动部件,对密封要求较高,填料多数为耐火砖或波纹铝带等金属作为填充物,如图 4.26 所示。

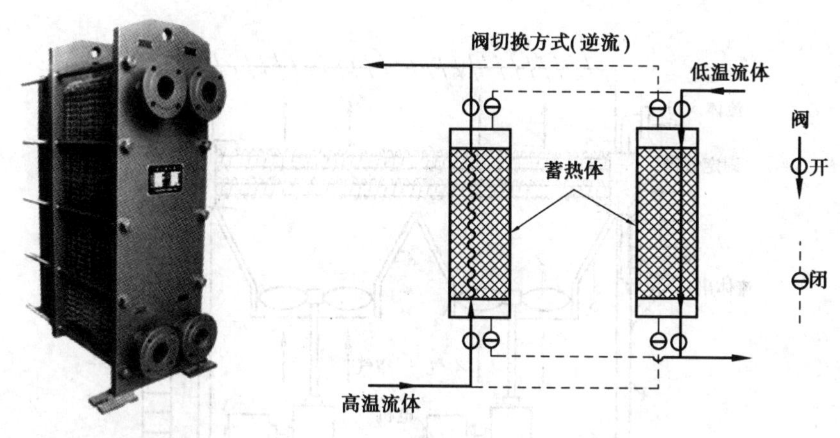

图 4.25　板式换热器　　　图 4.26　蓄热式换热器原理图

3)套管式换热器

套管式换热器由两根不同直径、同心组装的直管和连接内管的 U 形弯管所组成,进行换热的两种流体分别进入内管和内、外管的环形通道进行换热(通常采用逆流方式)。当需要较大传热面积时,可将几段套管串联排列。

优点:结构简单,传热面积可调整。

缺点:金属消耗量大,且弯管连接处易发生泄漏。

套管式换热器多用于流量较小而压力较高的两流体传热,常用作冷却器和冷凝器,如图 4.27所示。

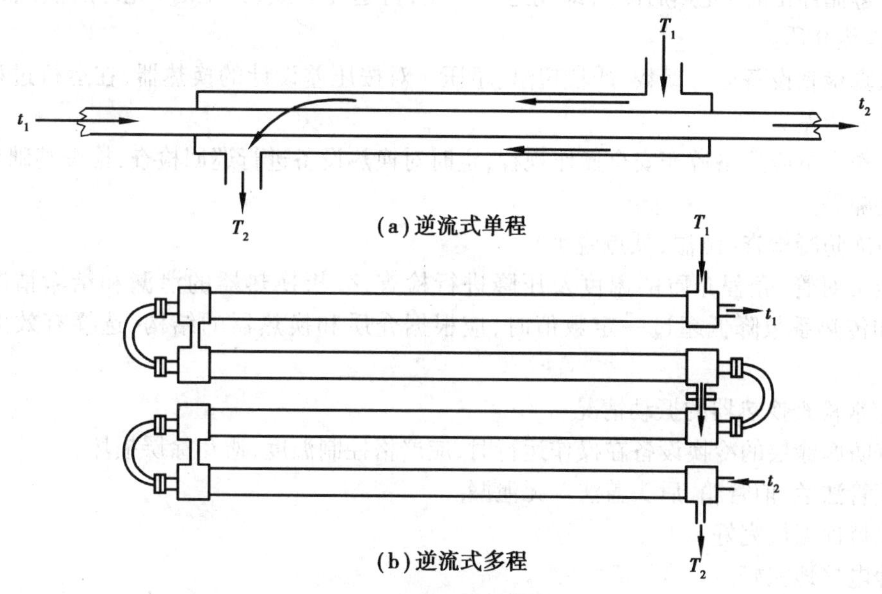

(a)逆流式单程

(b)逆流式多程

图 4.27　套管式换热器

4)空气冷却器

空气冷却器是以空气作为冷却介质,对流经管内的热流体进行冷却或冷凝。它主要由管束、风机、构架及百叶窗等部件组成。应用于初步冷却或高沸点馏分的冷凝场合,适用于缺水地区,如图 4.28 所示。

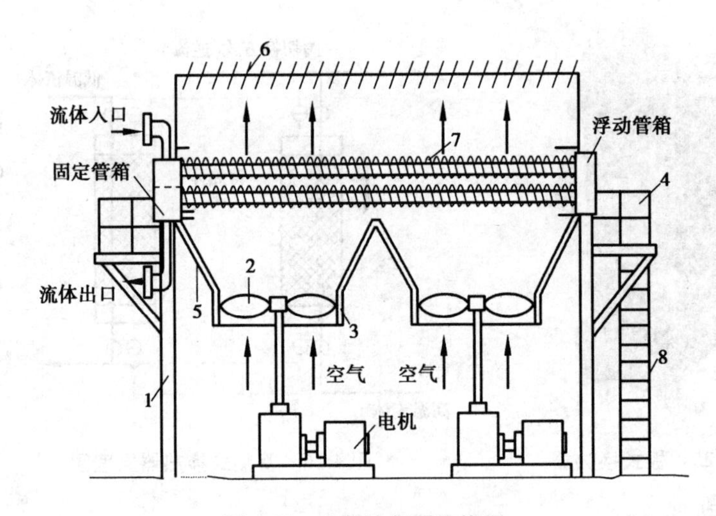

图 4.28 空气冷却器结构图

1—构架;2—风机;3—风筒;4—平台;5—风箱;6—百叶窗;7—管束;8—梯子

(5)**换热设备的维护与使用**

1)日常维护

①装置系统蒸汽吹扫时,应尽可能避免对有涂层的冷换设备进行吹扫,工艺上确实避免不了,应严格控制吹扫温度(进冷换设备)不大于 200 ℃。以免造成涂层破坏。

②装置开停工过程中,换热器应缓慢升温和降温,避免造成压差过大和热冲击。

③应遵循停工时“先热后冷”,即先退热介质,再退冷介质;开工时“先冷后热”,即先进冷介质,后进热介质。

④认真检查设备运行参数,严禁超温、超压。对按压差设计的换热器,在运行过程中不得超过规定的压差。

⑤操作人员应严格遵守安全操作规程,定时对换热设备进行巡回检查,检查基础支座稳固及设备泄漏等。

⑥防冻防凝检查(测温,低点脱水)。

⑦经常对管、壳程介质的温度及压降进行检查,分析换热器的泄漏和结垢情况。在压降增大和传热系数降低超过一定数值时,应根据介质和换热器的结构,选择有效的方法进行清洗。

2)应常检查换热器的振动情况

①有防腐涂层的冷换设备在操作运行时,应严格控制温度,避免涂层损坏。

②接管法兰、前管箱、后头盖法兰无泄漏。

③保持保温层完好。

④静电接地完好。

⑤地角螺栓齐全。

⑥基础无变形或下沉。

⑦有压力表、温度计的安装齐全,指示准确。

⑧检查流体的温度和压力

换热器常见故障与处理见表 4.5。

表4.5 换热器常见故障与处理

序号	故障现象	故障原因	处理方法
1	两种介质互串(内漏)	①换热管腐蚀穿孔、开裂 ②换热管与管板胀口(焊口)裂开 ③浮头式换热器浮头法兰密封漏	①更换或堵死漏管 ②重胀(补焊)或堵死 ③紧固螺栓或更换密封垫片
2	法兰处密封泄漏	①垫圈承压不足、腐蚀、变质 ②螺栓强度不足,松动或腐蚀 ③法兰刚性不足与密封面缺陷 ④法兰不平行或错位 ⑤垫片质量不好	①紧固螺栓,更换垫片 ②螺栓材质升级、紧固螺栓或更换螺栓 ③更换法兰,或处理缺陷 ④重新组对或更换法兰 ⑤更换垫片
3	传热效果差	①换热管结垢 ②水质不好、油污与微生物多 ③隔板短路	①化学清洗或射流清洗垢物 ②加强过滤、净化介质,加强水质管理 ③更换管箱垫片或更换隔板
4	阻力降超过允许值	壳体、管内外结垢	用射流或化学清洗垢物
5	振动严重	①因介质频率引起的共振 ②外部管道振动引发的共振	①改变流速或改变管束固有频率 ②加固管道,减小震动

4.2.3 存储装备

(1)储存设备的类型及应用

1)储存设备的类型

用于储存生产用的原料、半成品及成品等物料的设备称为储存设备。这类设备属于结构相对比较简单的容器类设备,故又称储存容器或储罐。按其结构特征有立式储罐、卧式储罐、球形储罐及液化气钢瓶等,如图4.29、图4.30所示。

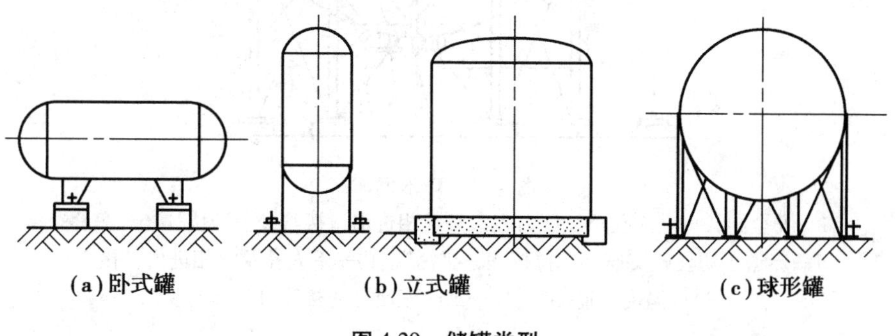

(a)卧式罐　(b)立式罐　(c)球形罐

图4.29 储罐类型

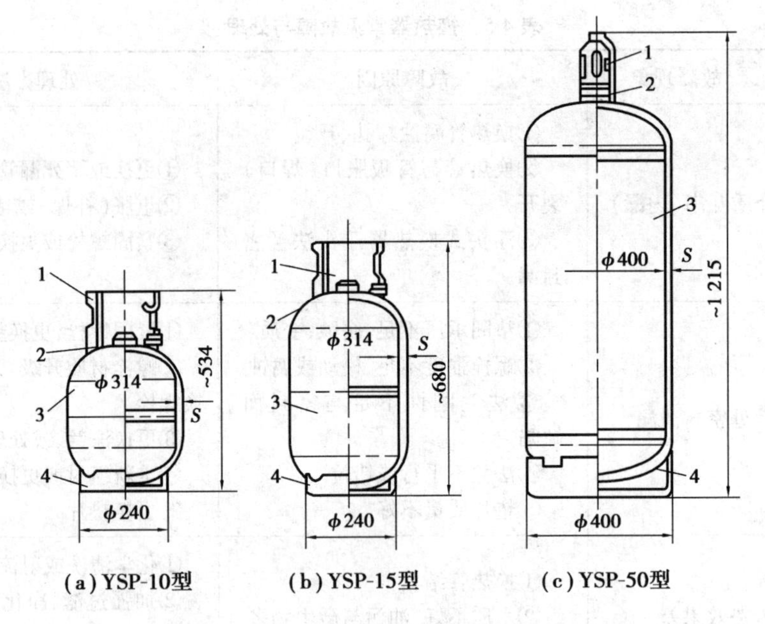

图 4.30　液化气钢瓶

1—护罩;2—瓶嘴;3—瓶体;4—底座

球形储罐与圆筒形储罐相比,具有容积大、承栽能力强、节约钢材、占地面积小、基础工程量小、介质蒸发损耗少等优点,但也存在制造安装技术要求高、焊接工程量大、制造成本高等缺点。典型结构的球形储罐如图 4.31 所示。

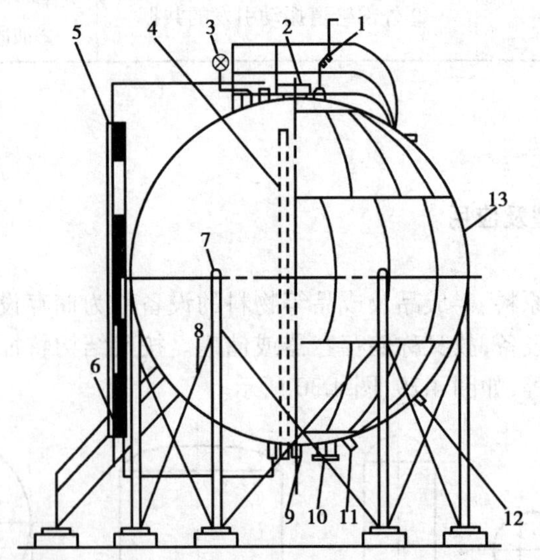

图 4.31　球形储罐

1—安全阀;2—上人孔;3—压力表;4—气相进出口接管;5—液位计;6—盘梯;
7—赤道正切柱式支座;8—拉杆;9—排污管;10—下人孔及液相进出口接管;
11—温度计连接管;12—二次液面计连接管;13—球壳

2)储罐的容量

储罐的容量与其几何尺寸有关。按钢材耗量最小的原则,对大型的立式储罐,当公称容量在 1 000~2 000 mm^3时,取高度约等于直径;对 3 000 mm^3以上的储罐取高度等于 3/8~3/4 的直径较为合理。储罐的公称容量是指按几何尺寸计算所得的容量,向上或向下圆整后以整数表示的容量。

由于罐内介质的温度、压力变化等原因,储罐不能完全装满、应留有一定的空间,而且液体储罐工作时液面允许有一个上下波动的范围。这一上下波动范围内的容量称为工作容量。储罐实际允许储存的最大容量称为储存容量。因此,储罐公称容量最大,工作容量最小,储存容量居中。立式储罐的容量示意图如图 4.32 所示。液体储罐工作时,其实际存量不得大于储存容量,也不得小于储存容量减去工作容量之差。

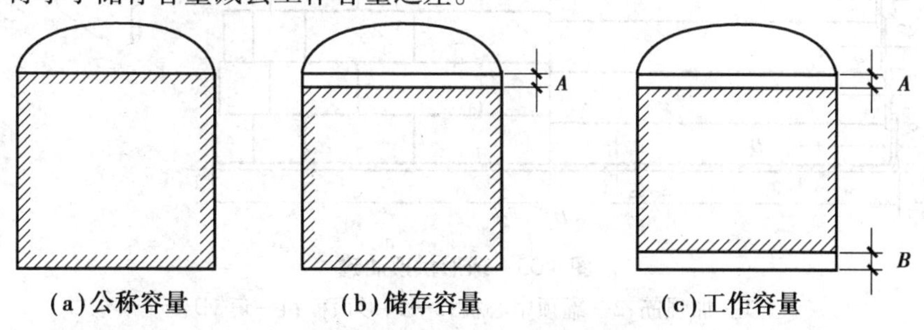

图 4.32　立式储罐容量示意图

3)储存设备的应用

大型立式储罐主要用于储存数量较大的液体介质,如原油、轻质成品油等;大型卧式储罐用于储存压力不太高的液化气和液体;小型的卧式和立式储罐主要作为中间产品罐和各种计量、冷凝罐用;球形储罐用于储存石油气及各种液化气。

无缝气瓶主要用于储存永久性气体和高压液化气体,如氧气、氢气、天然气、一氧化碳、二氧化碳等。最常见的是民用液化气钢瓶,按充装量有 10 kg,15 kg,50 kg 装 3 种规格。

钢瓶的公称压力为 1.57 MPa,这是按纯丙烷在 48 ℃下饱和蒸气压确定的,因同温度下液化石油气各组分中丙烷的蒸气压最高,实际使用中环境温度一般不会超过 48 ℃。因此,正常情况下瓶内压力不会超过 1.57 MPa,钢瓶的容积是按液态在 60 ℃时,正好充满整个钢瓶而设计的,因同温度下质量相同时,丙烷的体积最大,所以正常使用时钢瓶是安全的。

(2)立式储罐

1)立式储罐的总体构造

立式储罐以大型油罐最为典型。它由基础、罐底、罐壁、罐顶及附件组成。按罐顶的结构不同,可分为拱顶罐、浮顶罐和内浮顶罐。

①拱顶油罐

拱顶油罐的总体构造如图 4.33 所示。罐底是由若干块钢板焊接而成,直接铺在基础上,其直径略大于罐壁底圈直径,底板结构如图 4.34 所示。罐壁是主要受力部件,壁板的各纵焊缝采用对接焊;环焊缝采用套筒搭接式或直线对接式,也有的采用混合式连接,壁板连接如图 4.35所示。拱顶罐的罐顶近似于球面,按截面形状有准球形拱顶和球形拱顶两种,如图 4.36 所示。拱顶油罐由于气相空间大,油品蒸发损耗大,故不宜储存轻质油品和原油,宜储存低挥发性及重质油品。

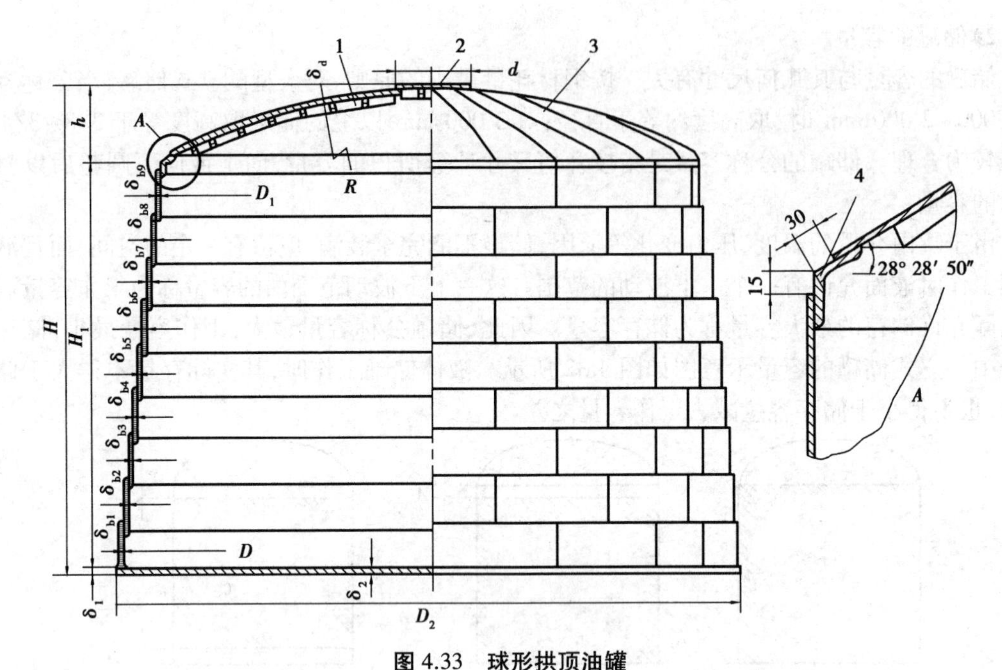

图 4.33　球形拱顶油罐

1—加强筋;2—罐顶中心板;3—扇形顶板;4—角钢环

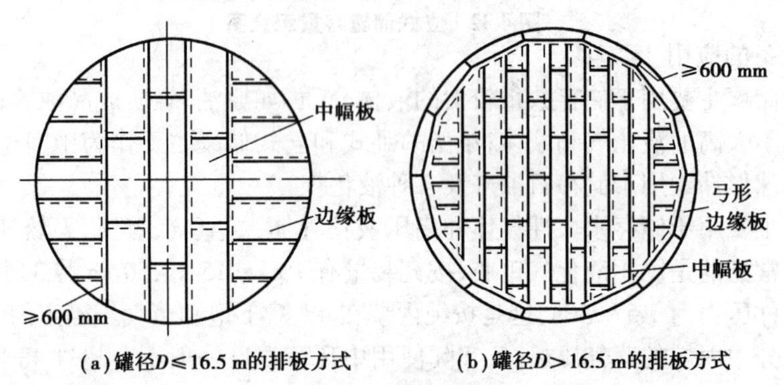

(a) 罐径$D \leq 16.5$ m的排板方式　　(b) 罐径$D > 16.5$ m的排板方式

图 4.34　底板结构

②浮顶油罐

浮顶油罐的总体构造如图 4.37 所示。这种油罐上部是敞开的,所谓的罐顶只是漂浮在罐内油面上随油面的升降而升降浮盘,如图 4.38 所示。浮船外径不罐壁内径小 400~600 mm 用以装设密封装置,以防止这一环状间隙的油品产生蒸发损坏,同时防止风沙雨雪使油品污染。密封装置形式很多,常用的有弹性填料密封或管式密封,如图 4.39、图 4.40 所示。

浮顶油罐当罐顶随油面下降至罐底时,油罐就变为上部敞开的立式圆筒形容器,若此时遇大风罐内易形成真空,如真空度过大罐壁有可能被压瘪,为此在靠近顶部的外侧设置抗风圈,如图 4.41 所示。由于罐顶在罐内上下浮动,故罐壁板只能采用对接焊接并内壁要取平。浮顶油罐罐顶与油面之间基本上没有气相空间,油品没有蒸发的条件,因而没有因环境温度变化而产生的油品损耗,也基本上消除了因收、发油而产生的损耗,避免污染环境,减少发生火灾的危险性。因此,尽管这种油罐钢材耗量和安装费用比拱顶油罐大得多,但对收发油频繁的油库、炼油厂原油区等仍优先选用,用于储存原油、汽油及其他挥发性油品。

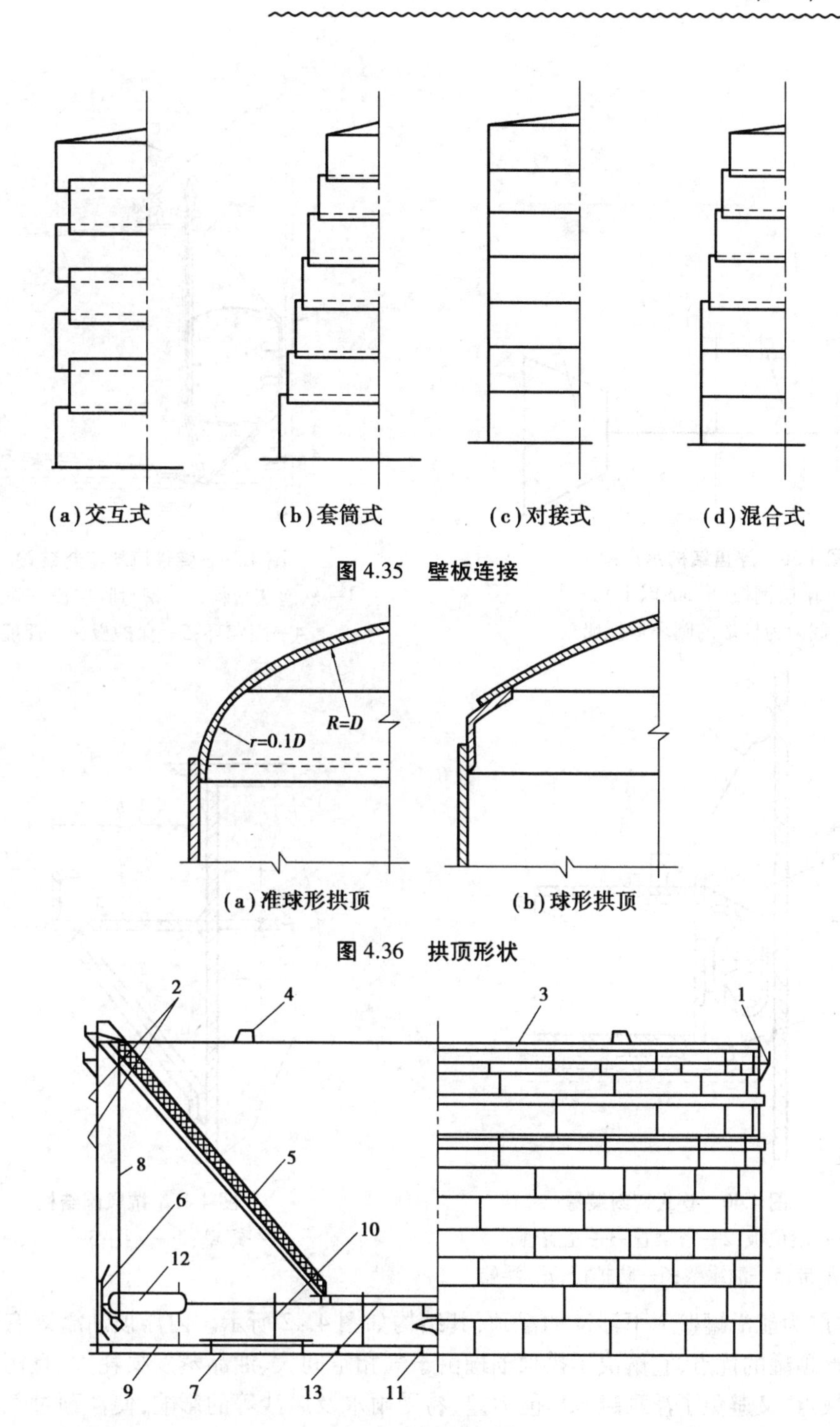

(a)交互式　(b)套筒式　(c)对接式　(d)混合式

图 4.35　壁板连接

(a)准球形拱顶　(b)球形拱顶

图 4.36　拱顶形状

图 4.37　浮顶油罐

1—抗风圈;2—加强圈;3—包边角钢;4—泡沫消防挡板;5—转动扶梯;7—加热器;
8—量油管;9—底板;10—浮顶立柱;11—排水折管;12—浮船;13—单盘板

③内浮顶油罐

内浮顶油罐时在拱顶罐内增加了一个浮顶。这种油罐有两层顶:外层为与罐壁焊接连接

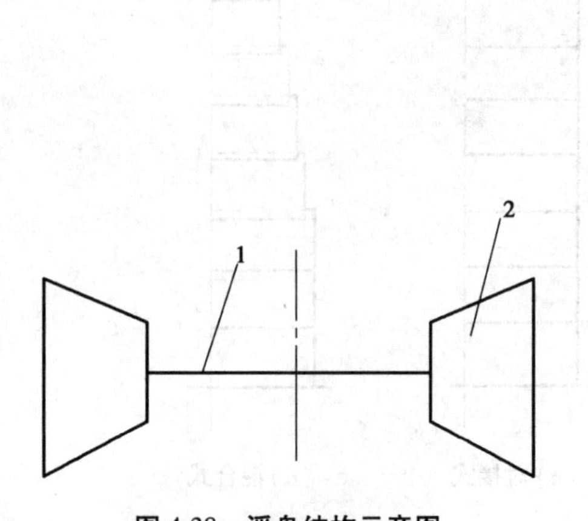

图 4.38　浮盘结构示意图

1—单层钢板(5 mm 以上)；

2—截面为梯形的圆环形浮船

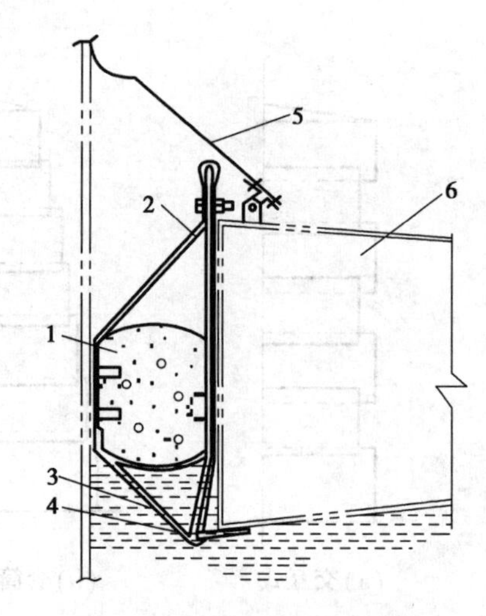

图 4.39　弹性填料密封装置

1—软泡沫塑料;2—密封胶袋;3—固定带;

4—固定环;5—保护板;6—浮船

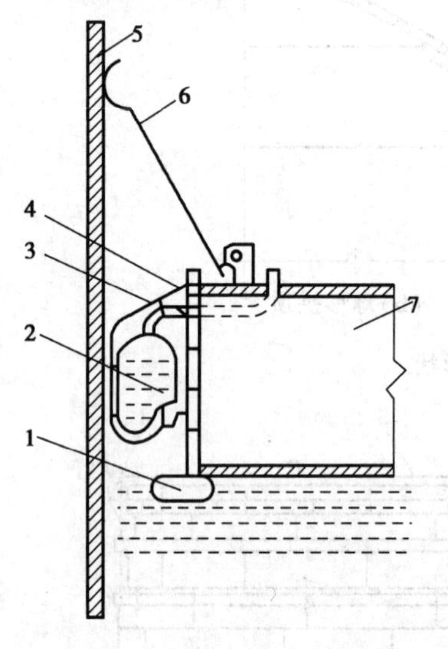

图 4.40　管式密封装置

1—限位板;2—密封管;3—充溢管;

4—吊带;5—油罐壁;6—防护板;7—浮船

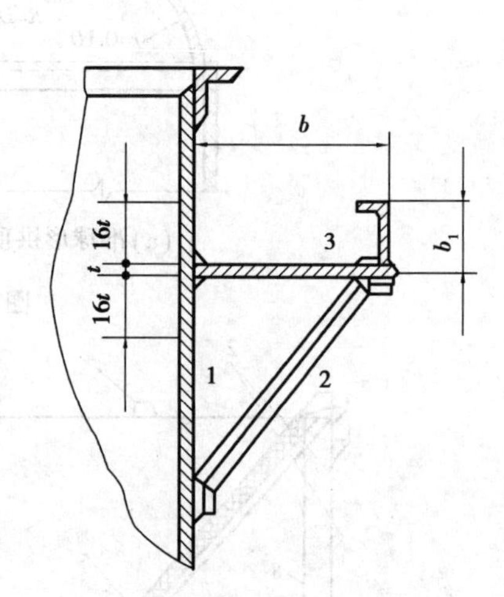

图 4.41　抗风圈结构

1—罐壁;2—支托;3—抗风圈

的拱顶,内层为能沿罐壁上下浮动的浮顶,其结构如图 4.42 所示。内浮顶油罐既有拱顶罐的优点也有浮顶罐的优点,它解决了拱顶油罐由于气相空间大、油品蒸发损耗大,且污染环境又不安全的缺点,又避免了浮顶罐承压能力差、易受雨水及风沙等的影响,使浮顶过载而沉没和罐内可能形成真空的现象。

2)立式油罐的主要附件

①量油孔和量油管

量油孔是为人工检尺时测量油面高度、取样、测温而设置的。每一台拱顶油罐上设置一个量油孔,安装在罐顶平台附近,孔径 150 mm,距罐壁一般不小于 1 000 mm。量油孔结构如图

4.43所示。为防止关闭孔盖时撞击出火花并能关严，在孔盖内侧有软金属、塑料或橡胶垫，在孔内壁侧装有铝或钢制导向槽，以便于人工检尺时产生误差且防止下尺时钢卷尺与孔壁摩擦产生火花。在浮顶罐上则安装量油管，其作用与量油孔相同，同时还起防止浮盘水平扭转的限位作用。量油管如图4.44所示。

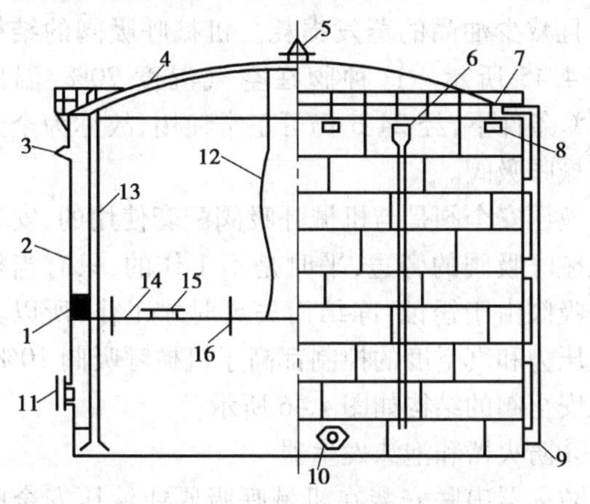

图4.42　内浮顶油罐

1—密封装置；2—罐壁；3—高液位报警器；
4—固定罐顶；5—罐顶通气孔；6—泡沫消防装置；
7—罐顶人孔；8—罐壁通孔；9—液位计；
10—罐壁人孔；11—高位带芯人孔；12—静电导出线；
13—量油管；14—浮盘；15—浮盘人孔；16—浮盘立柱

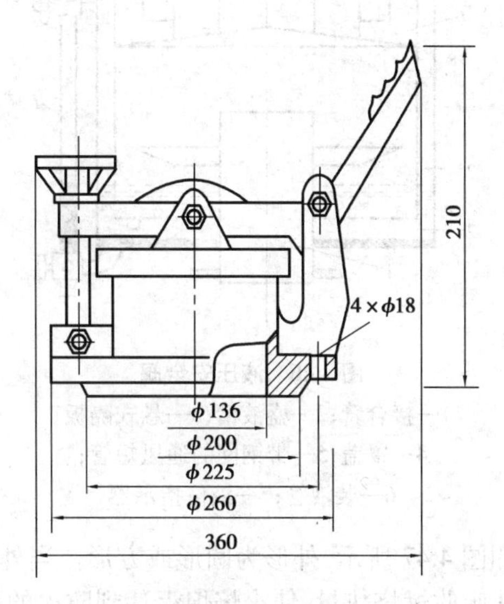

图4.43　量油孔

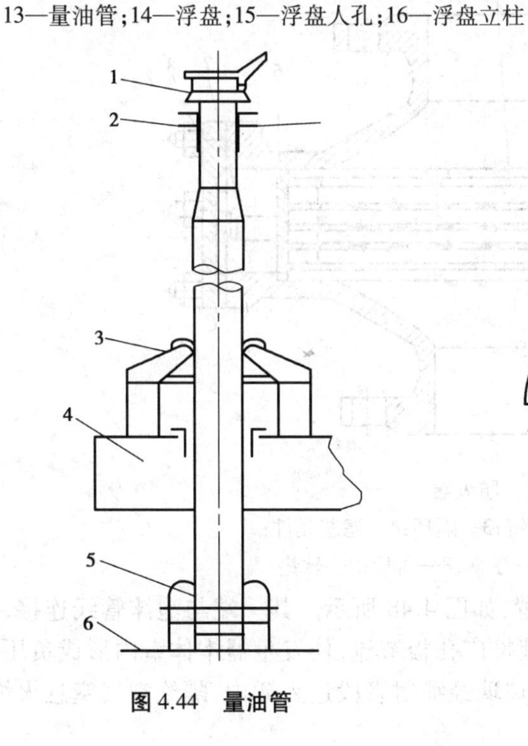

图4.44　量油管

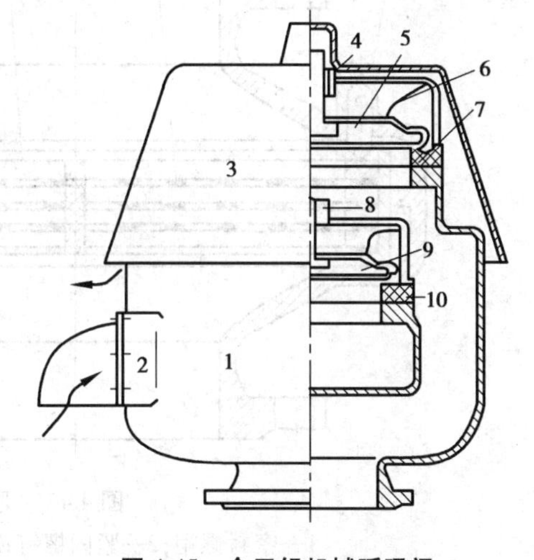

图4.45　全天候机械呼吸阀

1—阀体；2—空气吸入口；3—阀罩；
4—压力阀导杆；5—压力阀阀盘；
6—接地导线；7—压力阀阀座；
8—真空阀导杆；9—真空阀阀盘；
10—真空阀阀座

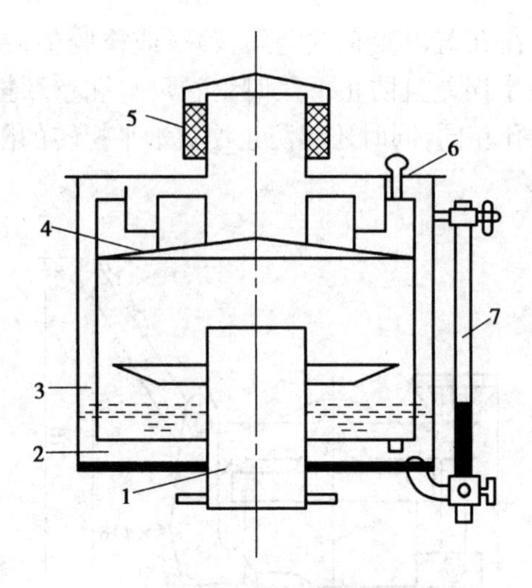

图 4.46 液压安全阀

1—接合管;2—盛液槽;3—悬式隔板;
4—罩盖;5—带钢网的通风短管;
6—装液管;7—液位指示器

②机械呼吸阀和液压安全阀

机械呼吸阀是原油、汽油等易挥发性油品储罐的专用附件,安装在拱顶油罐顶部,其作用是自动控制油罐气体通道的启闭,对油罐起到超压保护的作用且减少油品的蒸发损耗。机械呼吸阀的结构如图 4.45 所示。这种阀在空气湿度 70%、温度 -40 ℃条件下,经 24 h 仍可正常使用,故称为全天候机械呼吸阀。

液压安全阀是与机械呼吸阀配套使用的,安装在机械呼吸阀的旁边,平时是不工作的、只有当机械呼吸阀由于锈蚀、冻结而失灵时才工作,所以其安全压力和真空度的控制都高于机械呼吸阀 10%。液压安全阀的结构如图 4.46 所示。

③防火器和泡沫发生器

防火器串联安装在机械呼吸阀或液压安全阀的下面,防止罐外明火向罐内传播。防火器的结构如图 4.47 所示,外形为圆形或方形。当外来火焰或火星通过呼吸阀进入防火器时金属滤芯迅速吸收燃烧热量,使火焰熄灭达到防火的目的。

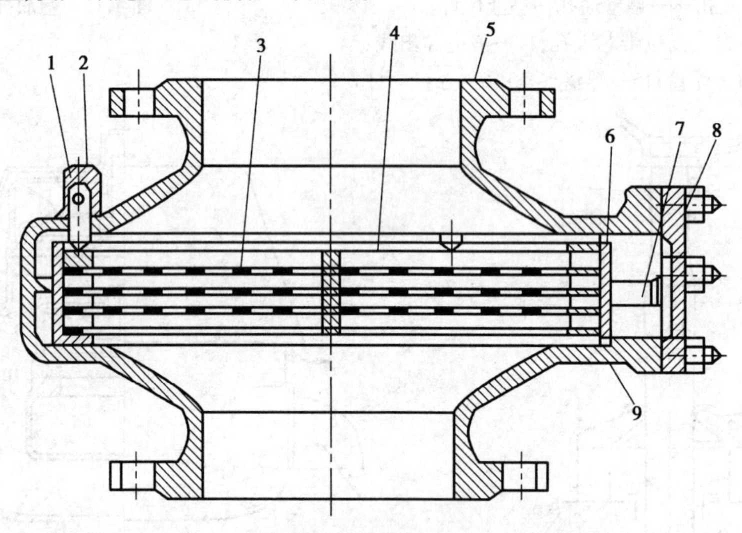

图 4.47 防火器

1—密封螺帽;2—紧固螺钉;3—隔环;4—滤芯元件;
5—壳体;6—防火匣;7—手柄;8—盖板;9—软垫

泡沫发生器是固定在油罐顶上的灭火装置,如图 4.48 所示。其一端与泡沫管线连接,另一端在罐顶层罐壁上与罐内连通。泡沫混合液推广孔板节流,使发生器本体室内形成负压而吸入大量的空气,混合成空气泡沫并冲破隔板玻璃经喷射管段进入罐内,隔绝空气窒息火焰、达到灭火的目的。

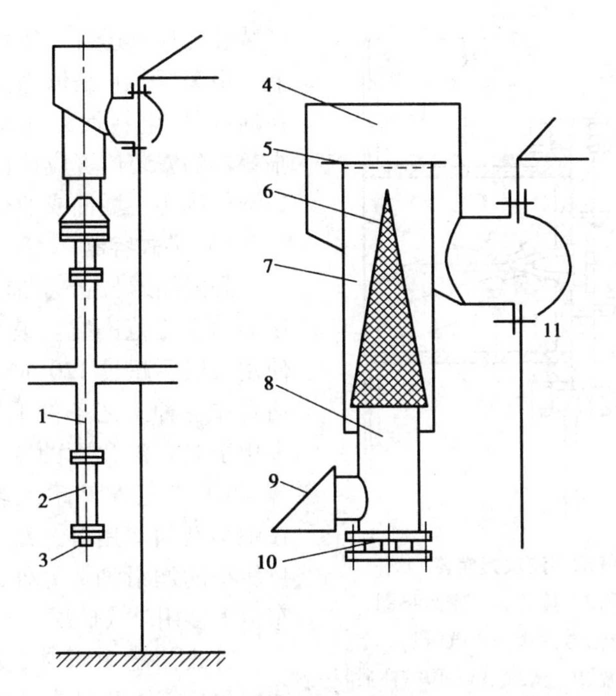

图4.48 泡沫发生器

1—混合液输入管;2—短管;3—闷盖;4—泡沫室盖;5—玻璃盖;6—滤网;
7—泡沫室本体;8—发生器本体;9—空气吸入口;10—孔板;11—导板

④通气孔和自动通气阀

通气孔是安装在内浮顶油罐上的专用附件。内浮顶油罐不设机械呼吸阀和液压安全阀,但由于浮顶与罐壁的环隙及其他附件接合处微小的泄漏,在拱顶与浮顶之间仍有少量油气,为此在拱顶和罐壁上部设置通气孔。罐顶通气孔设拱顶中心,直径不小于250 mm,上部有防雨罩,防雨罩与通气孔短管的环行间隙中安装金属网,通气孔短管通过法兰和与拱顶焊接的短管连接。罐壁上的通气孔设在最上层壁板的四周,距罐顶边缘 700 mm 处,不少于 4 个且对称布置,孔口为长方形、孔口上也设有金属网。

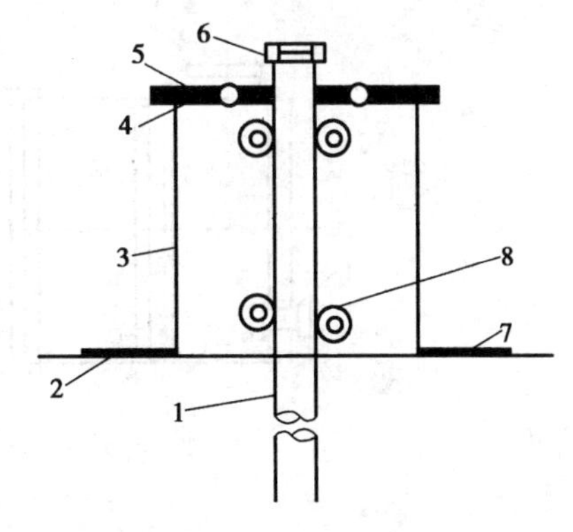

图4.49 自动通气阀

1—阀杆;2—浮盘板;3—阀体;
4—密封圈;5—阀盖;
6—定位销;7—补强圈;8—滑轮

自动通气阀是设在外浮顶油罐上的专用附件。其结构如图 4.49 所示。浮盘正常升降时靠阀盖和阀杆自身的质量使阀盖紧贴阀体,当浮盘下降快到立柱支承位置时,阀杆首先触及罐底使阀盖和阀体脱离,直到浮盘下降到完全由立柱支承时,自动通气阀开到最大,使浮盘上下气压保持平衡。当浮盘上升时自动通气阀逐渐关闭。

⑤液位报警器

液位报警器是用来防止液面超高或超低的一种安全保护装置,以防止溢油或抽空事故。一般而言,任何油罐都应安装高液位报警器,低液位报警器只安装在炼油装置的原料罐上以保

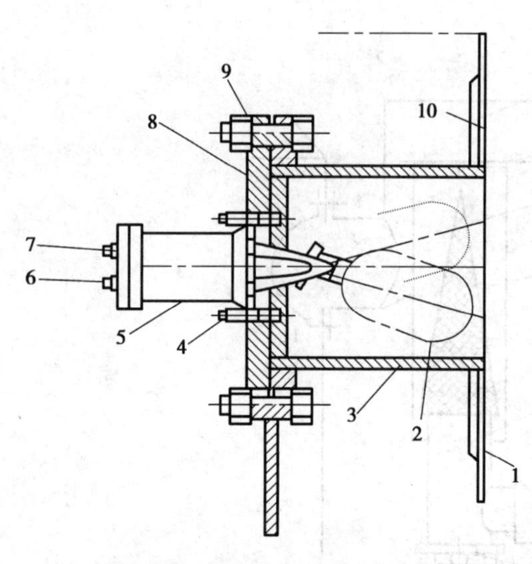

图 4.50　气动高液位报警器

1—罐壁;2—浮子;3—接管;4—密封垫圈;
5—气动液位信号器;6—出气管;
7—进气管;8—法兰盘;9—密封垫圈;10—补强圈

证装置的连续运行。如图 4.50 所示为气动高液位报警器。它是依靠浮子的升降启闭气源在通过气、电转换元件发出报警信号。液位报警器的安装位置应保证从报警开始在 10~15 min 内不会溢油或抽空。

(3)卧式容器

卧式储罐与立式储罐相比,容量较小、承压能力变化范围宽。最大容量 400 m^3,实际使用一般不超过 120 m^3,最常用的是 50 m^3。适宜在各种工艺条件下使用,在炼油化工厂多用于储存液化石油气、丙烯、液氨、拔头油等,各种工艺性储罐也多用小型卧式储罐。在中小型油库用卧式罐储存汽油、柴油及数量较小的润滑油。另外,汽车罐车和铁路罐车也大多用卧式储罐。

卧式储罐由罐体、支座及附件等组成。罐体包括筒体和封头,筒体由钢板拼接卷板、组对焊接而成,各筒节间环缝可对接也可搭接,封头常用椭圆形、碟形及平封头。卧式储罐的罐体如图 4.51 所示。

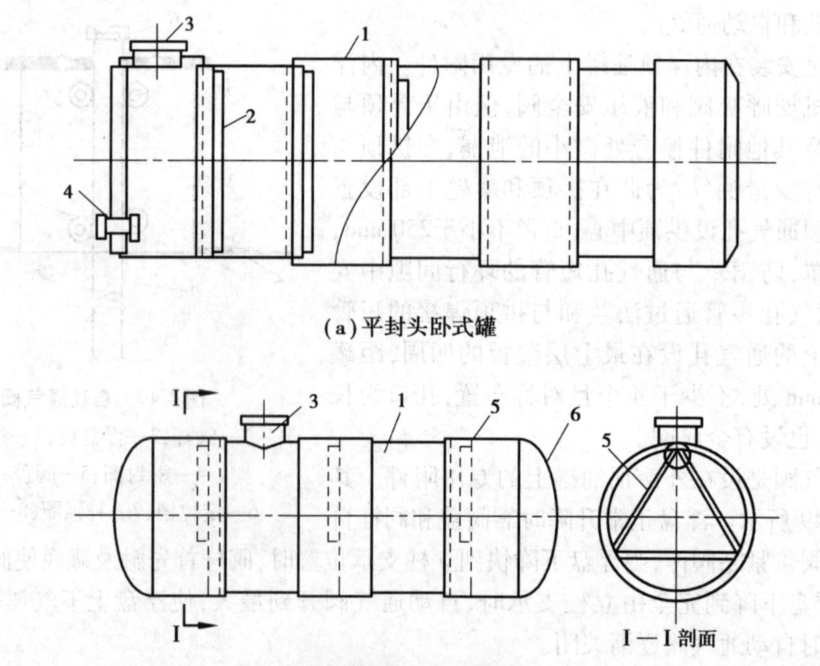

图 4.51　卧式储罐罐体

1—筒体;2—加强环;3—人孔;4—进出油管;5—三角支承;6—封头

卧式储罐支座有鞍式、圈式和支承式3种。大中型的卧式储罐常设置两个对称布置的鞍式支座。其中,一个固定在地脚螺栓上是不动的,称为固定支座。另一个其底板上与地脚螺栓配套的孔采用长圆形,当罐体受热膨胀时可沿轴向移动,避免产生温差应力。

4.2.4　塔设备

(1)概述

在石油炼制工业中,各种塔设备占有重要的地位,塔设备的性能对于整个装置的产品质量、生产能力、能量消耗以及三废处理和环境保护等各个方面都有重大影响。

塔设备经过长期的发展,形成了形式繁多的结构,以满足各方面的特殊需要。为了便于比较,从不同的角度对塔设备进行分类。

1)按塔设备的用途分类

①分馏塔

分馏塔也称蒸馏塔,炼化厂中的分馏塔也称精馏塔。其作用是将液体混合物的各种组分分离出来。例如,常减压装置常压塔和减压塔、加氢裂化装置主汽提塔和分馏塔等,可将原料油分割成汽油、石脑油、煤油、柴油及润滑油等产品。

②吸收塔、解吸塔

通过溶剂来溶解、吸收气体的塔是吸收塔;将吸收液用加热等方法使溶解于其中的气体释放出来的称为解吸塔。例如,催化裂化装置中的吸收解吸塔、加氢裂化装置燃料气脱硫塔和溶剂再生塔等。

③抽提塔

通过溶剂将液体混合物中某种(些)组分有选择地溶解、萃取出来的塔称为抽提塔。

④洗涤塔

用水来除去气体中无用的组分或固体尘粒,称为水洗塔,同时还有一定的冷却作用。

2)按塔设备的结构分类

①板式塔

如图4.52所示,塔内设有一层层相隔一定距离的塔盘,每层塔盘上液体与气体互相接触传热传质后又分开,气体继续上升到上一层塔盘,液体继续流到下一层塔盘上。依照塔盘的结构形式,板式塔可分为圆泡帽塔、槽形塔盘塔、S形塔盘塔、浮阀塔、喷射塔、筛板塔等,板式塔常用作分馏塔和抽提塔。在板式塔中,两相的组分、浓度沿塔高呈阶梯式变化。

②填料塔

如图4.53所示,内填充有各种形式的填料,液体自上而下流动,在填料表面形成许多薄膜,使自下而上的气体,在经过填料空间时与液体具有较大的接触面积,以促进传质作用。填料塔的结构比板式塔简单,而填料的形式繁多,常用的填料有拉西环、鲍尔环、蜂窝填料、鞍形填料及丝网填料等。填料塔常用作吸收塔、解吸塔和洗涤塔。在填料塔中,两相的组分、浓度沿塔高呈连续变化。

作为主要用于传质过程的塔设备,首先必须使气(或汽)液两相能充分接触,以获得较高的传质效率。此外,塔设备还得考虑以下各项要求:

a.生产能力大。在较大的气(或汽)液流速下,仍不致发生大量的雾沫夹带或液泛等破坏正常操作的现象。

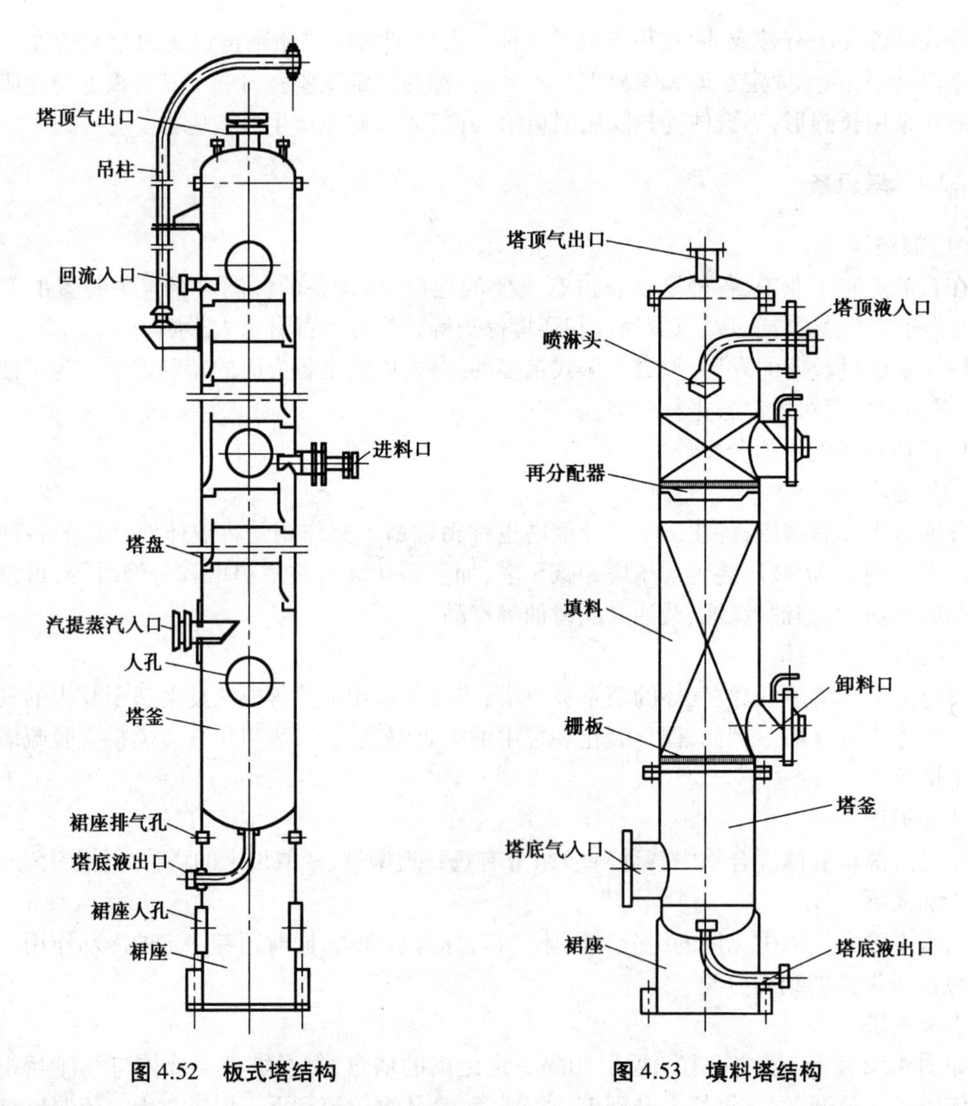

图 4.52　**板式塔结构**　　　　图 4.53　**填料塔结构**

b.操作稳定、弹性大。当塔设备的气(或汽)液负荷有较大的波动时,仍能在较高的传质效率下进行稳定的操作。并且应保证能长期连续操作。

c.流体流动的阻力小,即流体通过塔设备的压力降小。这将大大节省生产中的动力消耗(具体以泵的功耗来体现),以降低生产操作费用。

d.结构简单、材料耗量小、制造和安装容易。这可减少投资、维修费用。

e.耐腐蚀和不易堵塞,方便操作、调节和检修。

应该指出,事实上,对于任何一种塔型都不可能完全满足上述的所有要求,仅仅是在某些方面具有独到之处。

(2)**板式塔**

1)工作原理

炼化厂应用最广的是各种形式的板式塔,其中,大部分是分馏塔。现以原油常压分馏塔为例来说明塔设备的基本工作原理。

原油是由各种分子量不同的碳氢化合物组成的混合物，各组分沸点是不同的。例如，汽油沸点低于 130 ℃，煤油沸点为 130~250 ℃，柴油沸点为 250~350 ℃，蜡油沸点为 350~520 ℃，渣油沸点高于 520 ℃。分馏塔就是利用各组分沸点不同的特性进行分馏的。

如图 4.54 所示，在加热炉中加热到 350 ℃左右的原油进入常压塔后，分子量较小沸点低汽油、煤油、柴油等组分蒸发成为油气，分子量较大沸点高的组分仍是液体。高温的油气上升经过一层层塔盘，在每层塔盘上与往下流动温度较低的液体相接触，气相中沸点较高的组分会冷凝成液体从油气中分离出来，同时塔盘上的液体被加热，其中沸点较低的组分会被汽化，从液体中分离出来。经过每层塔盘都会有这种质量和热量的传递，于是油气越往上就变得轻组分增多，重组分减少，到塔顶部就是汽油成分，抽出后经冷凝便得到液体的汽油产品，将其中的一部分再打回到塔顶的塔盘上去，就形成了塔盘下流液体，这称为塔顶回流。下流的液体每经过一层塔盘就发生和汽相相反的变化，越往下变得重组分越多，轻组分越少，到某一层塔盘便成为煤油组分，抽出一部分经冷却便得到了煤油产品，其余的继续下沉。到更下面的某一层塔盘便成为柴油组分，塔底出来的重组分成为常压重油。从塔侧线抽出的液体组分不仅仅是产品，有时也是其他装置的原料，如减压馏分油作为催化裂化原料。塔内上升的油气一方面是由进料中的气相形成，另一方面是由塔底通入过热汽提蒸汽或把塔底部分重油经过加热釜加热汽化形成的。

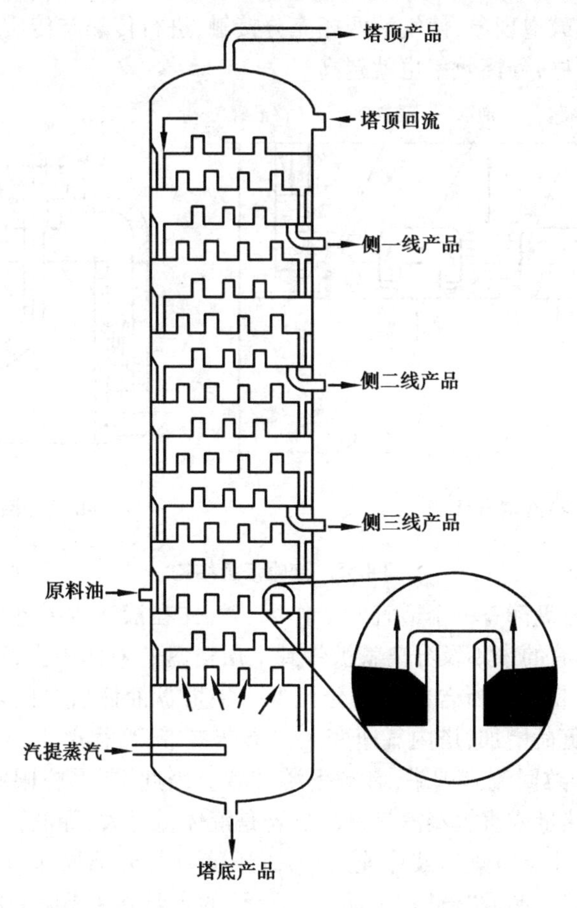

图 4.54　原油常减压分馏塔操作示意图

对分馏塔,一般把进料口以上部分称为精馏段,用来提浓汽相中的轻组分,进料口以下部分称为提馏段,用来提浓液相中的重组分。

2)塔盘

①塔盘的工作原理

塔盘也称塔板,是塔设备的重要部件。其基本技术要求是分馏效率高,生产能力大,操作稳定,压降小和结构简单。由塔的工作原理可知,塔盘要提供汽液两相之间的接触界面,它应包括以下 3 个功能:

a.油气上升的通道。

b.液体下降的降液板或降液管。

c.供气液两相充分接触的构件。

现以圆泡帽塔盘为例来说明塔盘的工作情况:图 4.55 表示圆泡帽塔盘的结构,在塔盘上开有许多圆孔,每孔焊一个圆管,称升气管;管上再罩一个帽子,称为泡帽;泡帽下部圆周方向开有许多矩形竖直开口,称气缝。液体从上一层塔盘的降液管流下,流经该塔盘面并由该塔盘的降液管继续流至下一层塔盘。为使塔盘上保持一定厚度的液层,使泡帽的气缝完全淹没在液层内,在降液管上部装有溢流堰。气体从升气管上升,拐弯通过升气管与泡帽的环形空间,从气缝喷散而出,形成鼓泡现象,使气液两相充分接触,进行传热与传质。一般来讲,鼓泡越细越激烈,两相接触就越好,分馏效率也就越高。

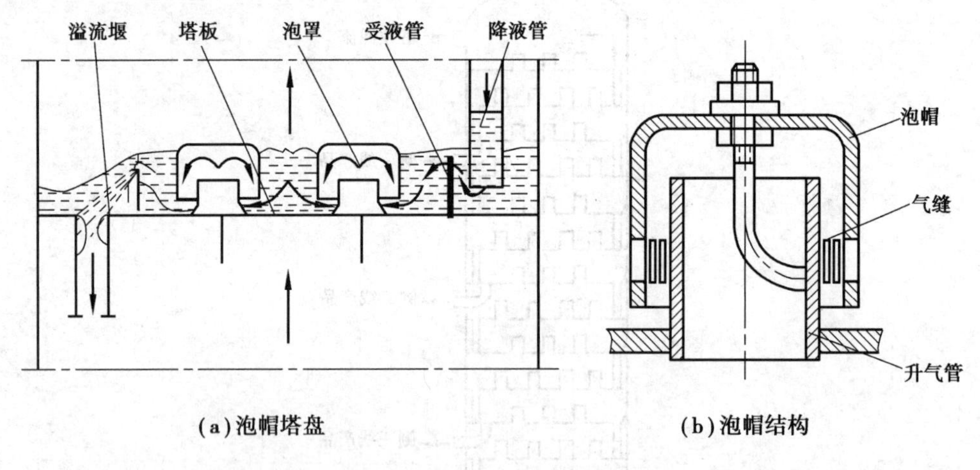

(a)泡帽塔盘　　(b)泡帽结构

图 4.55　泡帽塔盘结构

各种结构形式的塔盘都有一个适宜的工作区。气体在液体内鼓泡后,穿出液层时总不免带有许多细微的液滴,有的来不及分离就被带到上层塔盘的液体中去,这种现象称为“雾沫夹带”。被夹带上去的少量液滴所含的重组分比上一层塔盘液体所含的重组分要多,会降低塔盘的分馏效率。气体负荷增加,塔内气速变大,“雾沫夹带”变得严重,当它波及所有塔盘时就会形成“冲塔”,从而导致回流罐满罐,影响下游装置。因此,要严格限制气相负荷,不能随便提高塔底重沸器的加热量或汽提蒸汽量;反之,若是液体量过大,降液管面积不够,液体来不及流向下一层塔盘,导致几层塔盘的液体连成一片,不能进行分馏操作,这种现象称为“液泛”,当它波及所有塔盘时就会形成“淹塔”。防止“液泛”的主要办法是限制塔顶回流量,或改进塔盘的结构形式,或加大降液管的面积。

②常见塔盘

A.舌形塔盘

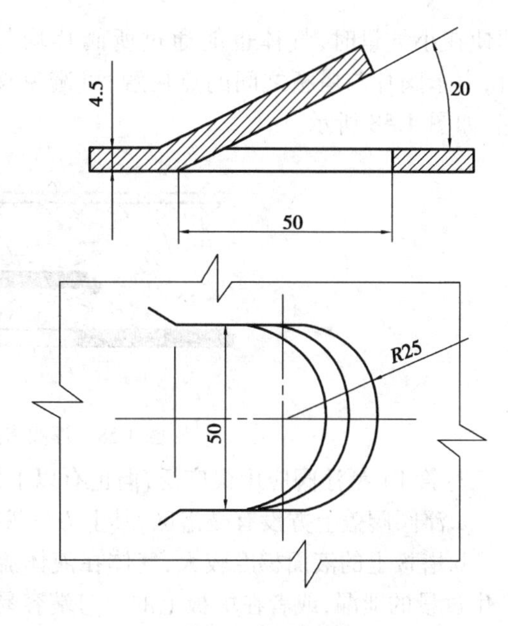

图4.56　舌形塔盘

如图4.56所示，舌片由钢板上冲出并按一定角度朝一个方向翘起，在塔盘上呈三角形排列。气体从舌片下的孔中吹出，与液层搅拌接触。液体流动方向与气流方向一致，故塔板上的液面落差较小，全塔盘鼓泡较均匀。气体斜喷再折而向上，所以雾沫夹带较少，气体流量可提高，塔盘上只有降液管，没有溢流堰，故塔盘上压力降较小，塔盘金属耗量较小，且制造安装方便。

B.浮阀塔盘

它可分为以下两大类：a.盘状浮阀（见图4.57），即浮阀呈圆盘形，塔板上开孔是圆孔，按其在塔扳上固定的方法又可分为用3条支腿固定浮阀升高位置的F1型浮阀和用十字架限定升高位置的十字架型浮阀。b.条状浮阀，浮阀是带支腿的长条片，塔板上开的是长条孔，长条片面上有的还开有长条孔或凹槽等，形式多样。

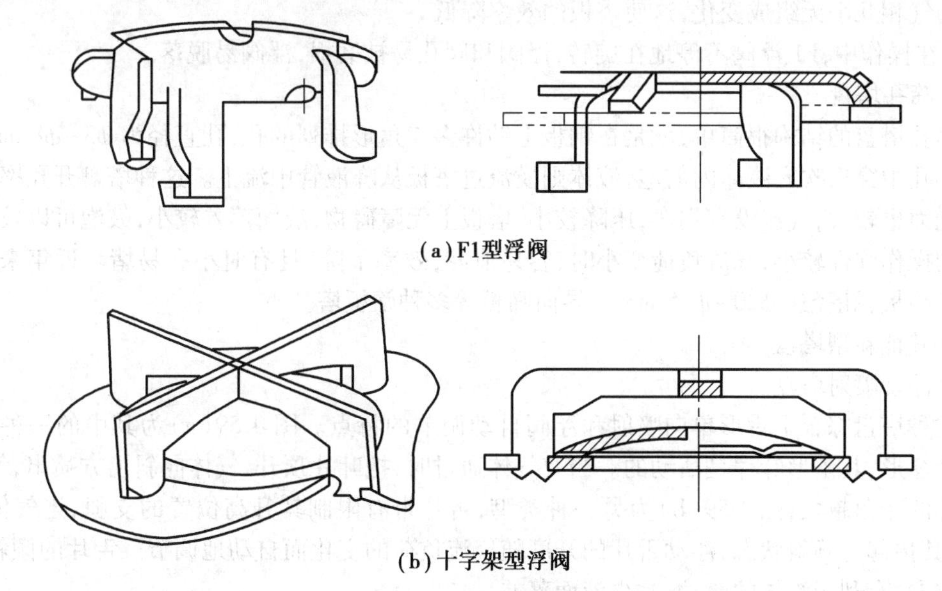
(a) F1型浮阀

(b) 十字架型浮阀

图4.57　盘状浮阀结构

由于浮阀的操作弹性大、雾沫夹带少、全塔盘鼓泡均匀、效率较高、压降小、结构简单、造价低等一系列优点，所以得到非常广泛的应用。目前，炼化厂最广泛采用的是F1型盘状浮阀，现以F1型浮阀为例说明其工作情况：圆盘浮阀靠3条支腿插在塔板上三角形排列的圆孔内，当气体通过圆孔上升时，靠气流的动能把阀片顶起，气体就吹入塔板上的液层内进行鼓泡。阀片上的3条支腿，起到限制阀片的运动和开度的作用，并且，F1型浮阀的周边有3个起始定距片，即使浮阀完全关闭，阀片与塔板之间仍能保持一定距离（2.5~6 mm），这样即使在小气量时，气体也能通过所阀片均匀鼓泡。因而可得到较宽的稳定操作范围。同时，由于阀片与塔板之间的点接触，可避免阀片与塔板粘连，使浮阀在气量增大时能平稳升起，如图 4.58 所示。

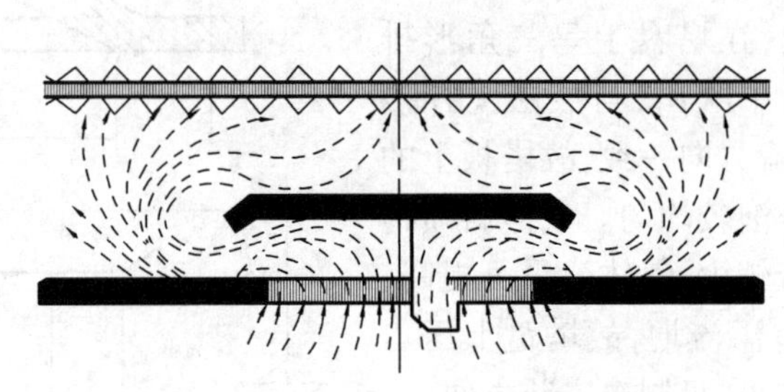

图 4.58　浮阀塔盘上的气液接触情况

尽管 F1 型浮阀应用很广泛，但也有以下缺点：

a.浮阀阀盖上方没有鼓泡区，其上方气液接触状况较差，造成塔板传质效率降低。

b.塔板上的液面梯度较大，气体在液体流动方向上分布不均匀。在塔板上的进口端容易产生过量的泄漏，或者在塔板上的出口端容易导致气体喷射，两者均使塔板效率降低。

c.从阀孔出来的气体向四周吹出，导致塔板上液体返混程度较大。

d.在塔板两侧的弓形部位存在一定的液体滞留区。在滞留区内，液体无主动流动，通过滞留区的气相几乎无组成变化，这使塔板的效率降低。

e.在操作中，F1 浮阀不停地在旋转，浮阀和阀孔易被磨损，浮阀易脱落。

C.筛孔塔盘

筛孔塔盘的结构很简单，就是在钢板上钻许多三角形排列的孔，孔直径为 $\phi3 \sim \phi8$ mm。气流从小孔中穿出吹入液体内鼓泡，液体则横流过塔板从降液管中流下。这种塔盘开孔率较大，生产能力也较大，气流没有拐弯，压降较小，塔板上无障碍物，液面落差较小，鼓泡可以较均匀。但它的操作弹性较小，气流负荷变小时，容易泄漏，效率下降，且有时小孔易堵。近年来，发展了大孔筛板（孔径达 $\phi20 \sim \phi25$ mm）、导向筛板等多种筛板塔。

③其他新型塔盘

A.浮动喷射塔盘

这种塔盘综合了舌形单向喷射和浮阀自动调节的特点。图 4.59（a）为其中的一种，塔板为百叶窗形，其条形叶片是活动的。当有气体通过时，把叶片顶开，气体向斜上方喷出，气速越大叶片的张角越大；图 4.59（b）为另一种类型，舌片带有限制其升高位置的支腿，当气体通过时，将其抬起呈倾斜状态，浮动舌片的开度随气流负荷的变化而自动地调节。舌片的倾斜均为同一方向，有利于流体的流动，减少液面落差。

B.ADV 微分浮阀塔盘

如图 4.60 所示，与传统 F1 浮阀塔盘相比，ADV 浮阀塔盘从浮阀结构、降液管结构等方面进行了改进：图 4.60（a）ADV 微分浮阀在阀顶开小阀孔，充分利用浮阀上部的传质空间，使气体分散更加细密均匀，汽液接触更加充分；图 4.60（b）局部采用带有导向作用的 ADV 微分浮阀，消除了塔板上的液体滞留现象，提高了汽液分布的均匀度；图 4.60（c）采用鼓泡促进器使整个塔板鼓泡均匀并降低液面梯度，从而提高传质效率；图 4.60（d）适当改进降液管，增加鼓泡区的面积；图 4.60（e）阀腿采用新的结构设计，使浮阀安装快捷方便，操作不易转动或脱落。

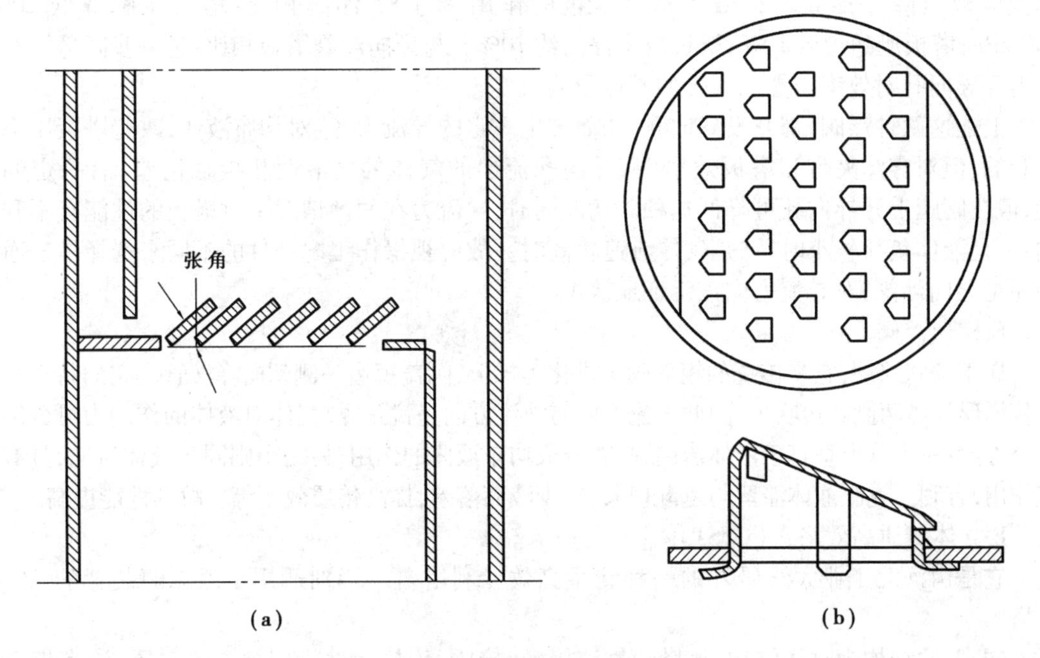

(a)　　(b)

图4.59　浮动喷射塔盘

与F1浮阀相比,微分浮阀的塔板效率提高了10%~20%,处理能力提高了40%。目前,该类型塔盘已在炼化化工行业得到广泛应用。

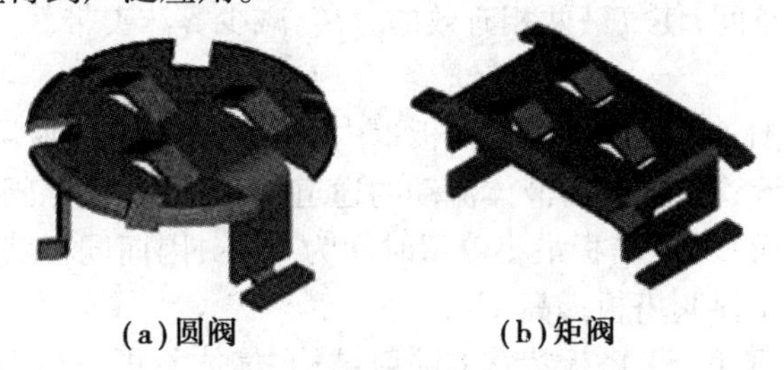

(a)圆阀　(b)矩阀

图4.60　ADV微分浮阀

C.导向浮阀塔板

导向浮阀也称条形阀(气体从浮阀的两侧流出,气体流出的方向垂直于塔板上的液体流动方向,可减少液体返混现象),只不过在阀片上开有一个和两个导向孔(开口方向与液流方向相同),具有一个导向孔的阀布置在塔板中间,具有两个导向孔的阀布置在两侧弓形区(以加速该区域的液体流动,从而消除塔板上的液体滞留区)。其目的是一部分气流从导向孔吹出,使阀盖上的气液两相并流,气相推动液体流动,从而减少液面落差Δ与液体的滞留时间,压降减小,通量增大。更重要的是这类浮阀解决了传统浮阀上端存在传质死区的不足,板效率大大提高,而且导向浮阀在操作中不旋转,浮阀不易磨损脱落,为浮阀的发展作出了贡献。

D.BJ浮阀塔板

BJ浮阀也是一种导向浮阀,它在条形浮阀的前阀腿上开一矩形孔,气流在水平通过阀体两侧的同时,增加了一个向前吹出的气流动力(体流通面积增大),导引液体向前流动。它不但可改善阀与阀之间的鼓泡状态,还有利于克服液体滞留与返混现象,减少液面落差,这对于降低塔板压降和提高塔板效率都有积极的作用。与 F1 浮阀相比：塔板压降降低 200~250 kPa，塔板泄漏约低 10%，塔板效率提高约 10%。与导向浮阀塔板相比：进一步降低了在阀片上开导向孔对效率与雾沫夹带的不良影响。

上述这两种浮阀，都开设导向孔，从而产生一定的导流力，这对均布液体，改善塔板压降是有利的，但对雾沫夹带和塔板效率（从导向孔流出的气体的气液两相接触稍差）有一定的影响，但在阀腿上开导向孔可降低这种弊病。同时，导流力在两种情况下对塔板的性能有不利影响：一是液体负荷较小时；二是气体流速较高时。故应视操作工况条件的不同来选择是普通浮阀还是导向浮阀，对导流力应该辩证地认识。

E.梯形浮阀

属于条状浮阀，它将传统的矩形阀盖进化为梯形，阀盖短边一侧朝向降液管。它的特点是气体从梯形阀体两侧斜边吹出，因此气流方向与液流方向呈锐角，故气体对液体的作用力可分解成两个方向：一个分力垂直于液体流向，起着分散均布液体的作用；另一个则同于液体流向，具有导流作用，有利于克服液体滞留与返混现象，减少液面落差，提高传质效率等。故其性能提高。

F.立体传质高效塔盘（CTST）

它是由河北工业大学研发的一种新型高效专利塔盘。特别适用于乙二醇装置的 EO 吸收塔。

CTST 的结构为立体结构，该塔的气液接触、传质、传热元件为一梯形喷射罩，该塔板采用矩形开孔，矩形开孔上方设置带筛孔的喷射板，两端为梯形的端板，上部为分离板，在喷射罩与分离板之间设气液通道。喷射板与塔板间由一定的间隙，为液体进入罩体的通道。分离板的作用：提高气液接触的空间；使气液两相有效的分离，减少雾沫夹带。

CTST 的优点如下：

a.处理能力大。气体直接进入 CTST 塔板罩内而不通过板上的液层，塔板上流动的液体为不含气泡的清液，所降液管只是作为液体流动的通道，而不像普通浮阀类塔板那样需要 5 s 的时间脱除里面的气泡，而 CTST 塔板最小停留时间为 2.4 s，因而同样截面积降液管的 CTST 塔板液体的通过能力比 F1 浮阀塔板提高 1 倍。

b.塔板压降小。由于 CTST 塔板特殊的喷射结构，气体不再由板上较深的液层通过，因此塔板的压降比 F1 浮阀小得多。

c.消泡性能好。由于 CTST 塔板特殊的喷射结构，使得塔板上的液体为清液，故无发泡机制；另外，高速喷射的液滴回落到塔板时又具有破沫作用。因此，CTST 能干处理浮阀塔板难以处理的易发泡物料。

d.抗堵性能强。由于 CTST 塔板开孔大，一般大于 40 mm×120 mm，而气体、液体的喷射速度达 10~20 m/s，对喷射孔有自冲洗作用，塔板抗堵塞能力大幅度提高，能够处理含固体颗粒及易产生自聚的介质，而且塔板上没有活动部件，可以延长塔的检修周期。

上述各种常用塔盘形式各有其利弊，在选择塔盘形式时，要全面综合地考虑工艺过程的特点和要求。

塔盘有整块式和分块式两种。当塔径在 900 mm 以下时，采用整块式塔盘；当塔径在 900 mm以上时，人已能在塔内进行装拆，可采用分块式塔盘，而且当塔径较大时，整块式塔盘的刚度不良，结构显得复杂，制造也困难。塔盘材质一般为碳钢，如有特殊要求也可选用其他材质。塔盘的固定、连接常用楔形铁和龙门板。

几种塔板的性能比较见表4.6。

表4.6　几种塔板的性能比较

塔板形式	相对处理能力	相对效率	操作特性	塔板阻力 mmH_2O	结构特性	相对钢材消耗	
						碳钢	合金钢
圆形泡帽	1.0	1.0	操作稳定，液体不易泄漏，操作弹性大，但液面落差大，雾沫夹带较大	气体拐弯多，阻力大 70~100	结构复杂，安装检修不便	1.0	1.4
S形	1.1~1.2	1.0~1.1	气液流向相同，所以液面落差小，气体分布均匀。操作弹性大	气体拐弯多，阻力较大，但阻力比泡帽小 70~100	结构简单	0.6	0.1
舌形	1.2~1.4	0.8~0.9	操作弹性小，在低气速下液体易漏	阻力小 20~50	结构简单	0.50	0.85
浮阀	1.2	1.0~1.1	气体水平吹出，气液接触时间长，雾沫夹带比泡帽少。操作弹性大，但在低气速下，效率不如泡帽	阻力较泡帽小，较舌形大 50~80	结构简单，但阀片易被卡住、粘住或锈住，不能自由活动	0.65	1.0
浮动喷射	1.2~1.4	0.8~0.9	操作弹性较大，但操作易波动，液量太小时板上易“干吹”；液量大时出现水浪式脉动，效率较低	阻力小 15~40	结构简单，但易被卡住，不能自由活动	0.5	—

④塔盘溢流、受液结构

塔盘除了供气体上升鼓泡用的浮阀、筛孔外，还有供液体下降流通用的溢流堰、降液管及受液盘。液体横过塔板的流动通常是靠板上的液面落差来推动的，即从受液盘进入塔板处的液面比溢流堰处的液面略高。塔板上所设置的浮阀、筛孔以及气流上升时的鼓泡，都会对液体流动产生阻力，液面落差太大，会引起塔板上鼓泡严重不匀，影响塔板效率，而降低液面落差的方法之一是将溢流分层，常用的溢流分层方式有单溢流型、双溢流型和四溢流型。

A.单溢流型

液体从塔板一端的受液盘自左向右横向流过整个塔板，在另一端从溢流堰落入塔板降液管中，液体几乎流经整个塔径的距离，流道较长，塔板效率较高，它的结构较简单，是常见的流型。

B.双溢流型

这种流型将液体分成两半，并设有两条溢流堰，来自上一塔板的液体分别从左右两降液管进入塔板，在该塔板上液体又由两边横向流向中间溢流堰，再进入降液管。与同样直径的单流型塔板相比，溢流堰单侧的液体流量减少一半，同时双溢流型的堰长增加，会使堰上的液体厚度响应减小，从而使液面落差下降。双流型塔板适用于大型塔和液气比大的工况场合。

C.四溢流型

对特大塔径或液体流量特大的塔，当双流型仍不能满足降低液面落差的要求时，可采用四溢流型塔板。

溢流堰通常为带有锯齿形的垂直平板，堰长由塔盘上液体流量和溢流程数来确定，堰高决定了塔盘上液层厚度，因此关系到塔盘上的压力降和液体在塔盘上的停留时间。对于浮阀型塔板，堰长一般为塔径的60%~80%（单溢流）或50%~60%（双溢流），堰高一般为40~50 mm。

降液管有圆管形和弓形两种（见图4.61）。前者适用于液体量小和塔径小的塔，后者有更大的横截面积，因而有利于液体下流，故弓形降液管适用于大塔径或液流量大的板式塔。

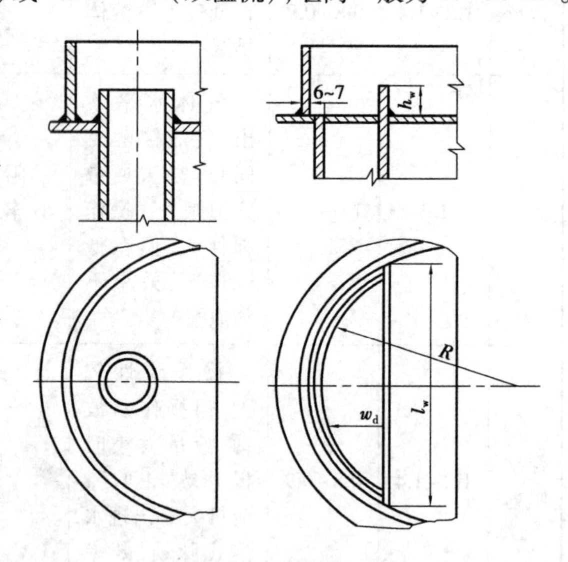

图4.61 降液管形式

降液管出口与下层塔盘的受液盘保持一定的距离，一方面要使液体顺利地流下，另一方面起到液封作用，以防止上升的气体沿降液管通过，这一高度通常为20~40 mm。

⑤塔板的主要结构参数

A.塔径

塔径大小反映了塔的处理能力，塔内汽液负荷越大，塔径就越大。

B.空塔气速

空塔气速是指塔内气体通过空塔截面的流速。

C.塔板间距

塔板间距的大小应考虑到允许气速、雾沫夹带程度等有关因素的影响及考虑到安装和检修方便。一般塔的板间距为600 mm左右，如果没有雾沫夹带现象，也可取450~500 mm，在人孔处可取700~800 mm。

D.塔板数

塔板数是影响分馏效果的关键，一般根据分馏程度和回流量而定。分馏的精度越高，需要的塔板数越多，反之亦然。

3)其他内件

板式塔内件除了塔盘组件外,还有进料口、塔顶破沫网和塔底防涡器等组件。

①进料口

板式塔的进料有液体、气体和气液混合物。对于液体,进料口可直接设进料板,板上最好有进口堰装置,使液体能均匀地通过塔盘,并可避免由于进料泵及控制阀波动所引起的影响。如图4.62所示为液体进料常用的可拆接管形式。对于气体,进料口可安装在塔盘间的气相空间,一般可将进料口做成斜切口形式(图4.63(a)),或采用较大的管径使其流速降低,以达到使气体均匀分布的目的。如图4.63(b)所示为带泪孔喷射的气体进料口,使气体分布较均匀,常在大直径塔上采用。对于气液混合物,由于流动速度较高,对塔壁的冲蚀及振动较剧烈,同时为使气液较好的分离,故常采用带螺旋导板的切线进料口(见图4.64)。

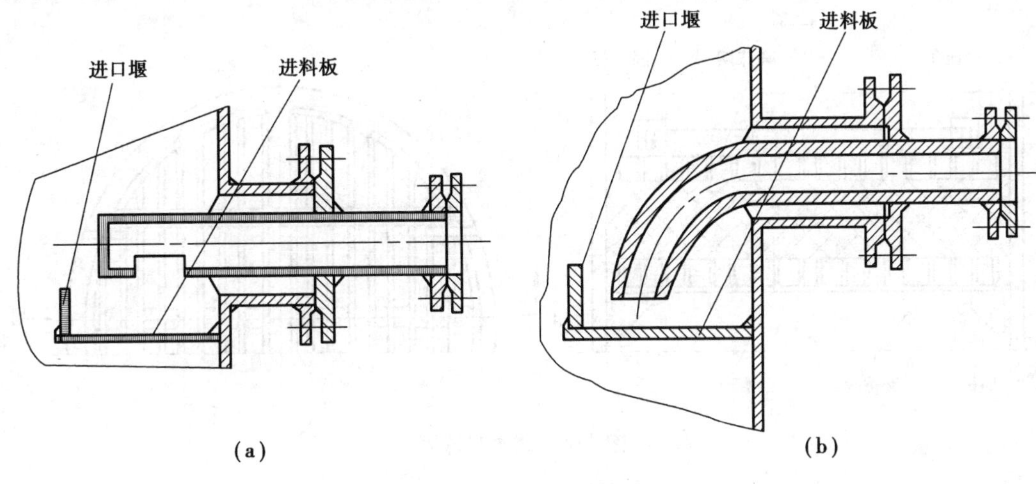

图4.62　液体进料口

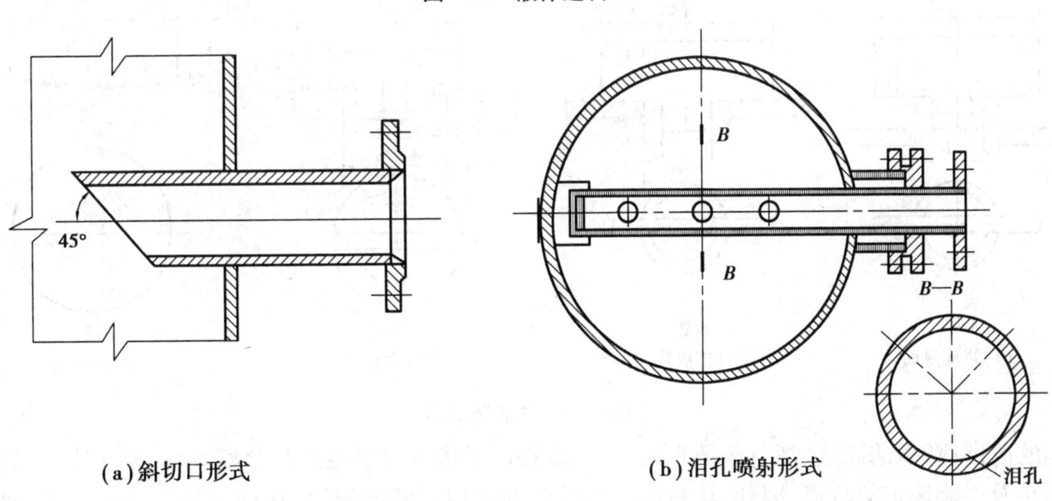

图4.63　气体进料口

②塔顶破沫网

如图4.65所示,当带液滴的气体经过破沫网时,液滴附着于丝网上被分离出来,避免被上升的气体带走,从而提高塔顶馏出产品的质量。

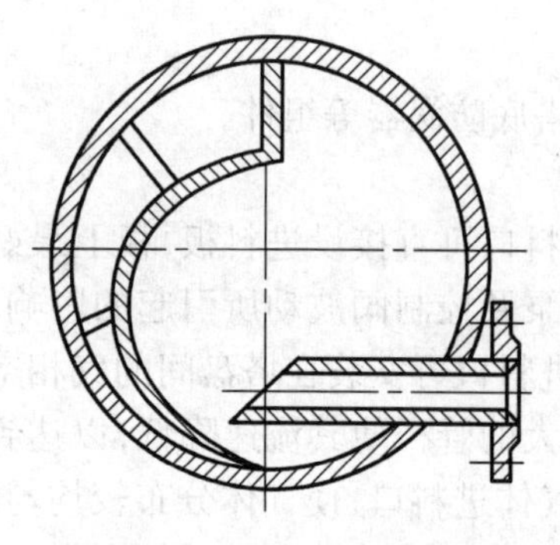

图 4.64　气液混合进料口

③塔底防涡器

塔底液体流出时，若带有漩涡，就会将油气带入泵内而使泵发生抽空，所以在塔底装有防涡器，其结构如图 4.66 所示。其中，A 型可防止沉淀物吸入泵内，B 型用干净物料，排液管DN>150 mm 者，可用 C 型、D 型。

(3) 填料塔

填料塔具有结构简单、压力降小等优点。在处理容易产生泡沫的物料以及用于真空操作时，有其独特的优越性。过去，由于填料及塔内件的不完善，填料塔大多局限于处理腐蚀性介质或不宜安装塔板的小直径塔；近年来，由于填料结构的改进，新型的高效、高负荷填料的开发，既提高了塔的通过能力和分离效率，又保持了压力降小及性能稳定的特点，因此，填料塔已被推广到大型气液操作中，在许多场合下代替了传统的板式塔。

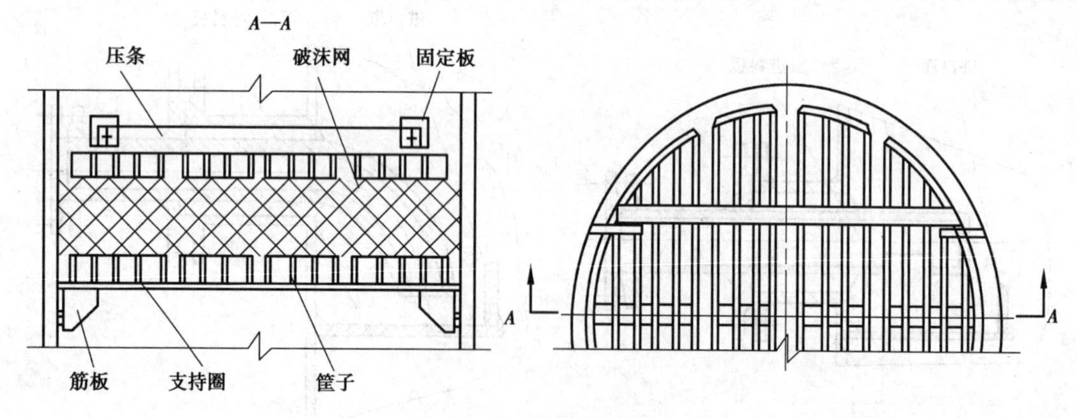

图 4.65　塔顶破沫网

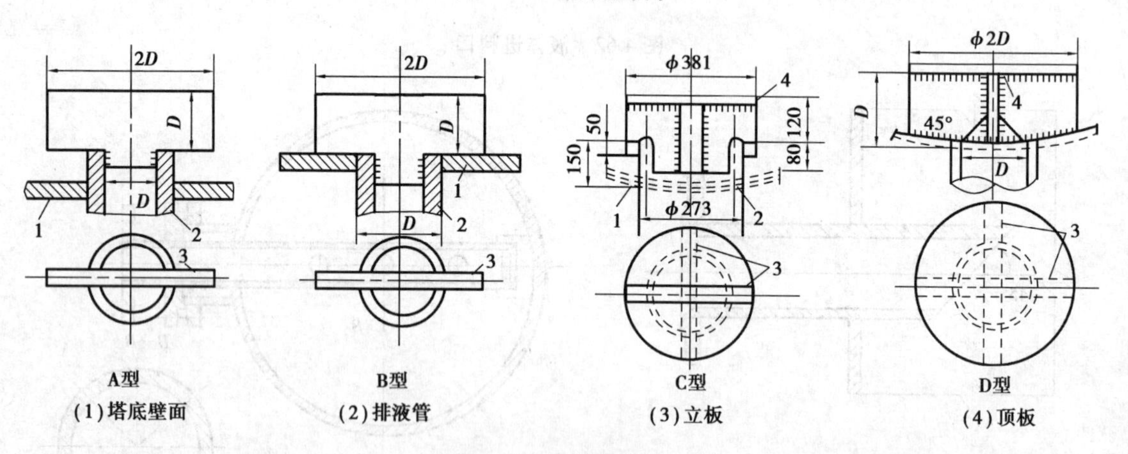

图 4.66　塔底防涡器

1) 工作原理

如图 4.67 所示为典型的填料吸收塔。它是一个直立式圆筒，塔内装有一定高度的填料层，填料是以乱堆或规整的放在支承板（要有足够的机械强度，足以支承填料及所含液体的质量,而且支承板的自由面积不应小于填料的自由截面积,以免增大气体阻力)上的。液体由塔的顶部加入,通过液体分布器(非常重要,直接影响到填料表面的有效利用率,要求能提供良好的液体初始分布)均匀分散到填料层的表面上。因液体在填料层中有向塔壁流动的倾向,当传质需要填料层较高时,一般将填料层分成几段,并在两段之间设有液体再分布器(以改善液体再填料层中的壁流效应,将液体汇聚后再次均匀分布到下层填料)。液体在填料表面分散成薄膜,经填料间的缝隙下流,也可成液滴落下。填料层的润湿表面就成了气液接触的传质表面。气体混合物从塔底通入,通过填料层的支承板(也起一定的气体分布作用)进入填料层,气体沿填料层的空隙向上流动,由于不断改变方向,造成了气流的湍动,这对传质是有利的。填料塔中气、液两相呈逆流连续接触,两相组成沿塔高呈连续改变,这与板式塔内组成呈阶梯式变化是不相同的。

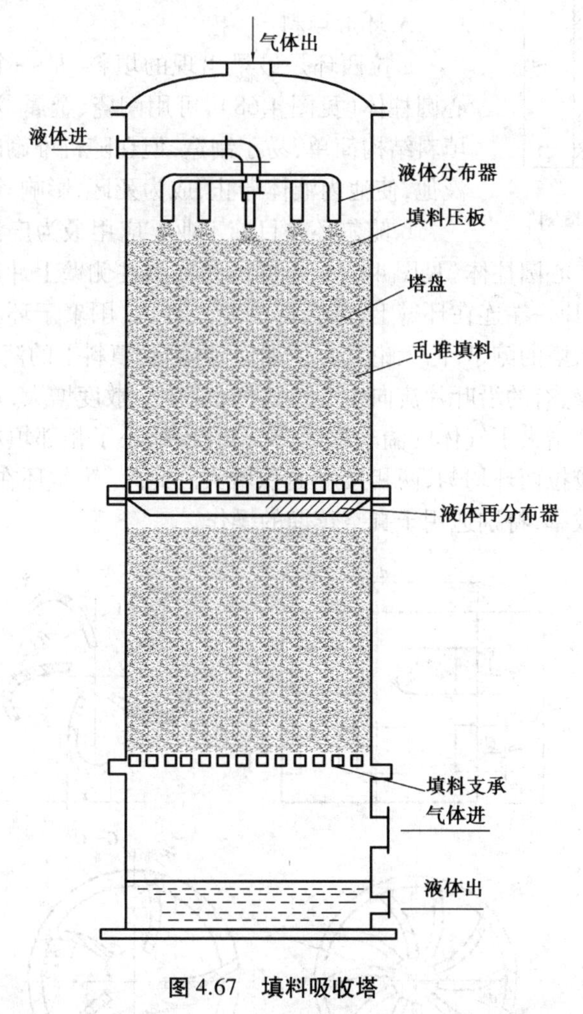

图4.67　填料吸收塔

对填料的基本要求如下:

①传质效率高。要求填料能提供塔的气液接触面,即要求具有大的比表面积,并要求填料表面容易被液体润湿。

②生产能力大,气体通过的压力降小,因此要求填料层的空隙率大。

③不易引起偏流和沟流。

④经久耐用,即具有良好的耐腐蚀性、较高的机械强度。

⑤取材容易,价格便宜。

2)常用填料及其特点

填料的品种很多,填料可分为乱堆填料和规整填料两大类。最古老的填料是拉西环;在国内外被认为较理想的是鲍尔环、矩鞍填料和波纹填料等,已被推荐为我国今后推广使用的通用型填料。填料的材质可为金属、陶瓷或塑料。

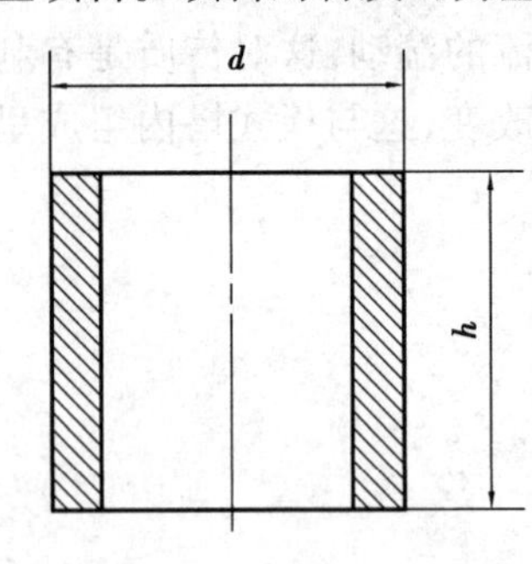

图 4.68 拉西环填料

①散装填料

该类填料具有一定外形结构的颗粒体,散装填料的安装以乱堆为主。

A.环形填料

a.拉西环是最早出现的填料,是一个外径和高度相等的空心圆柱体(见图 4.68),可用陶瓷、金属、塑料等材料制造。这种填料结构简单,易于制造,但在随机堆砌时易在外表面间形成积液他,使池内液体滞止,成为死区,影响其通过能力及传质效率。

b.鲍尔环是目前工业上应用最为广泛的填料之一。它也是外径和高度相等的空心圆柱体(见图 4.69),不同的是在圆柱侧壁上冲出上下两层交错排列的矩形小窗,冲出的叶片一端连在环壁上,其余部分弯入环内,围聚于环心。鲍尔环一般用金属或塑料制造。装填入塔的鲍尔环,无论其方位如何,淋洒到填料上的液体,有的沿外壁流动,有的穿过小窗流向内壁,有的沿叶片流向中心。这样,液体分散度增大,填料内表面的利用率提高。弯向环心的叶片增大了气体的湍动程度,交错开窗缩小了相邻填料间的滞止死区,因此,鲍尔环的气掖分布较拉西环均匀,两相接触面积增大。此外,鲍尔环在较宽的气速范围内,能保持一恒定的传质效率,特别适用于真空蒸馏的操作。

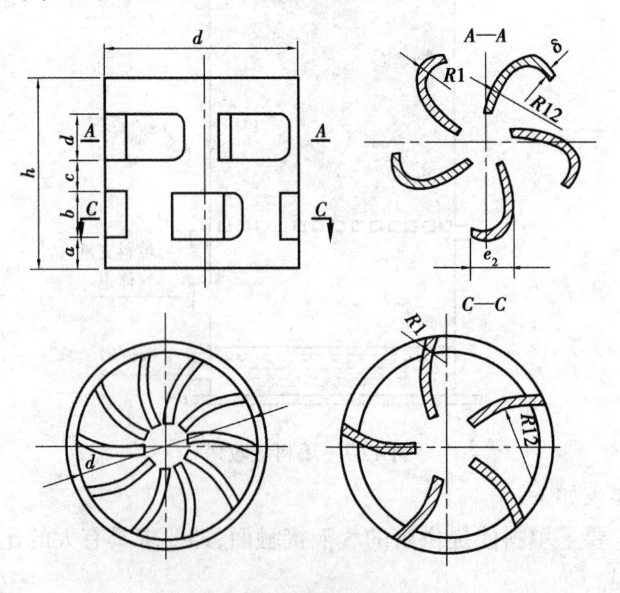

图 4.69 鲍尔环结构

c.阶梯环可用金属、塑料、陶瓷制造,塑料阶梯环有两种结构:米字筋阶梯环和井字筋阶梯环(见图4.70)。阶梯环的特点在于其一端具有锥形扩口。扩口的主要作用在于改善填料在塔内的堆砌状况。由于其形状不对称,使填料之间基本上为点接触,增大了相邻填料间的空隙,消除了产生积液池的条件。

B.鞍形填料

a.弧鞍填料(见图4.71)为对称开式弧状结构,一般用陶瓷制造,目前工业上已很少使用。

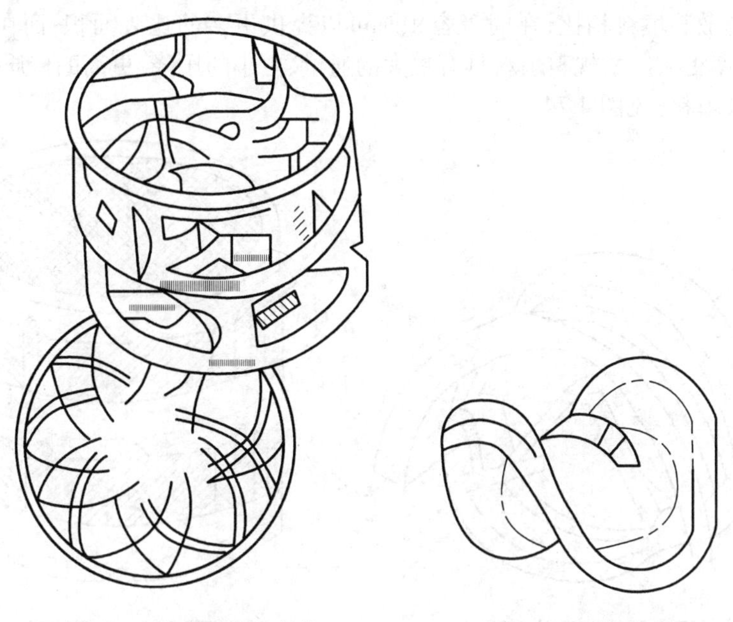

图4.70 塑料阶梯环结构　　图4.71 弧鞍填料

b.矩鞍填料(见图4.72)一般用陶瓷或塑料制造,有效地克服了弧鞍填料重叠堆积的缺点,是目前工业上应用最广的乱堆填料之一。

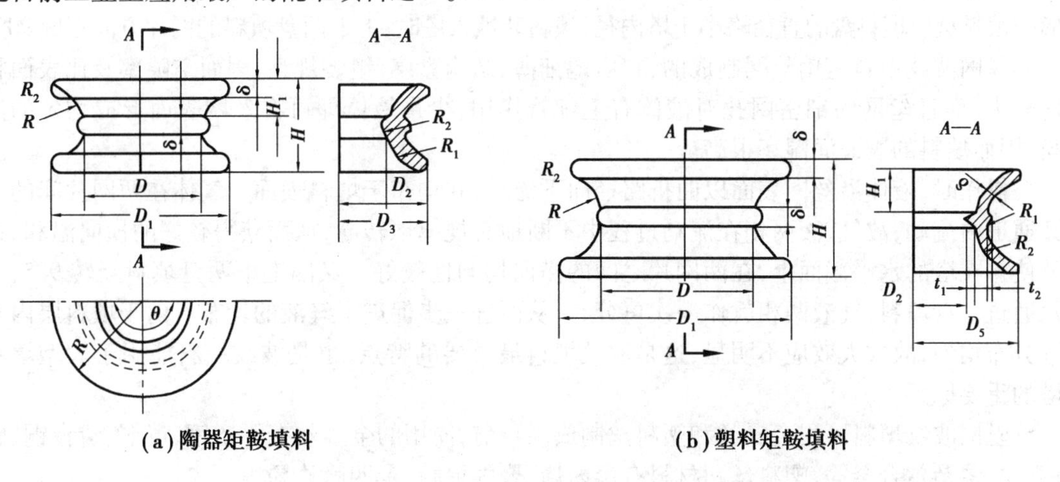

(a)陶器矩鞍填料　　(b)塑料矩鞍填料

图4.72 矩鞍填料结构

C.鞍环填料

鞍环填料(见图4.73)用薄金属板冲压而成。其特点是既保存了鞍形填料的弧形结构,又具有鲍尔环的环形结构和内弯叶片的小窗,且填料的刚度比鲍尔环高。鞍环填料能保证全部表面的有效利用,并增加流体的湍动程度,具有良好的液体再分布性能。因此,它有通过能力大、压力降低、滞液量小、容积质量轻,以及填料层结构均匀等优点,特别适用于真空蒸馏。

②规整填料

规整填料是由具有一定集合形状的元件,按均匀聚合图形排列,整齐堆砌,具有规整气液通道的填料。在规整填料中,由于结构的均匀、规则、对称性,规定了气液的通道,改善了沟流和壁流现象。与散装填料相比,在同等容积时可以提供更多的比表面积;而在相同比表面积时,填料的空隙率更大。故规整填料具有更大的通量、更小的压降、更高的传质传热效率。

A.丝网波纹填料(见图 4.74)

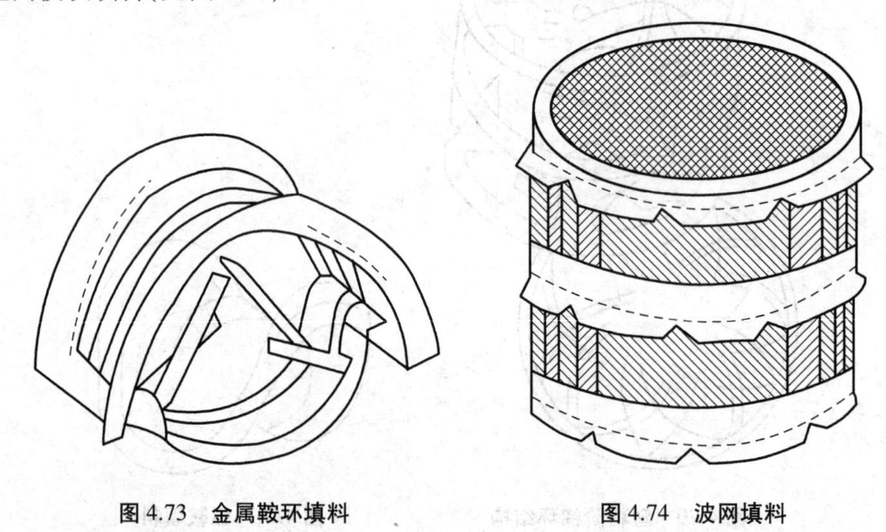

图 4.73　金属鞍环填料　　　　图 4.74　波网填料

由若干平行直立放置的波网片组成,网片的波纹方向与塔轴线成一定的倾斜角(一般为 30°或 45°),相邻网片的波纹倾斜方向相反。组装在一起的网片周围用带状丝圈箍住,构成一个圆柱形的填料盘。填料盘的直径略小于塔内径,填料装填入塔时,上下两盘填料的网片方向互成 90°。

丝网波纹填料是用丝网制成的,它质地细薄、结构紧凑、组装规整,因而空隙率及比表面积均较大,而且丝网的细密网孔对液体有毛细管作用,少量液体即可在丝网表面形成均匀的液膜,因而填料的表面润湿率很高。

操作时,液体沿丝网表面以曲折路径向下流动,并均布于填料表面。气体在两网片间的交叉通道内流动,故气、液两相在流动过程中不断地有规律地转向,从而获得较好的横向温和,这就使得在塔的水平截面上,在两网片之间的横向均匀性较好。又因上下两盘填料互转 90°,故每通过一盘填料,气液两相就作一次再分布,从而进一步促进了气液的均布。由于填料层内气液分布均匀,故放大效应不明显,这是波纹填料最重要的特点,也是波纹填料能用于大型填料塔的重要原因。

丝网波纹填料可用金属丝和塑料丝制成。目前,使用的金属丝有不锈钢、黄铜、磷青铜、碳钢、镍、蒙乃尔合金等;塑料丝网材料有聚丙烯、聚丙烯腈、聚四氟乙烯等。

B.板波纹填料

由于丝网波纹填料价格较高、容易填塞,因此,发展了板波纹填料。它的价格较低,刚度大,且可用金属、陶瓷及塑料等多种材料制成。

波纹板填料的单片是具有波纹的薄片，波纹的方向与水平成45°，波纹片上冲有ϕ0.4 mm的小孔，开孔率约为12.6%。组片时单片竖直安放，并且相邻单片的波纹方向相互垂直交错，如此叠加组成圆盘或其分块。填料装入塔内时，上下填料盘的板片方位相互垂直。

金属波纹填料波纹片的表面都做过特殊纹路处理，以提高有效的传质表面积。目前，国内表面强化的方法大致为：表面压制成规则的条形纹路；表面压成穿透的ϕ0.4 mm微孔。

金属板波纹填料液体成膜状流下，并在上下两盘填料接触处进行再分配，气体则连续、曲折地穿过填料，通量大、阻力小，而且传质效率高。但是，波纹板填料的缺点是不适合用于易结垢、析出固体、发生聚合，以及液体黏度较大的介质，而且造价高，装卸清理困难。

3）填料塔的附属结构

①液体分布装置

填料塔操作时，在任一横截面上保证气液的均匀分布十分重要。气速的均匀程度主要取决于液体分布的均匀程度，因此，液体在塔顶的初始均匀分布是保证填料塔达到预期分离效果的重要条件。液体分布装置的典型结构如下：

A.多孔型布液装置

a.排管式布液器（见图4.75）。液体由水平管的一侧（或两侧）引入，通过支管上的小孔向填料层喷淋。

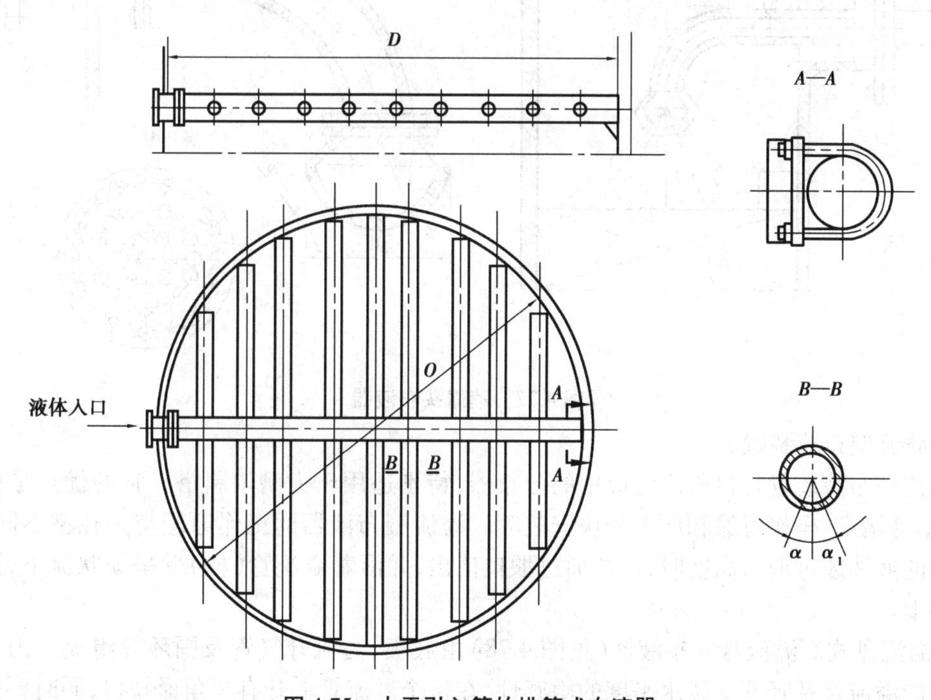

图4.75　水平引入管的排管式布液器

b.环管式布液器（见图4.76）。按照塔径及液体均布要求，可分别采用单环管或多环管布液器，其小孔直径为$\phi3\sim\phi8$ mm，最外层环管的中心圆直径一般取塔内径的0.6~0.85。

c.莲蓬头布液器（见图4.77）。优点是结构简单，制造、安装方便；主要缺点是小孔容易堵塞，不适于处理污浊液体。操作时液体的压力必须维持在规定数值，否则喷淋半径改变，不能保证预定的分布情况。这种喷洒器一般用于塔径小于600 mm的塔中。

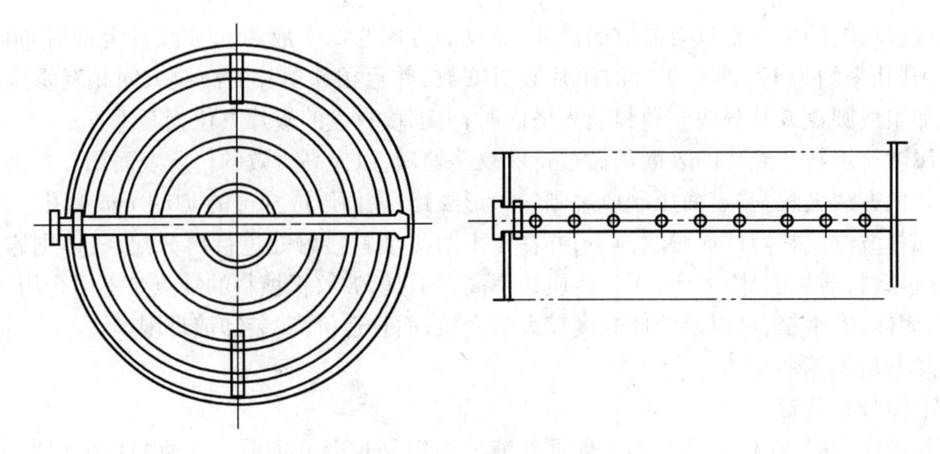

图 4.76　多环管布液器

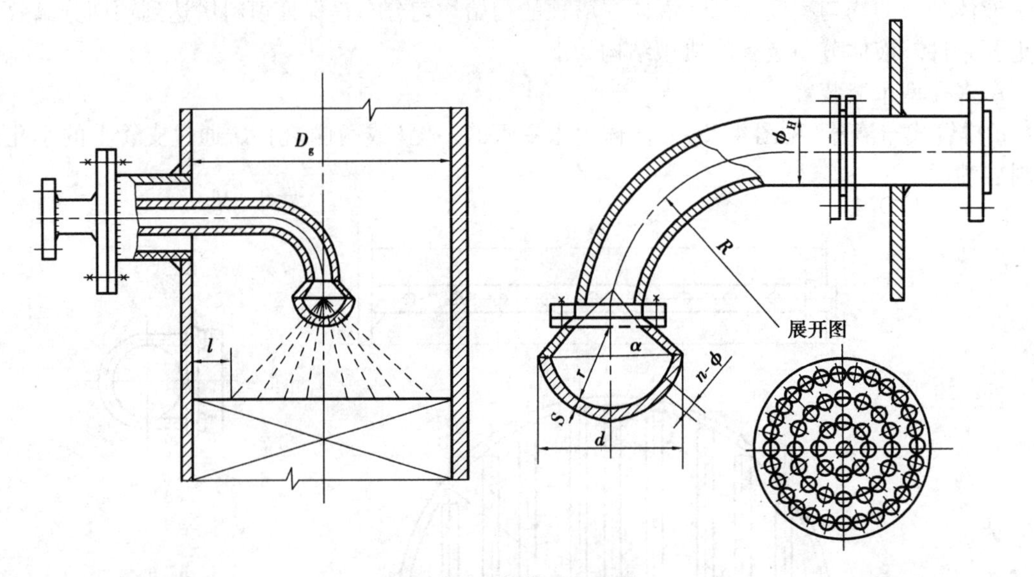

图 4.77　莲蓬头布液器

B.溢流型布液装置

溢流型布液装置是目前广泛应用的分布器,特别适用于大型填料塔。它的优点是操作弹性大、不易堵塞、操作可靠和便于分块安装等。溢流型布液器的工作原理与多孔型不同,进入布液器的液体超过堰口高度时,液体通过堰口流出,并沿着溢流管(槽)壁呈膜状流下,淋洒至填料层上。

a.溢流盘式。溢流盘式布液器(见图 4.78)由底板、溢流升气管及围环等组成。为了增加溢流管的溢流量及降低安装水平度的敏感性,在每个溢流管上开有三角形缺口,同时要求管于下缘突出分布板,以防止液体偏流。溢流管可按正三角形或正方形排列,分布板上应有ϕ3 mm 的泪孔供停工时排液。溢流盘式布液器可用金属、塑料或陶瓷制造。分布盘内径为塔内径的 0.8~0.85,适用于塔径小于 1 200 mm、气液负荷较小的塔。

b.齿槽式。当塔径大于 3 000 mm 时,因盘式分布板上的液面落差较大,影响液体的均匀分布,此时可采用齿槽式分布器(见图 4.79)。液体先加入顶槽,再由顶槽流入下面的分布槽

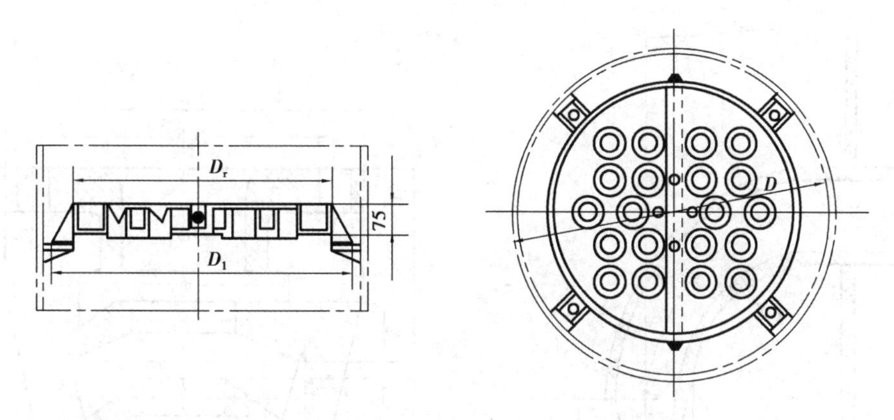

图4.78　溢流盘式布液器

内,然后再由分布槽的开口处淋洒在填料上。分布槽的开口可以是矩形或三角形,这种分布器自由截面积大,工作可靠。

图4.79　齿槽式布液器

C.冲击型布液装置

反射板式布液器是其中的一种,它是利用液流冲击反射板(可以是平板、凸板或锥形板)的反射飞溅作用而分布液体,如图4.80所示。最简单的结构为平板,液体顺中心管流下,冲击分散为液滴并向各方飞溅。反射板中央钻有小孔使液体得以喷射填料的中央部分。为了使飞溅更为均匀,可由几个反射板组成宝塔式喷淋器,如图4.81所示。宝塔式喷淋器的优点是喷淋的优点是喷洒半径大(可达3 000 mm),液体流量大,结构简单,不易堵塞。缺点是当改变液体流量或压头时要影响喷淋半径,因此,必须在恒定条件下操作。

②液体再分布装置

体沿填料层向下流动时,由于周边液体向下流动的阻力较小,有逐渐向塔壁方向流动的趋势,即有“壁流”倾向,使液体沿塔截面分布不均匀,降低传质效率严重时使塔中心的填料能被润湿而形成“干锥”。为了克服这种现象,须设置液体再分布器。其作用是流经一段填料层的液体进行再分布,在下一填料层高度内得到均匀喷淋。

液体再分布装置的结构形式有分配锥,如图4.82所示。它的结构简单,适用于直径小于1 000 mm的塔。锥壳下端直径为0.7~0.8倍塔径。除分配锥外还有槽形液体再分布器,如图4.83

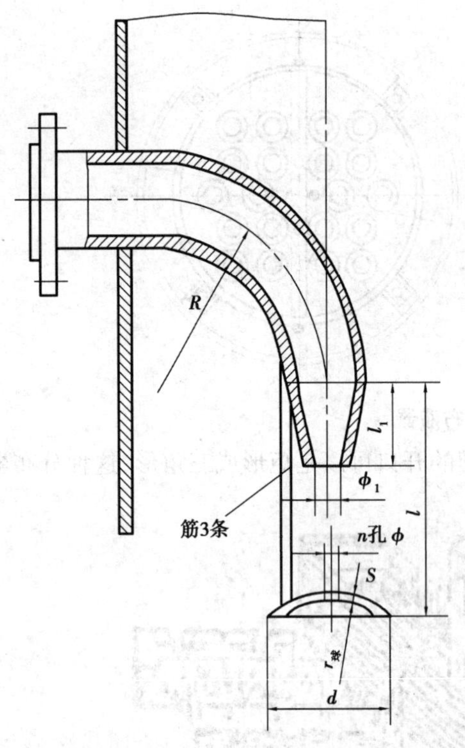

图 4.80　反射板式喷淋器

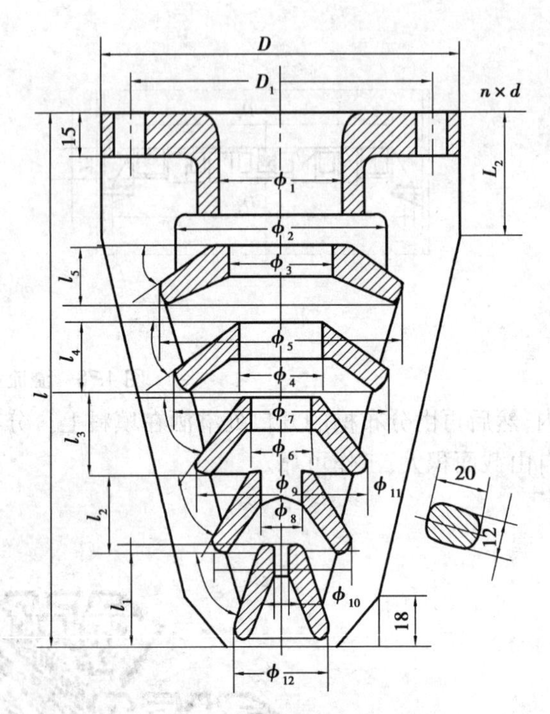

图 4.81　宝塔式喷淋器

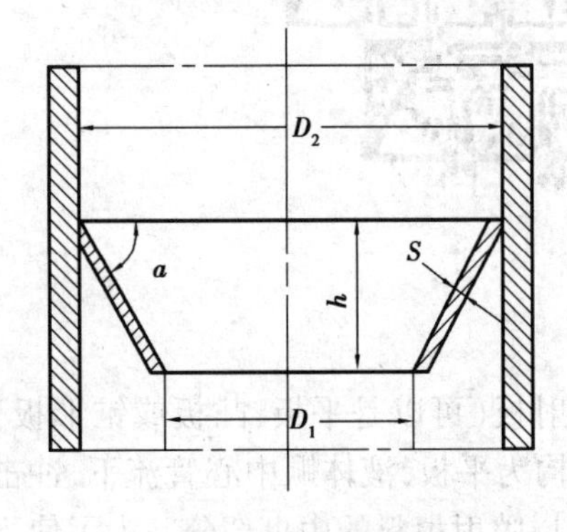

图 4.82　分配锥

所示。它是由焊在塔壁上的环形槽构成,槽上带有3~4 根管子,沿塔壁流下的液体通过管子流到塔的中央。另外,还有带通孔的分配锥,如图 4.84 所示。其通孔是为了增加气体通过时的截面积,避免中心气体的流速太大。

③填料支承结构

填料的支承结构不但要有足够的强度和刚度,而且须有足够的截面积,使支承处不首先发生液泛。

常用的填料支承结构是栅板,对于直径小于 500 mm 的塔,可采用整块式栅板(见图4.85),即将若干扁钢条焊在外围的扁钢圈上。扁钢条的间距约为填料环外径的 0.6~0.8 倍。对于大直径的塔可采用分块式栅板(见图4.86),此时要注意每块栅板能从人孔中进出。

如果填料的空隙截面积大于栅板的自由截面积,可采用开长圆孔的波形板(见图 4.87),开孔波形板可做成分块式的,每块开孔波形板用螺栓连接。也可采用升气管式支承板(见图 4.88),气体沿升气管齿缝上升,液体由小孔及齿缝底部溢流而下。

④塔顶破沫网

与板式塔相同。

⑤塔底防涡器

与板式塔相同。

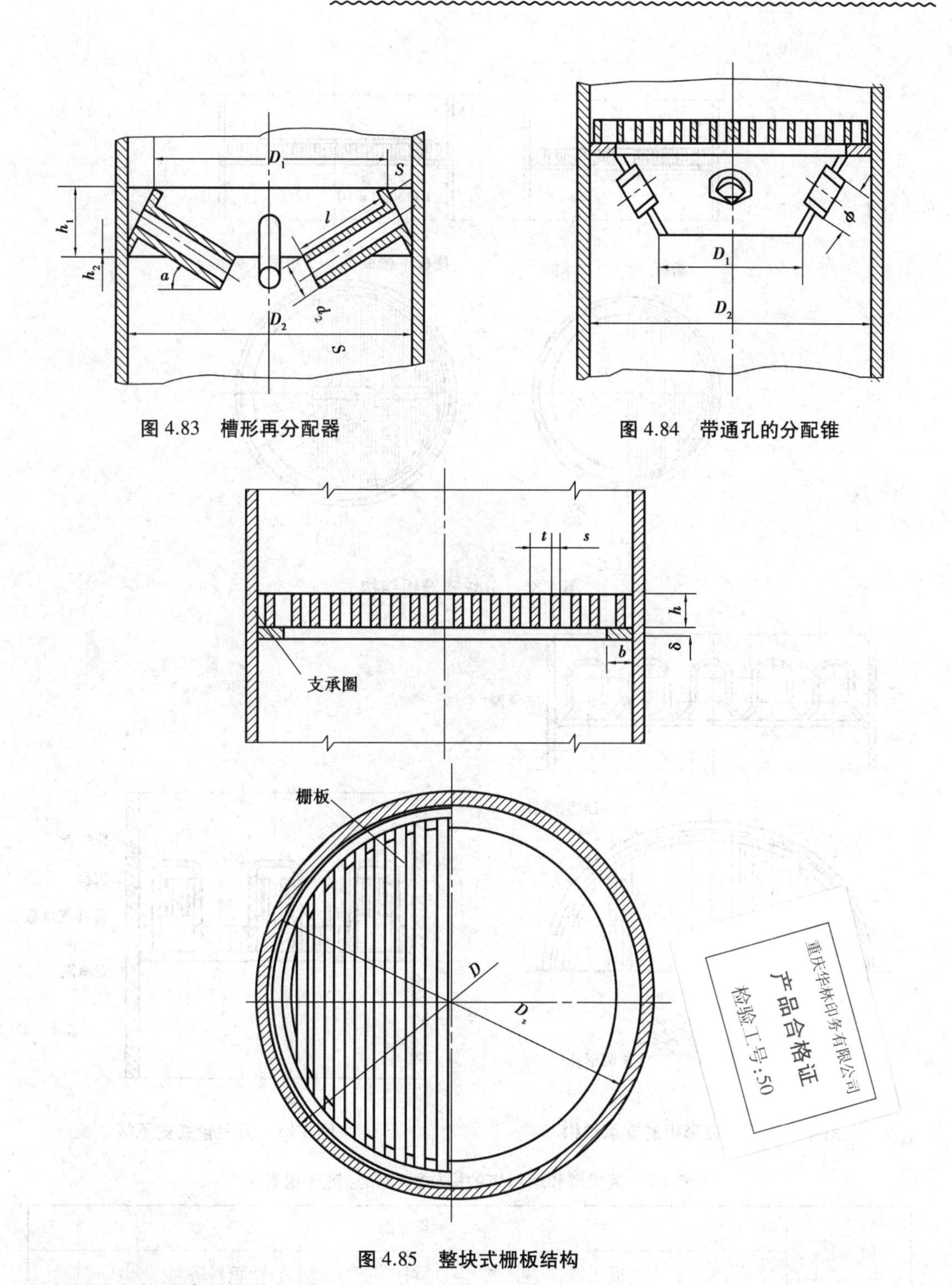

图 4.83　槽形再分配器

图 4.84　带通孔的分配锥

图 4.85　整块式栅板结构

(4)**板式塔和填料塔的比较**

板式塔和填料塔的比较是个复杂的问题,涉及的因素很多,难以用比较简单的方法明确地作出对比。下面简单地对两种塔的操作性能和经济费用作一比较,见表4.7。

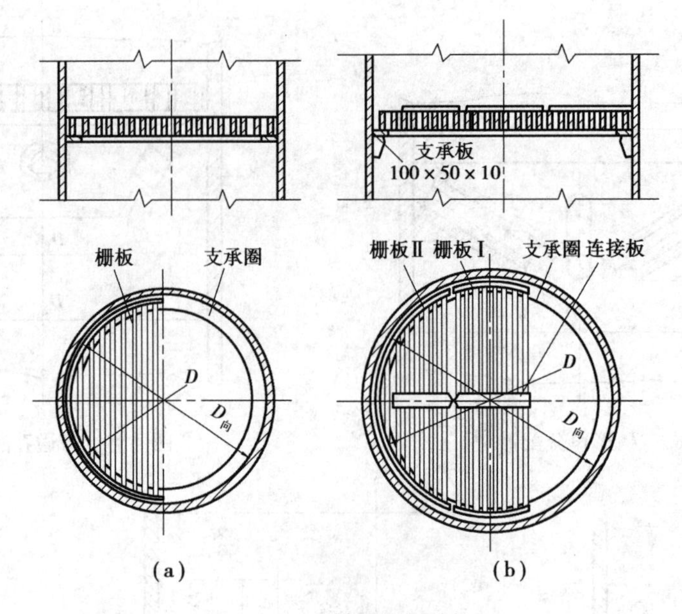

图 4.86 分块式栅板结构

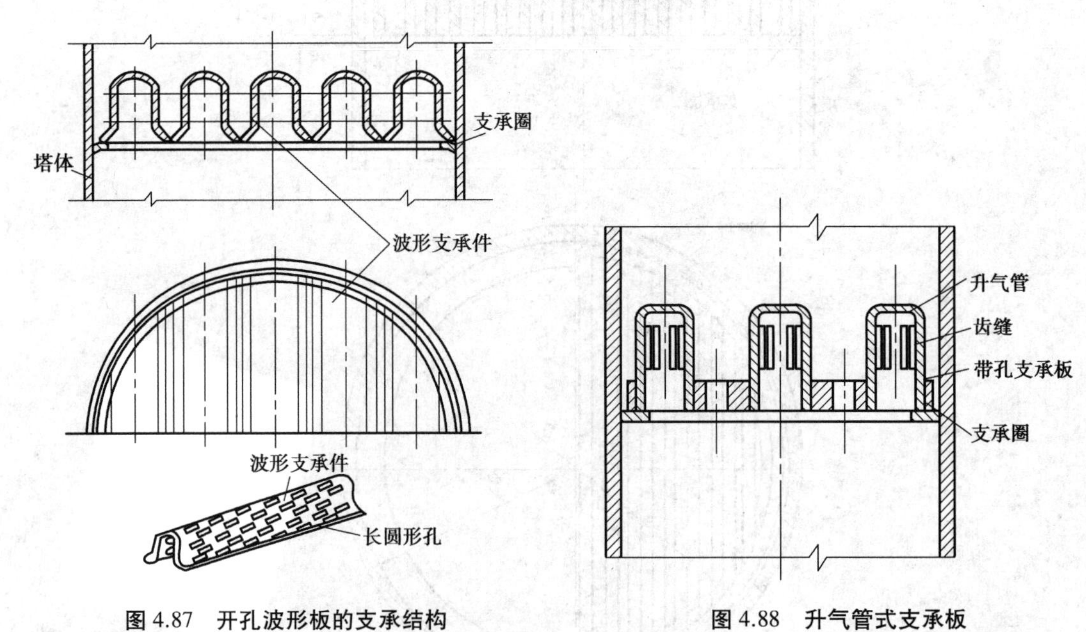

图 4.87 开孔波形板的支承结构

图 4.88 升气管式支承板

表 4.7 板式塔和填料塔的操作性能和经济费用对比

项 目	塔 形	
	板式塔	填料塔
压降	压降比填料塔大	压降小,适用于要求压降小的场合
空塔气速（生产能力）	空塔气速大	空塔气速较大

续表

项 目	塔 形	
	板式塔	填料塔
塔效率	效率较稳定,大塔板的效率要比小塔高	分离效率较高,塔径 ϕ1.5 cm 以下效率较高,当塔径增大后,效率会下降
液气比	适应范围较大	对液体喷淋量有一定的要求
持液量	较大	较小
材质要求	一般用金属材料	可用非金属耐腐蚀材料
安装维修	较容易	较困难
造价	直径大时,一般比填料造价低	塔径 ϕ800 mm 以下,一般比板式塔便宜,随直径增大,造价显著增加
质量大小	较轻	较重

(5)塔形选择的一般原则

塔形的选择应考虑以下因素:物料性质、操作条件、塔设备的性能,以及塔的制造、安装和维修等。

1)与物性有关的因素

易气泡的介质,如处理量不大时,以选用填料塔为宜。因为填料能使泡沫破裂,在板式塔中则易液泛。

具有腐蚀性的介质,可选用填料塔。如必须选用板式塔,则宜选用结构简单、造价便宜的塔盘,以便及时更换。

具有热敏性的介质,以防止热引起的分解和聚合,故可选用压降较小的填料塔形。当要求真空度较低时,也可用浮阀塔。

黏性较大的介质,可选用大尺寸填料。因为板式塔的传质效率较差。

含有悬浮物的介质,应选用液流通道较大的塔形,以板式塔为宜,不宜选用填料塔。

2)与操作条件有关的因素

若气相传质阻力大(即受气相控制的系统),宜采用填料塔,因为在填料层中气相呈湍流,液相为膜状流;反之,受液相控制的系统(如 EO 吸收塔),宜采用板式塔,因为在板式塔中液相呈湍流,用气体在液层中鼓泡。

液体负荷较小的,一般不易采用填料塔。因为填料塔要求一定量的喷淋密度。

对于液气比波动比较大的场合,板式塔优于填料塔,故宜用板式塔。

3)其他因素

对于多数情况,塔径小于 800 mm 时,不宜采用板式塔,宜用填料塔。对于大塔径,对加压和常压操作过程,应优先选用板式塔;对减压操作过程,宜采用填料塔。

大塔以板式塔造价便宜。因为填料价格约与塔体的容积成正比;板式塔按单位面积计算的价格,随塔径增大而减小。

思考题

4.1 化工生产中有哪些特点？如何根据其特点最大化生产利益？如造成污染该如何应对？

4.2 化工设备具有哪些特点？试简述。

4.3 试简述釜式反应器、管式反应器、塔式反应器、固定床反应器、流化床反应器的特点。

4.4 导流筒起着什么作用？是否必须设置？为什么？

4.5 蛇管在哪种场合下布置？若不布置会产生哪些后果？

4.6 简述换热器的类别。

4.7 管壳式换热器按其结构可分为哪几种？各自有何特点？

4.8 试分析储罐形状大小的不同所带来的优缺点。

4.9 为何要设置液位报警器？是否必须设置？为什么？

4.10 试分析卧式储罐较立式储罐的特点。

4.11 填料塔较传统板式塔有哪些特点？

第5章 汽车装备

5.1 概　述

5.1.1 汽车发展史

(1)汽车的定义

美国对汽车的定义是:由本身携带的动力驱动(它包括人力、畜力和风力),装有驾驶操纵装置,能在固定轨道以外的道路或自然地域运输人员及货物或牵引其他车辆的车辆。此定义中标明了汽车的用途,但没有指明动力装置的形式,也没有对车轮数目进行限制,按照这一定义,摩托车及拖拉机均属于汽车,而装甲车和坦克等都不属于汽车。

日本对汽车的定义是:不依靠架线和固定轨道,自身带有动力装置能够在道路上行驶的车辆。这一定义中没有指明汽车的用途。按照此定义,在道路上玩耍的儿童玩具车也属于汽车。

德国对汽车的定义是:使用液体燃料,用内燃机驱动,有3个或3个以上车轮,用来载运乘员或货物的车辆。此定义中特别强调使用液体燃料的内燃机驱动,因为在1886年,德国人卡尔·本茨获得由汽油机驱动的三轮汽车的专利。

我国对汽车的定义是:由动力装置驱动,具有4个或4个以上车轮的非轨道且无架线的车辆,主要用于载运人员和货物,牵引载运人员或货物的车辆及其他特殊场合。按照此定义,摩托车、装甲车及坦克等均不属于汽车,而拖拉机及电瓶车等均属于汽车。

目前,通常所说的汽车一般专指由汽油(或柴油)机驱动的汽车。

(2)汽车的演化

1)箱形汽车

美国福特汽车公司在1915年生产出一种不同于马车形的汽车,其外形特点很像一只大箱子,并装有门和窗,人们称这类车为“箱形汽车”。因这类车的造型酷似欧洲贵妇人们用于结伴出游和其他一些场合的人抬“轿子”,所以它在商品目录中被命名为“轿车”,如图5.1所示。

2)甲壳虫形汽车

1934年,流体力学研究中心的雷依教授,采用模型汽车在风洞中试验的方法测量了各种车身的空气阻力,这是具有历史意义的试验。1934 年,美国的克莱斯勒公司首先采用了流线型的车身外形设计。1937 年,德国设计天才费尔南德·保时捷开始设计类似甲壳虫外形的汽车。从 20 世纪 30 年代流线型汽车开始普及到 40 年代末的 20 年间,是甲壳虫形汽车的“黄金时代”,如图 5.2 所示。

图 5.1 典型箱形汽车

图 5.2 甲壳虫形汽车

3)船形汽车

1949 年,福特汽车公司推出了具有历史意义的新型 V8 型福特汽车。因为这种汽车的车身造型颇像一只小船,所以人们称它为“船形汽车”。船形汽车不论从外形上还是从性能上来看都优于甲壳虫形汽车,并且还较好地解决了甲壳虫形汽车对横风不稳定的问题,如图 5.3 所示。

4)鱼形汽车

为了克服船形汽车的尾部过分向后伸出,在汽车高速行驶时会产生较强的空气涡流作用这一缺陷,人们又开发出像鱼的脊背的鱼形汽车。1952 年,美国通用汽车公司的别克牌轿车开创了鱼形汽车的时代。如果仅仅从汽车背部形状来看,鱼形汽车和甲壳虫形汽车是很相似的。但如仔细观察,会发现鱼形汽车的背部和地面所成的角度比较小,尾部较长,围绕车身的气流也就较为平顺些,所以涡流阻力也相对较小。另一方面,鱼形汽车是由船形汽车演变而来的,所以基本上保留了船形汽车的长处。但鱼形汽车同时存在着一些致命的弱点:一是由于鱼形车的后窗玻璃倾斜得过于厉害,致使玻璃的表面积增大了 1~2 倍,强度有所下降,产生了结构上的缺陷;二是当汽车高速行驶时汽车的升力较大,如图 5.4 所示。

图 5.3 船形汽车

图 5.4 鱼形汽车

5)鱼形鸭尾式车型

鉴于鱼形汽车的缺点,设计师在鱼形汽车的尾部安上了一个上翘的“鸭尾巴”以此来克服一部分空气的升力,这便是"鱼形鸭尾式"车型,如图5.5所示。

图5.5　鱼形鸭尾式车型

6)楔形汽车

"鱼形鸭尾式"车型虽然部分地克服了汽车高速行驶时空气的升力,但却未从根本上解决鱼形汽车的升力问题。设计师最终找到了一种新车型——楔形。

第一次按楔形设计的汽车是1963年的司蒂倍克·阿本提,这辆汽车在汽车外形设计专家中得到了极高的评价。1968年,通用公司的奥兹莫比尔·托罗纳多改进和发展了楔形汽车,1968年又为凯迪拉克高级轿车埃尔多所采用。楔形造型主要在赛车上得到广泛应用。因为赛车首先考虑流体力学(空气动力学)等问题对汽车的影响,车身可以完全按楔形制造,而把乘坐的舒适性作为次要问题考虑。例如,20世纪80年代的意大利法拉利跑车,就是典型的楔形造型。楔形造型对于目前所考虑到的高速汽车来说,无论是从其造型的简练、动感方面,还是从其对空气动力学的体现方面,都比较符合现代人们的主观要求,具有极强的现代气息,给人以美好的享受和速度的快捷感。日本丰田汽车有限公司的MR2型中置发动机跑车(尾部装有挠流板),可称之为楔形汽车中的代表车,如图5.6所示。

图5.6　典型楔形汽车

5.1.2　汽车工业发展状况及趋势

(1)汽车工业的发展

1)汽车史上三次重大变革

100多年的汽车发展史表明,汽车诞生于德国,成长于法国,成熟于美国,兴旺于欧洲,挑战于日本。

1886年,德国人本茨和戴姆勒发明了汽车,接着欧洲出现了生产汽车的公司。最早成立的汽车公司有德国的奔驰公司、戴姆勒公司,法国的标志公司、雷诺公司,英国的奥斯汀公司、罗浮公司，意大利的菲亚特公司等，欧洲是世界汽车工业的摇篮。德国人发明了汽车，而促进汽车最初发展的是法国人。1891 年，法国人阿尔芒·标志首次采用前置发动机后驱动形式，奠定了汽车传动系的基本构造。1898 年，法国人路易斯·雷诺将万向节首先应用汽车传动系中，并发明了锥齿轮式主减速器。不过尽管以法国为主的欧洲汽车公司占据了当时世界汽车工业的统治地位，但都是以手工方式生产汽车，讲究豪华，价格昂贵，限制了汽车工业的发展。在随后的汽车历史发展中，世界汽车工业经历了 3 次巨大变革：第一次变革是美国福特汽车公司推出了 T 型车，发明了汽车装配流水线，使世界汽车工业的发展从欧洲转向美国；第二次变革是欧洲通过多品种的生产方式，打破了美国汽车公司在世界车坛上的长期垄断地位，使世界汽车工业的发展从美国又转回欧洲；第三次变革是日本通过完善生产管理体系形成精益的生产方式，全力发展物美价廉的经济型轿车，日本成了继美国、欧洲之后世界第三个汽车工业发展中心，使世界汽车工业的发展从欧洲转到日本。

①第一次变革——流水线大批量生产

在最早的时候，汽车是为少数人生产的奢侈品。1908 年福特公司推出 T 型车，T 型车的出现，使汽车从有钱人的专利品变成大众化的商品，在长达 20 年的 T 型车生产期间，T 型车被称为“运载整个世界的工具”。1913 年，福特公司在汽车城底特律市建成了世界上第一条汽车装配流水线，使 T 型车成为大批量生产的开端，汽车装配时间从 12.5 h 缩短到 1.5 h。从 1908 年到 1927 年，T 型车共生产了 1 500 多万辆，售价从开始的一辆 850 美元，最后降到 360 美元。1915 年，福特一个公司的汽车年产量就占美国汽车公司总产量的 70%，而当时生产汽车历史较长的德、英、法等欧洲各国的汽车总产量也不过是美国产量的 5%。

②第二次变革——汽车产品多样化

第二次世界大战以前，欧洲人就已经开始对美国汽车的一统天下不满。但是，由于当时欧洲的汽车公司尚不能靠大批量生产、降低售价与美国汽车公司竞争。于是，以新颖的汽车产品，例如发动机前置前驱动、发动机后置后驱动、承载式车身、承载式车身、微型节油车等，尽量适应不同的道路条件、国民爱好等要求，与美国汽车公司抗衡。因此，形成了由汽车产品单一到多样化的变革。针对美国车型单一、体积庞大、油耗高等弱点，欧洲开发了多姿多彩的新型车。例如，严谨规范的奔驰、宝马；轻盈典雅的法拉利、雪铁龙；雍容华贵的劳斯莱斯、美洲虎、神奇的甲壳虫、风靡全球的“迷你”等车型纷纷亮相。多样化的产品成为最大优势，规模效益也得以实现。到 1966 年，欧洲汽车产量突破 1 000 万辆，比 1955 年产量增长 5 倍，年均增长率为 10.6%，超过北美汽车产量，成为世界第二个汽车工业发展中心。到 1973 年，欧洲汽车产量提高到 1 500 万辆，世界汽车工业有由美国转回欧洲。

③第三次变革——精益的生产方式

世界汽车工业的第三次变革发生在日本。日本汽车工业起步较晚，日本第一大汽车公司丰田汽车公司和第二大汽车公司日产汽车公司均创建于 1933 年，但一直到 20 世纪 50 年代，日本的汽车工业仍然发展缓慢。直到 20 世纪 60 年代，日本丰田汽车公司探索出独特的、令世界耳目一新的“丰田生产方式”。它是将生产过程的各个环节联系在一起，组成一个完整体系，并以“精益思想”为根基，以寻求“消除一切浪费，力争尽善尽美”为最佳境界的新的生产经营体系。这一体系从产品计划开始，通过制造的全过程、协作系统的协调一直延伸到用户。它一改以往制造业在大量生产方式体制下的经营思想，以“传票方式”（看板方式）为代表的“三及时”，即“在必要的时间—按必要的量—生产必要的产品”作为理念精髓，以“及时生产（ JIT just in time)"即不断地降低成本、无废品、零库存和无止境的产品更新为追求目标,因而被理论界称之为"精益生产方式"。可以说,这一思想是丰田集体智慧的结晶,它由丰田普及到日本汽车工业,又从汽车工业扩展到整个制造业,从而将日本推向汽车王国的经济强国之列。到了1973年,日本汽车出口量达到200万辆;1977年,日本汽车出口量达到400万辆; 1980年,日本汽车出口量猛增到600万辆。由于日本实现了汽车国内销售量和出口量双高速增长,迎来了日本汽车工业的发展,创造了世界汽车工业发展的奇迹。日本丰田汽车公司的"车到山前必有路,有路必有丰田车"和日产汽车公司"古有千里马,今有日产车"的广告实现了美好的愿望。日本成为继美国、欧洲之后的世界上第三个汽车工业发展中心,即世界汽车工业又发生了从欧洲到日本的第三次转移。

2)世界汽车工业的发展

经历了100年发展的和技术积累,世界汽车工业在知识经济的推动下,伴随着经济全球化的浪潮,正朝着产业集中化、技术高新化、经营全球化、生产精益化的趋势发展。

①世界汽车工业的发展特点

A.汽车产业的全球性联合重组步伐加快

20世纪90年代以来,由于全球汽车生产能力过剩,安全、排放、节能法规日趋严格,产品开发成本、销售成本大幅度提高,促使汽车工业全球性产业结构调整步伐明显加快,汽车跨国联盟已成为世界汽车工业发展的潮流。戴姆勒与克莱斯勒合并,雷诺和日产联手,福特收购沃尔沃轿车,通用控股日本五十铃、铃木和富士重工,经过数年的激烈盘整,全球汽车业已基本形成" 6+3"的竞争格局。" 6"是指通用、福特、戴姆勒·克莱斯勒、丰田、大众、雷诺·日产,这6家合计年产销量已占世界汽车产量80%以上;" 3"是指相对独立自主的本田、标致、雪铁龙和宝马,这9家公司的年产销量已占世界汽车产量90%以上。

B.技术创新能力成为竞争取胜的关键

世界各大汽车公司已把主攻方向从实施精益生产、提高规模效益转向以微电子技术和信息技术等高新技术对汽车工业的开发、生产、销售、服务和回收的全过程进行提升。围绕安全、环保、节能等重点领域,采用新能源、新材料、新工艺开发研制新车型,占领技术制高点。以美国政府发起的"新一代汽车伙伴计划"为代表,用高新技术提升汽车产业已全面展开,并取得重大突破。电子技术的广泛应用使汽车电子产品占整车价值的比例提高到25%~30%,并且还将有较大幅度的增加。电动汽车、混合动力汽车技术取得突破性进展,正在走向实用阶段。互联网技术的应用将更加广泛,跨国汽车集团正将自己雄厚的技术实力、丰富的人力及财力资源与互联网相结合,同客户、经销商、供应商等建立一种新的业务模式。技术高新化体现在传统的汽车主体技术,机构技术将由微电子信息技术、新材料、新能源等高新技术所取代,新一代汽车将轻便化、安全化、环保化、智能化,成为高新技术的集成体,新一轮汽车工业的发展不仅将带动相关传统产业的发展,而且将更加有力地促进高新技术的发展。

C.采用平台战略、全球采购、模块化供货方式已成趋势

国际汽车工业广泛采用平台战略、零部件全球采购、系统开发、模块化供货等方式,使新产品开发费用和工作量部分地转嫁到零部件供应商,风险共担,实现在全球范围内合理配置资源,提高产品通用化程度,有效地控制产品质量,大幅度降低成本。不少汽车跨国公司正在积极研究以减少平台数量,增加零部件供货商产品开发的工作量质量和成本始终是市场竞争的焦点,千方百计提高汽车质量,降低汽车成本是市场提高公司竞争力的根本所有。因此,生产

精益化是伴随汽车工业走向未来永恒主题。目前,世界汽车工业的发展出现新的特点,汽车产业的全球性联合重组步伐加快,技术创新能力成为竞争取胜的关键,采用平台战略、全球采购、模块化供货方式已成趋势。

②世界汽车工业的发展趋势

A.整车制造业

在未来7~8年内,世界汽车市场的增长动力将主要来自亚洲、东欧和南美洲,汽车制造企业如果在这些地区无所作为,或根本没有建立汽车生产能力,那么其今后的日子将十分艰难,甚至会出现生存危机。为集中精力做好核心业务,主机厂家会进一步降低零部件自制率和减少自身做事范围。汽车产业的快速发展及深刻变化,要求市场参与者建立与之相适应的新的企业文化和社会职能,开发电子、电讯服务系统应用软件的知识及资源,这如同供应链管理的专有知识和技术以及全面的网络组织一样,是事业成功的关键因素之一。而且只有本行业的佼佼者,其销售利润率在未来5年内可望攀升至10%乃至更高的水平。

B.相应的零部件工业

目前,世界汽车零部件企业大致可分为两种经营类型:一是大批量生产者;另一种是创新和集成潜力大的企业。进行大批量生产的企业,其产量高,而产品附加值较低,以低廉价格争取用户,从而获得较高的地市场占有率。创新和集成潜力大的企业则指那些细分市场者,他们专长于某一业务领域,擅长生产某些部件或系统,产品附加值高。从发展趋势看,这类企业创新能力都比较强,盈利状况好,其发展前景比较光明。由于整车制造厂趋于生产链减少,零部件制造业在汽车工业中的作用也更加重要,它们不仅生产绝大多数的汽车零部件、系统、模块等,而且也承担更多的研发工作。然而,这并不是说世界汽车零部件企业的数量会越来越多,相反,该工业部门也将进一步集中和垄断。

3)中国汽车工业的崛起

①中华人民共和国的汽车工业发展概况

中华人民共和国的汽车工业,与共和国共命运,经过半个世纪的努力,发生了天翻地覆的变化。从一个曾经是"只有卡车没有轿车""只有公车没有私车""只有计划没有市场"的汽车工业,终于形成了一个种类比较齐全、生产能力不断增长、产品水平日益提高的汽车工业体系。回顾中国汽车工业50年来走过的路程,一步一个脚印,处处印证着各个历史时期的时代特色,经历了从无到有、从小到大,创建、成长和全面发展3个历史阶段。

中国汽车工业发展历程如下:

A.创建阶段(1953—1965年)

中国汽车工业的发展始于1953年,1953年7月15日在长春打下了中国第一汽车制造厂的第一根桩,从此拉开了中华人民共和国汽车工业筹建工作的帷幕。国产第一辆汽车,解放载货汽车于1956年7月13日驶下总装配生产线,结束了中国不能制造汽车的历史,圆了中国人自己生产国产汽车之梦。

一汽是我国第一个汽车工业生产基地。同时,也决定了中国汽车业自诞生之日起就重点选择以中型载货车、军用车以及其他改装车为主的发展战略,中国汽车工业的产业结构从开始就形成了"缺重少轻"的特点。

1957年5月,一汽开始仿照国外样车自行设计轿车。1958年试制成功东风CA71型轿车和红旗CA72型高级轿车。同年9月,又一辆国产凤凰轿车在上海诞生。红旗高级轿车被列为国家礼宾用车,并用作国家领导人乘坐的庆典检阅车。凤凰轿车参加了 1959 年国庆十周年的献礼活动。

1958 年以后,中国汽车工业出现了新的情况,由于国家实行企业下放,各省市纷纷利用汽车配件厂和修理厂仿制和拼装汽车,形成了中国汽车工业发展史上第一次“热潮”,产生了一批汽车制造厂、汽车制配厂和改装车厂,汽车制造厂由 1953 年的 1 家发展为 16 家(1960 年),维修改装车厂由 16 家发展为 28 家。其中,南京、上海、北京和济南共 4 个较有基础的汽车制配厂,经过技术改造成为继一汽之后第一批地方汽车制造厂。

各地方发挥自己的力量,在修理厂和配件厂的基础上进行扩建和改建所形成的这些地方汽车制造企业,一方面丰富了中国汽车产品的构成,使中国汽车不但有了中型车,而且有了轻型车和重型车,还有各种改装车,满足了国民经济的需要,为今后发展大批量、多品种生产协作配套体系打下了初步基础。另一方面,这些地方汽车制造企业从自身利益出发,片面追求自成体系,从而造成整个行业投资严重分散和浪费,布点混乱,重复生产的“小而全”畸形发展格局,为以后汽车工业发展留下了隐患。

1966 年以前,汽车工业共投资 11 亿元,主要格局是形成一大四小 5 个汽车制造厂及一批小型制造厂,年生产能力近 6 万辆、9 个车型品种。1965 年底,全国民用汽车保有量近 29 万辆,国产汽车 17 万辆(其中,一汽累计生产 15 万辆)。

B.成长阶段(1966—1980 年)

1964 年,国家确定在三线建设以生产越野汽车为主的第二汽车制造厂,二汽是我国汽车工业第二个生产基地,与一汽不同,二汽是依靠我国自己的力量创建起来的工厂(由国内自行设计、自己提供装备),采取了“包建”(专业对口老厂包建新厂、小厂包建大厂)和“聚宝”(国内的先进成果移植到二汽)的方法,同时在湖北省内外安排新建、扩建 26 个重点协作配套厂。一个崭新的大型汽车制造厂在湖北省十堰市兴建和投产,当时主要生产中型载货汽车和越野汽车。二汽拥有约 2 万台设备,100 多条自动生产线,只有 1%的关键设备是引进的。二汽的建成,开创了中国汽车工业以自己的力量设计产品、确定工艺、制造设备、兴建工厂的纪录,检验了整个中国汽车工业和相关工业的水平,标志着中国汽车工业上了一个新台阶。

与此同时,四川和陕西汽车制造厂,分别在重庆市大足县和陕西省宝鸡市(现已迁西安)兴建和投产,主要生产重型载货汽车和越野汽车。为适应国民经济发展对重型载货汽车的需求,济南汽车制造厂扩建“黄河牌” 8 t 重型载货汽车的生产能力,安徽淝河、南阳、丹东、黑龙江和湖南等地方汽车也投入同类车型生产。这一时期,由于当时全国汽车供不应求,再加上国家再次将企业下放给地方,因此造成中国汽车工业发展的第二次热潮, 1976 年,全国汽车生产厂家增加到 53 家,专用改装厂增加到 166 家,但每个厂平均产量不足千辆,大多数在低水平上重复。

C.全面发展阶段(1981—)

在改革开放方针指引下,汽车工业进入全面发展阶段。汽车老产品(解放、跃进、黄河车型)升级换代,结束 30 年一贯制的历史;调整商用车产品结构,改变“缺重少轻”的生产格局;引进技术和资金,建设轿车工业,形成生产规模;行业管理体制和企业经营机制改革,汽车车型品种、质量和生产能力大幅增长。这 20 年,中国汽车工业发生了大变革,成为中国汽车工业的一个旧时代的结束和一个新时代开始的分水岭。

从 1999 年起,中国汽车工业进入高速增长期,每年保持两位数以上的增长。1999 年,全国汽车行业共有企业2 391家,其中整车企业118家,改装车企业546家,发动机企业51家,零部件企业1 540家;汽车行业拥有职工180万人,其中工程技术人员16.9万人;行业总资产5 087亿元,其中固定资产原值2 243亿元,净值1 556亿元;国家批准的轿车建设规模为112万辆,其中国家已经验收或建成的轿车生产能力91万辆。1999年全行业实现总产值3 411亿元(90年不变价),销售收入3 115亿元,工业增加值749亿元,利润总额106.5亿元。2000年,全行业实现销售收入3 911亿元,利润177亿元,比1995年分别增长80%和107%;生产汽车207万辆,其中轿车60.5万辆,比1995年分别增长43%和86%;汽车工业出口额为25亿美元,进口额为36亿美元。

2001年我国汽车产销高速增长,汽车总生产量233.44万辆,同比增长12.81%,汽车总销售量236.37万辆,同比增长13.29%。其中,全国轿车产量70.35万辆,销售72.15万辆,同比增长分别为16.35%和18.25%。从生产企业集中度分析可以看出,一汽、东风、上汽三大集团生产集中度进一步提高,达到48.10%,比2000年提高3.35个百分点;三大集团市场占有率为47.46%,比2000年提高2个百分点。

2002年我国生产汽车325.12万辆,比上年同期增长39.7%;销售汽车324.81万辆,比上年同期增长37.4%。在3大车型中,轿车的产销增幅最大,产销分别为109.1万辆和112.6万辆,比上年分别增长55%和56%,轿车产销量首次突破百万辆,并创造了1993年以来的最高增幅。统计显示,2002年我国轿车产销量的持续高速增长,全年净增35万辆左右的市场份额。2003年我国生产汽车444.37万辆,比上年同期增长35.20%,销售汽车439.08万辆,同比增长34.21%,其中客车产量119.52万辆,销量120.94万辆,分别增长11.94%和15.15%;载货汽车产量122.96万辆,销量121.14万辆,分别增长10.04%和10.35%;轿车达到创纪录的201.89万辆,同比增长83.25%,比上年净增91.71万辆,销售197.16万辆,同比增长75.28%,其增速为世界汽车发展史少见。目前中国轿车领域已形成了以一汽、二汽、上汽三大汽车集团为主导,以广州本田、重庆长安、南京菲亚特、浙江吉利、哈飞集团、昌河集团、华晨汽车、北京现代等为重要组成部分的“3+X”的崭新格局。

②中国汽车工业的技术水平

中国汽车工业的商用汽车开发能力具有一定的水平和经验,与世界先进水平有5~10年的差距。在产品系列化基础上,中国汽车工业企业已经可以做到每年都推出大量的新产品。以东风汽车公司为例,从2000—2001年完成了新产品申报1 215个。中国汽车工业企业已经能够进行某些轿车车身的开发设计,但尚不具备成熟的、较高水平的整体轿车开发能力。中国主要轿车生产企业在新产品开发中主要承担的是把跨国公司的车型本土化的工作,对某些产品具有了一定的升级改进能力,并且参加了某些联合设计。由于没有完整的轿车自主开发能力,中国的主要轿车产品没有自己的知识产权。

在汽车零部件的技术开发方面,中国汽车工业企业在某些中低附加值产品方面具有相当的开发能力;在汽车关键零部件的技术开发方面具有一定能力,但是与国际先进水平差距甚大。许多关键零部件仅仅是外国产品的仿制。

(2)未来汽车的发展趋势

1)节能环保是汽车发展的必然选择

汽车在为人类社会作出巨大贡献的同时,也越来越多地暴露出不足的一面。汽车的普及,不仅大量消耗有限的石油资源,也对环境造成不同程度的污染。在世界能源消耗不断增长的背景下,原油价格不断走高。2006年4月,纽约商品交易所轻质原油期价一度达到每桶75美元,创下了历史新高。以我国为例,机动车现已成为我国大城市的主要大气污染源之一。据有关部门的监测显示,在非采暖期,北京汽车排放的CO,HC和NO分别占排放总量的60%,86.8%和56%;在上海,汽车排放的CO,HC和NO分别占排放总量的86%,90%和54.7%。

在世界能源危机日趋严重、环境状况日渐恶化的社会背景下,各国政府都针对汽车业制定出相应的政策法规,以期节约能源,保护环境。从上世纪中后期起,世界各大汽车公司纷纷投入巨资致力于节能环保型汽车的开发。节能环保是汽车发展的必然选择。

①低油耗是汽车始终不变的追求

1973年世界首次出现石油危机时,美国汽车业受到重大冲击,这与其长期以来追求轿车的豪华、气派,而对燃油经济性注重不够有很大关系。与此同时,日本凭借小型节油汽车的大量研制、生产而直接推动了其汽车工业的异军突起。此后,世界各大汽车厂商都更加注重降低汽车的油耗。在发动机方面,人们开发、应用各种新技术,如电子燃油喷射(EFI)、可变配气相位(VTEC)、汽油机稀薄燃烧技术等,以改善发动机的动力性、经济性,降低排气污染;在车身设计方面,以追求最小风阻系数为目标,从最初的马车型,在经历了箱形、甲壳虫形、鱼形车身后演变到今天的楔形车身。楔形造型能较好地满足空气动力学的各项特性和使用功能的要求,是目前最理想的车身造型。可以预见,未来汽车将采用更多的先进技术,以提高发动机的热效率;车身的造型将更为平滑、流畅,以最大限度减少空气阻力;将采用更多的新材料使汽车高强度、轻架构,从而不断降低单车的燃油消耗。

②柴油轿车将与汽油轿车争高低

和汽油机比,柴油机有良好的经济性,柴油轿车比同级别的汽油轿车节省燃油费用33%~40%;柴油机比汽油机有更高的使用耐久性,从可靠度、维修度、可用度这3个方面看,柴油轿车都不容置疑地占有明显优势。在当今发达国家(如德国、法国),新型柴油轿车的综合排放量已经明显低于汽油轿车。目前,欧美国家100%的重型车、90%的轻型车都是采用柴油机,欧洲柴油轿车已占轿车年产量的35%以上,法国、西班牙等国甚至高达50%以上。虽然柴油轿车与汽油轿车相比,还存在比功率、加速性、最高时速等性能方面的缺憾,但随着柴油机技术的不断进步,这些性能将不断得到改善。可以预见柴油轿车将成为未来轿车的主流车型之一。

③新能源将是未来汽车的希望

从能源的角度来说,油耗的降低是有限度的,柴油机虽然有良好的经济性,而其燃料仍为石油产品。在全球众多已探明的能源中,石油储存量可供使用的年限最短,预估仅有30年。因此可以预见,内燃机终将被新能源动力装置所取代。早在20世纪末,发达国家就不惜投入巨资,推动新型能源汽车的研发。寻找新的环保型替代能源,是世界各国汽车厂商研究开发的目标之一。

A.汽车代用燃料方兴未艾

出于能源和环保的考虑,人类一直在努力研究和开发汽车代用燃料。代用燃料种类繁多,目前采用的代用燃料有氢气、乙醇、甲醇、压缩天然气(CNG)、液化天然气(LNG)、液化石油气

(LPG)、新配方汽油及复合燃料等。与传统燃油汽车相比,采用代用燃料的清洁汽车的共同特征是能耗低、污染物排放少,但大多受到成本或储存困难等因素的制约。目前,各国政府都积极地推动代用燃料的使用,美国、日本、欧洲是当今世界代用燃料开发、研究和使用的主体,这些国家都制订了相关的政策法规,以确保代用燃料的推广使用。美国现约有 200 万辆可燃用多种燃料的汽车,既可使用汽油,也可使用 E85 乙醇汽油(85%乙醇+15%汽油);我国在北京、上海、广州、重庆等地区有 12 个燃气汽车试点城市,共有 228 个汽车加气站,有 11 万辆燃气汽车正在运行。山西是我国产煤大省,甲醇汽车项目进行了多年,目前已达到商业运行阶段。目前,尽管还未能找到一种能完全取代汽油和柴油的理想代用燃料,但是可以相信,随着技术的进步,制约代用燃料广泛应用的因素将得以改善和克服,代用燃料的前景一片光明。

B.电动汽车将有广阔空间

与传统燃料汽车相比,电动汽车具有能量利用率高、排气污染少、噪声小、电力可从多种一次能源获得等优点。同时,电动汽车还可充分利用晚间用电低谷时富余的电力充电,使发电设备日夜都能充分利用,大大提高其经济效益。正是这些优点,使电动汽车的研究和应用成为汽车工业的一个"热点"。电动汽车在广义上可分为 3 类,即纯电动汽车(BEV)、混合动力电动汽车(HEV)和燃料电池电动汽车(FCEV)。目前,这 3 种电动汽车都处于研制、完善阶段,面临着不同的困难和挑战。纯电动汽车能真正实现"零排放"和不消耗油料、天然气等资源。目前,常用的电池有铅酸电池、镍氢(Ni_2MH)电池、锂离子电池等。长期以来制约其发展的瓶颈是蓄电池技术。而今,人们正致力于研制高比能量、高比功率、高安全性、使用寿命长、成本低廉的理想蓄电池。但须注意废旧电池的正确处理。

混合动力电动汽车同时采用了电动机和发动机作为其动力装置,通过先进的控制系统使两种动力装置有机协调配合,实现最佳能量分配,达到低能耗、低污染和高度自动化。采用混合动力系统的汽车可不用传统的变速器实现无级变速,使汽车具有良好的加速性,其耗油量和 CO_2 排放量都只有内燃机汽车的 1/2,尾气排放污染物降低到同类轿车排放污染物的 10%左右,而且没有电动汽车续驶里程有限的弊病。由于 HEV 同时采用两套动力装置,驱动系统复杂,价格比传统汽车高出 20%左右。就目前而言,混合动力电动汽车是最为理想的交通工具,是电动汽车重点发展的方向之一。燃料电池电动汽车以燃料电池为其动力源。燃料电池是一种将储存在燃料和氧化剂中的化学能,通过电极反应直接转化为电能的发电装置。燃料电池具有高效、无噪声和少污染的特点。燃料电池电动汽车的缺点是开发、制造成本高,还存在一定的安全问题和有待解决的技术问题。燃料电池电动车是唯一能与燃油汽车相比的电动车,且节能、环保,最有希望成为未来汽车的主流技术。可以预计,在未来的 5~10 年,燃料电池技术必将得到飞速的发展。

尽管电动汽车还有不少问题有待解决,但在能源短缺和环境恶化的双重危机下,发展电动汽车,实现汽车工业的可持续发展已成为全世界的共识,并上升为各主要工业化国家的发展战略。相信经过锲而不舍的努力,高效、节能、低噪声、零排放的电动汽车将会是 21 世纪的主流交通工具。

2)高安全性、智能化是永恒的追求

汽车工业是体现机械、电子、材料、能源综合水平的产业,是世界科技发展水平的体现;现代汽车集当今世界众多科学技术于一身,是新技术的载体。未来汽车的安全性、电子化、智能化程度会越来越高。

①高安全性是未来汽车的首选标准

随着汽车保有量的增长，道路交通事故已成为世界性的社会问题。仅在2002年，中国公安交通管理部门受理的交通事故案件就达773 137起，事故共造成109 381人死亡，562 074人受伤。努力提高汽车安全性一直是汽车行业研究的重大课题之一。自20世纪80年代以来，各种主动安全装置和被动安全装置相继问世。在主动安全方面，先后出现了汽车制动防抱死系统（ABS）、电子制动力分配装置（EBD）、制动辅助系统（BAS）、加速防滑控制系统（ASR）、电控行驶平稳系统（ESP）、危险警告系统、碰撞规避系统、预警监测系统及障碍物检测系统等；在被动安全方面，出现了安全带、安全气囊，并在乘座舱的设计上充分考虑对碰撞能量的吸收，如防撞门柱、吸能方向盘等。21世纪汽车的安全性，更加着重于预防事故的主动安全性的研究，行人保护的研究，基于主动安全的智能交通系统的研究。

②智能化是汽车产业发展的必然趋势

从20世纪50年代人们开始在汽车上安装电子管收音机开始，汽车电子化程度越来越高。目前电子产品在汽车总成本中占到10%~30%，特别是电子计算机在汽车上的应用，给汽车和汽车工业带来了划时代的变革。目前，以微电脑作为控制单元的电子控制系统已渗透到汽车的各大系统，如动力牵引系统控制、车辆行驶状态控制、车身（车辆内部）控制及信息传送。

未来汽车必是集计算机技术、传感器技术、信息融合技术、通信技术、人工智能以及自动控制等技术的应用于一身的高新技术综合体，是一个集环境感知认知、规划决策、多等级辅助驾驶等功能于一体的智能化汽车。智能汽车将是世界车辆工程领域研究的热点和汽车工业增长的新动力。

3）个性需求将引领世界汽车潮流

在21世纪，消费者的需求向着多样化、个性化方向发展。为了满足消费者的需求，汽车向着多功能化、边缘化、个性化方向发展。例如，突破了传统货车和轿车界限的皮卡车，具有运动性、越野性、舒适性和多功能性等特征的运动型多功能车（SUV），集轿车、旅行车和厢式货车功能于一身的多功能用途车（MPV），都是汽车向着多功能化、边缘化发展的产物，它们以其便利性、实用性和经济性等特点占有越来越多的市场份额。

当今，消费者对汽车的外观、内饰和配置等要求越来越趋向于个性化。在这种背景下，轿车款式流行的时间越来越短，新车的开发周期越来越短，推陈出新成为厂家重要的经营策略；提供差别化的个性产品、个性服务，成为各大汽车公司扩大市场份额的一个重要手段。

为满足消费者不同的个性需求，未来的汽车正向着车型多样化、外观造型多样化、内部装饰多样化、功能配置多样化方向发展。

5.2　汽车分类和技术参数

5.2.1　汽车的分类

（1）按用途分类

1）运输汽车

①轿车

a.按排量分类（见表5.1、图5.7）。

表 5.1　按排量分类

类　型	发动机排量/L	车　型
微型	≤1.0	夏利、奥拓
普通型	>1.0~≤1.6	富康、捷达
中级	>1.6~≤2.5	桑塔纳、奥迪 100
中高级	>2.5~≤4.0	皇冠、奔驰 300
高级	>4.0	CA770、凯迪拉克、林肯、奔驰 600 系列

微型——奥拓

普通型——捷达

中级——奥迪 A6

中高级——奔驰 300

高级——凯迪拉克

图 5.7

b.按发动机布置和驱动方式分类(见表 5.2)。

表 5.2　按发动机布置和驱动方式分类

发动机布置和驱动形式	示意图
发动机前置、前驱 FF	
发动机前置、后驱 FR	
发动机后置、后驱 RR	
发动机前置四轮驱动 4WD	

②客车

a.按汽车的长度分类(见表 5.3)。

表 5.3　按汽车的长度分类

类　型	车辆长度/m
微型	<3.5
轻型	3.5~7
中型	7~10
大型	10~12
越大型	>12(铰接式);10~12(双层)

b.按车身形式分类(见表 5.4)。

表 5.4　按车身形式分类

类　型	示意图
长(短)头客车	
箱形客车	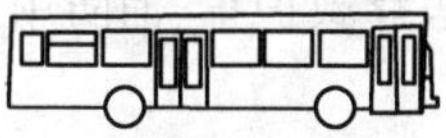
流线型客车	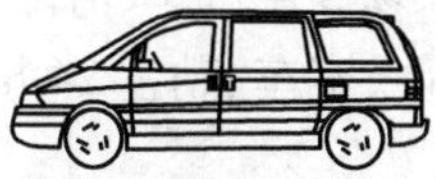
铰接式客车	
双层客车	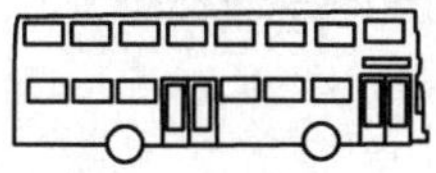

③货车

a.按驾驶室总成结构形式分类(见表5.5)。

表5.5 按驾驶室总成结构形式分类

类　型	示意图
长头车	
短头车	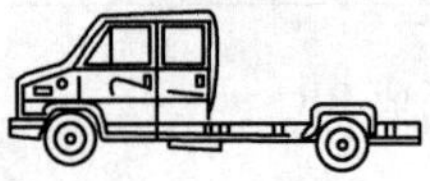
平头车	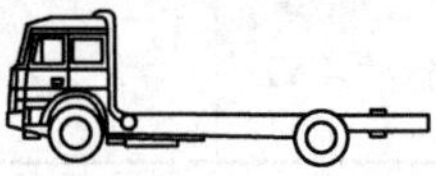

b.按货箱形式分类(见表5.6)。

表5.6 按货箱形式分类

类　型	示意图	类　型	示意图
栏板式	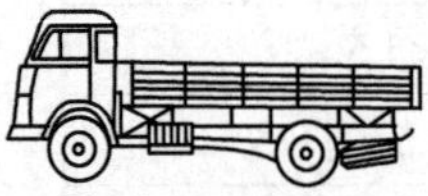	罐式	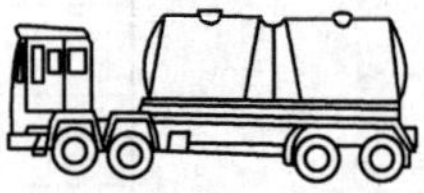
自卸式		平台式	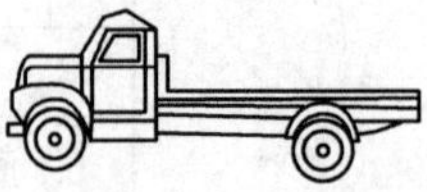
箱式	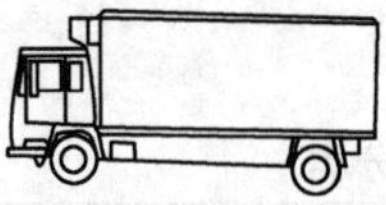	篷式	

2)专用汽车

①运输型专用汽车。如冷藏车、运输沙土的自卸车、挂车等。

②作业型专用汽车。如医疗救护车、消防用车、电视广播车等。

3)特殊用途汽车

①娱乐汽车。如高尔夫球场专用汽车、海滩游玩汽车等。

②竞赛汽车。如一级方程式赛车、勒芒24 h耐力赛车等。

(2)按动力装置类型分类

1)内燃机汽车

①活塞式内燃机汽车(往复活塞式和旋转活塞式,绝大多数是往复活塞式,马自达的RX8是旋转活塞式)。

②燃气轮机汽车。

2)电动汽车(EV)

电动汽车(EV)是指以车载电源为动力,用电机驱动车轮行驶,符合道路交通、安全法规各项要求的车辆。由于对环境影响相对传统汽车较小,其前景被广泛看好,但当前技术尚不成熟,如图5.8所示。

图5.8　电动汽车

包括:

①纯电动汽车(BEV)

由电动机驱动的汽车。

A.优点

技术相对简单成熟,只要有电力供应的地方都能够充电。

B.缺点

蓄电池单位质量储存的能量太少,还因电动车的电池较贵,又没形成经济规模,故购买价格较贵,至于使用成本,有些使用价格比汽车贵,有些价格仅为汽车的1/3,这主要取决于电池的寿命及当地的油、电价格。

②混合动力汽车(PHEV)

混合动力汽车(PHEV)是指能够至少从可消耗的燃料或可再充电能/能量储存装置中获得动力的汽车。

A.优点

a.采用混合动力后可按平均需用的功率来确定内燃机的最大功率,此时处于油耗低、污染少的最优工况下工作。需要大功率内燃机功率不足时,由电池来补充;负荷少时,富余的功率可发电给电池充电,由于内燃机可持续工作,电池又可以不断得到充电,故其行程和普通汽车一样。

b.因为有了电池,可以十分方便地回收制动时、下坡时、怠速时的能量。

c.在繁华市区,可关停内燃机,由电池单独驱动,实现“零”排放。

d.有了内燃机可以十分方便地解决耗能大的空调、取暖、除霜等纯电动汽车遇到的难题。

e.可利用现有的加油站加油,不必再投资。

f.可让电池保持在良好的工作状态,不发生过充、过放,延长其使用寿命,降低成本。

B.缺点

长距离高速行驶基本不能省油。

③燃料电池汽车(FCEV)

燃料电池汽车(FCEV)是以燃料电池作为动力电源的汽车。燃料电池的化学反应过程不会产生有害产物,故燃料电池车辆是无污染汽车,燃料电池的能量转换效率比内燃机要高2~3

倍。因此,从能源的利用和环境保护方面,燃料电池汽车是一种理想的车辆。

与传统汽车相比,燃料电池汽车具有以下优点:

a.零排放或近似零排放。

b.减少了机油泄漏带来的水污染。

c.降低了温室气体的排放。

d.提高了燃油经济性。

e.提高了发动机燃烧效率。

f.运行平稳、无噪声。

3)喷气式汽车

喷气式汽车是指动力是喷气发动机,依靠向后喷出高速气体的反冲,获得向前的推力的汽车。

喷气式汽车与传统汽车动力驱动轮子转动不同的是,喷气汽车的轮子没有驱动机构(相当于一辆手推车上装上一台喷气发动机),如图 5.9 所示。

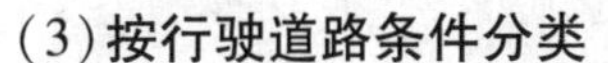

(3)按行驶道路条件分类

①公路用车。

②非公路用车,即越野汽车。

图 5.9 美国卡车拉力赛上的喷气式卡车

(4)按行驶机构特征分类

①轮式汽车

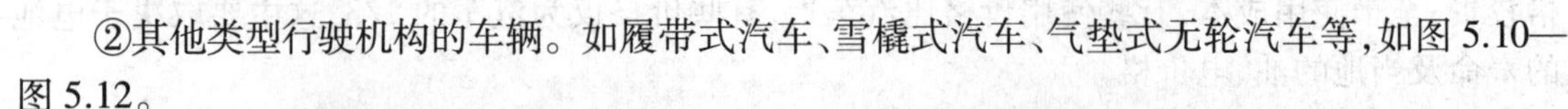

②其他类型行驶机构的车辆。如履带式汽车、雪橇式汽车、气垫式无轮汽车等,如图 5.10—图 5.12。

图 5.10 履带式汽车

图 5.11 雪橇式汽车

图 5.12 我国自行研制的气垫式无轮汽车

5.2.2　汽车主要技术参数和技术性能

(1)车身参数长×宽×高

所谓的长宽高,就是一部汽车的外形尺寸,通常使用的单位是毫米(mm)。

车身长度定义为:汽车长度方向两个极端点间的距离,即从车前保险杆最凸出的位置量起,到车后保险杆最凸出的位置,这两点间的距离。

车身宽度定义为:汽车宽度方向两个极端点间的距离,也就是车身左、右最凸出位置之间的距离。根据业界通用的规则,车身宽度不包含左、右后视镜伸出的宽度,即最凸出位置应在后视镜折叠后选取。

车身高度定义为:从地面算起,到汽车最高点的距离。而所谓最高点,也就是车身顶部最高的位置,但不包括车顶天线的长度。

以上内容为普通意义理解。更准确的内容应按照中华人民共和国国家标准《道路车辆外廓尺寸、轴荷及质量限值》(GB 1989—2004)和中华人民共和国国家标准《汽车和挂车的术语及其定义 车辆尺寸》(GB/T 3730.3—92)。

(2)轴距

简单地说,汽车的轴距是同侧相邻前后两个车轮的中心点间的距离,即从前轮中心点到后轮中心点之间的距离,就是前轮轴与后轮轴之间的距离,简称轴距,单位为毫米(mm)。

轴距是反应一部汽车内部空间最重要的参数,根据轴距的大小,国际通用的把轿车分为以下几类:

1)微型车

通常是指轴距在2 400 mm以下的车型,称为微型车。如奇瑞QQ3等。这些车的轴距都是2 340 mm左右,更小的有SMART FORTWO,轴距只有1 867 mm。

2)小型车

通常是指轴距在2 400~2 550 mm的车型,称为小型车。如本田飞度等。

3)紧凑型车

通常是指轴距在2 550~2 700 mm的车型,称为紧凑型车。这个级别车型是家用轿车的主流车型,如大众速腾等。

4)中型车

通常是指轴距在2 700~2 850 mm的车型,称为中型车。这个级别车型通常是家用和商务兼用的车型,如本田雅阁等。

5)中大型车

通常是指轴距在2 850~3 000 mm的车型,称为中大型车。这个级别车型通常是商务用车的主流车型,如奥迪A6等。需要说明的是,通常的中大型车轴距都在2 900 mm左右,不过由于中国人比较喜欢大车,故很多车型到中国来都进行了加长,轴距都达到了2 950 mm以上,个别车型轴距达到了3 000 mm以上,如宝马5系的轴距为3 028 mm。因此在国内,我们很难见到不加长的中大型车。

6)豪华车

通常是指轴距在3 000 mm以上的车型,称为豪华车。例如,奔驰S级等。而在豪华车这个分类中还有一个小群体,它们的轴距通常都在3 300 mm以上,数量稀少,主要有3个品牌:

劳斯莱斯、宾利和迈巴赫。

(3)**轮距**

轮距分为前轮距和后轮距,而轮距即左、右车轮中心间的距离,通常单位为毫米(mm),较宽的轮距有更好横向的稳定性与较佳的操纵性能。

车轮着地位置越宽大的车型,其行驶的稳定度越好,因此越野车的轮距都比一般轿车车型的要宽。

(4)**最小离地间距**

汽车的最小离地间距,就是在水平面上汽车底盘的最低点与地面的间距,通常单位为毫米(mm),不同车型其离地间距也是不同的,离地间距越大,车辆的通过性就越好。因此,通常越野车的离地间隙要比轿车要大。

(5)**风阻系数**

空气阻力是汽车行驶时所遇到最大的也是最重要的外力。空气阻力系数又称风阻系数,是计算汽车空气阻力的一个重要系数。

风阻系数可通过风洞测得。当车辆在风洞中测试时,借由风速来模拟汽车行驶时的车速,再以测试仪器来测知这辆车需花多少力量来抵挡这风速,使这车不至于被风吹得后退。在测得所需之力后,再扣除车轮与地面的摩擦力,剩下的就是风阻了,然后再以空气动力学的公式就可算出所谓的风阻系数,即

$$\text{风阻系数} = \frac{\text{正面风阻力} \times 2}{\text{空气密度} \times \text{车头正面投影面积} \times \text{车速平方}}$$

一辆车的风阻系数是固定的,根据风阻系数即可算出车辆在各种速度下所受的阻力。一般车辆的风阻系数为0.25~0.4,系数越小,说明风阻越小。

(6)**最小转弯直径**

转弯直径是指外转向轮的轨迹圆直径,它是指汽车的外转向轮的中心平面在车辆支承平面(一般就是地面)上的轨迹圆直径,即汽车前轮处于最大转角状态行驶时,汽车前轴离转向中心最远车轮胎面中心在地面上形成的轨迹圆直径,通常单位为米(m)。最小转弯直径是表明汽车转弯性能灵活与否的参数,由于转向轮的左右极限转角一般有所不同,因此有左转弯直径和右转弯直径。

(7)**空车质量**

空车质量指的是汽车按出厂技术条件装备完整(如备胎、工具等安装齐备),各种油水添满后的质量,通常单位为千克(kg)。

(8)**允许总质量**

允许总质量指的是汽车在正常条件下准备行驶时,包括的载人(包括驾驶员)、载物时的允许的总质量,通常单位为千克(kg)。

允许总质量减去空车质量则是车辆的最大承载质量,即这部车最大能够承载多少质量。

(9)**车门数**

车门数指的是汽车车身上含后备箱门在内的总门数。这项参数可作为汽车用途的标志,普通的三厢轿车一般都是4门,一些运动型轿车有很多是两门,各别豪华车有6门设计的。一般的两厢轿车,SUV 和 MPV 都是五门的(后门为掀起式),也有一些运动型两厢车为3门设计。

(10)座位数

指的是汽车内含司机在内的座位,一般轿车为5座:前排坐椅是两个独立的坐椅,后排坐椅一般是长条坐椅。一些豪华轿车后排则是两个独立的坐椅,所以为4座。某些跑车则只有前排座椅,所以为两座。商务车和部分越野车则配有第三排座椅,所以为6座或7座。

(11)行李箱容积

行李箱也称后备箱,行李箱容积的大小衡量一款车携带行李或其他备用物品多少的能力,单位通常为升(L)。

依照车型的大小以及其各自突出的特性,其行李箱容积也因此有所不同。一般来说,越大的车则行李箱也越大。越野车和商务车行李箱都比较大,而一些跑车由于造型设计原因,行李箱则比较小。

(12)油箱容积

油箱容积是指一辆车能够携带燃油的体积,通常单位为升(L)。一般油箱容积与该车的油耗有直接的关系,一般一辆车一箱油都能行驶500 km以上,如100 km 10 L的车,油箱容积都在60 L左右。每个车型的油箱容积是不同的,同类车型不同品牌的车油箱容积也不相同,这个是由各生产厂家决定的。

(13)前后配重

前后配重指的是车身前轴与车身后轴各自所承担质量的比。汽车的配重一般是在50∶50是最平均的,宝马最引以为豪的就是50∶50的前后配重比。但现实生活中我们经常遇到过弯、加速等情况,从力学上来看,48∶53~40∶60时对付弯道加速会比较灵活,但爬坡就差一点;相反,当前重于后时,过弯就会很迟钝。

(14)接近角

接近角是指在汽车满载静止时,汽车前端突出点向前轮所引切线与地面的夹角,即水平面与切于前轮轮胎外缘(静载)的平面之间的最大夹角,通常单位为度(°),前轴前面任何固定在车辆上的刚性部件不得在此平面的下方。

(15)离去角

离去角是指汽车满载静止时,自车身后端突出点向后车轮引切线与路面之间的夹角,即是水平面与切于车辆最后车轮轮胎外缘(静载)的平面之间的最大夹角,通常单位为度(°)。位于最后车轮后面的任何固定在车辆上的刚性部件不得在此平面的下方。它表征了汽车离开障碍物(如小丘、沟洼地等)时,不发生碰撞的能力。离去角越大,则汽车的通过性越好。

(16)通过角

通过角指的是指汽车空载、静止时,分别通过前、后车轮外缘做切线交于车体下部较低部位所形成的夹角,通常单位为度(°)。

(17)爬坡度角

爬坡度角是指汽车满载时在良好路面上用第一挡克服的最大坡度角。它表征汽车的爬坡能力。爬坡度用坡度的角度值(以度数表示)或以坡度起止点的高度差与其水平距离的比值(正切值)的百分数来表示,通常用百分比来表示(%)。

(18)最大涉水深度

最大涉水深度指的是汽车所能通过的最深水域,也是安全深度,通常单位为毫米(mm)。这是评价汽车越野通过性的重要指标之一。

5.3 汽车的总体构造

5.3.1 汽车发动机

汽车发动机是为汽车提供动力的发动机,是汽车的心脏,影响汽车的动力性、经济性和环保性。根据动力来源不同,汽车发动机可分为柴油发动机、汽油发动机、电动汽车电动机及混合动力等。

常见的汽油机和柴油机都属于往复活塞式内燃机,是将燃料的化学能转化为活塞运动的机械能并对外输出动力。汽油机转速高,质量小,噪声小,启动容易,制造成本低;柴油机压缩比大,热效率高,经济性能和排放性能都比汽油机好。

(1)工作原理

由于汽油和柴油的不同特性,汽油机和柴油机在工作原理和结构上有差异。

1)汽油发动机(汽油机)的工作原理

四冲程汽油机是将空气与汽油以一定的比例混合成良好的混合气,在吸气冲程被吸入汽缸,混合气经压缩点火燃烧而产生热能,高温高压的气体作用于活塞顶部,推动活塞作往复直线运动,通过连杆、曲轴飞轮机构对外输出机械能。四冲程汽油机在进气冲程、压缩冲程、做功冲程和排气冲程内完成一个工作循环。

①进气冲程

活塞在曲轴的带动下由上止点移至下止点。此时进气门开启,排气门关闭,曲轴转动180°。在活塞移动过程中,汽缸容积逐渐增大,汽缸内气体压力从 p_r 逐渐降低到 p_a,汽缸内形成一定的真空度,空气和汽油的混合气通过进气门被吸入汽缸,并在汽缸内进一步混合形成可燃混合气。由于进气系统存在阻力,进气终点时,汽缸内气体压力小于大气压力 p_0,即 $p_a=(0.80\sim0.90)p_0$。进入汽缸内的可燃混合气的温度,由于进气管、汽缸壁、活塞顶、气门和燃烧室壁等高温零件的加热以及与残余废气的混合而升高到340~400 K。

②压缩冲程

压缩冲程时,进、排气门同时关闭。活塞从下止点向上止点运动,曲轴转动180°。活塞上移时,工作容积逐渐缩小,缸内混合气受压缩后压力和温度不断升高,到达压缩终点时,其压力 p_c 可达800~2 000 kPa,温度达600~750 K。

③做功冲程

当活塞接近上止点时,由火花塞点燃可燃混合气,混合气燃烧释放出大量的热能,使汽缸内气体的压力和温度迅速提高。燃烧最高压力 p_Z 达3 000~6 000 kPa,温度 T_Z 达2 200~2 800 K。高温高压的燃气推动活塞从上止点向下止点运动,并通过曲柄连杆机构对外输出机械能。随着活塞下移,汽缸容积增加,气体压力和温度逐渐下降,到达 b 点时,其压力降至300~500 kPa,温度降至1 200~1 500 K。在做功冲程,进气门、排气门均关闭,曲轴转动180°。

④排气冲程

排气冲程时,排气门开启,进气门仍然关闭,活塞从下止点向上止点运动,曲轴转动180°。排气门开启时,燃烧后的废气一方面在汽缸内外压差作用下向缸外排出,另一方面通过活塞的排挤作用向缸外排气。由于排气系统的阻力作用，排气终点 r 点的压力稍高于大气压力，即 $p_r=(1.05\sim1.20)p_0$。排气终点温度 $T_r=900\sim1\ 100$ K。活塞运动到上止点时，燃烧室中仍留有一定容积的废气无法排出，这部分废气称为残余废气。

发动机四冲程原理如图 5.13 所示。

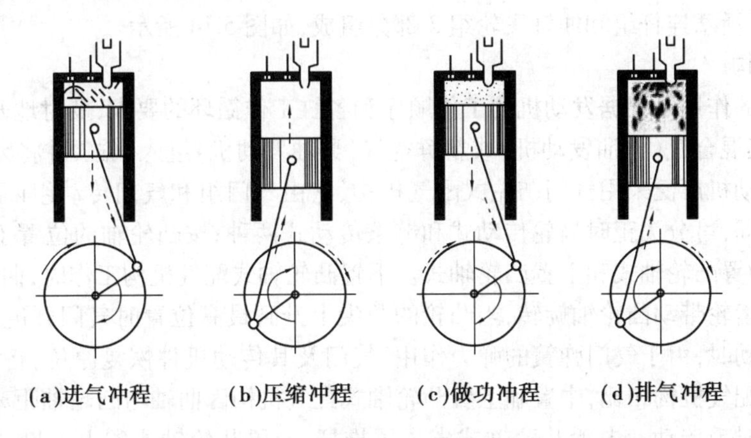

图 5.13　发动机四冲程原理简图

2)四冲程柴油机的工作原理

四冲程柴油机工作原理汽油机一样，每个工作循环也是由进气冲程、压缩冲程、做功冲程及排气冲程组成。由于柴油与汽油相比，自燃温度低、黏度大不易蒸发，因而柴油机采用压缩终点压燃着火(压燃式点火)，而汽油机是火花塞点燃。

①进气冲程

进入汽缸的工质是纯空气。由于柴油机进气系统阻力较小，进气终点压力 $p_a=(0.85\sim0.95)p_0$，比汽油机高。进气终点温度 $T_a=300\sim340$ K，比汽油机低。

②压缩冲程

由于压缩的工质是纯空气，因此柴油机的压缩比比汽油机高(一般为 $\varepsilon=16\sim22$)。压缩终点的压力为 3 000～5 000 kPa，压缩终点的温度为 750～1 000 K，大大超过柴油的自燃温度(约 520 K)。

③做功冲程

当压缩冲程接近终了时，在高压油泵作用下，将柴油以 100 MPa 左右的高压通过喷油器喷入汽缸燃烧室中，在很短的时间内与空气混合后立即自行发火燃烧。汽缸内气体的压力急速上升，最高达 5 000～9 000 kPa，最高温度达 1 800～2 000 K。由于柴油机是靠压缩自行着火燃烧，故称柴油机为压燃式发动机。

④排气冲程

柴油机的排气与汽油机基本相同，只是排气温度比汽油机低。一般 $T_r=700\sim900$ K。对于单缸发动机来说，其转速不均匀，发动机工作不平稳，振动大。这是因为 4 个冲程中只有一个冲程是做功的，其他 3 个冲程是消耗动力为做功做准备的冲程。为了解决这个问题，飞轮必须具有足够大的转动惯量，这样又会导致整个发动机质量和尺寸增加。采用多缸发动机可以弥补上述不足。现代汽车多采用四缸、六缸和八缸发动机。

(2)发动机的组成

发动机是由曲柄连杆机构和配气机构两大机构，以及冷却、润滑、点火、燃料供给、启动系统5大系统组成。主要部件有汽缸体、汽缸盖、活塞、活塞销、连杆、曲轴及飞轮等。

1)曲柄连杆机构

在做功行程时,曲柄连杆机构将燃料燃烧以后产生的气体压力,经过活塞、连杆转变为曲轴旋转的转矩;然后,利用飞轮的惯性完成进气、压缩、排气3个辅助行程。曲柄连杆机构由汽缸体曲轴箱组、活塞连杆组和曲轴飞轮组3部分组成,如图5.14所示。

2)配气机构

配气机构的作用是根据发动机的工作顺序和各缸工作循环的要求,及时地开启和关闭进、排气门,使可燃混合气(汽油发动机)或新鲜空气(柴油发动机)进入汽缸,并将废气排入大气。

四冲程发动机广泛采用气门凸轮式配气机构,它由气门组和气门传动组两部分组成。按其传动方式不同,可分为正时齿轮传动式和链条传动式两种;按凸轮轴的位置不同,可分为下置凸轮轴式、中置凸轮轴式和上置凸轮轴式。下置凸轮轴式配气机构工作时,曲轴通过一对互相啮合的正时齿轮带动凸轮轴旋转,当凸轮的凸尖上升到最高位置时气门开度最大。当凸轮的凸尖向下运动时,由于气门弹簧的弹力作用,气门及其传动机件恢复原位,将气道关闭。与下置凸轮轴式配气机构相比,中置和上置凸轮轴式配气机构因曲轴与凸轮轴距离较大,故多为正时链条或正时带传动。中置凸轮轴式省去了推杆;上置凸轮轴式省去了挺杆及推杆,如图5.15所示。

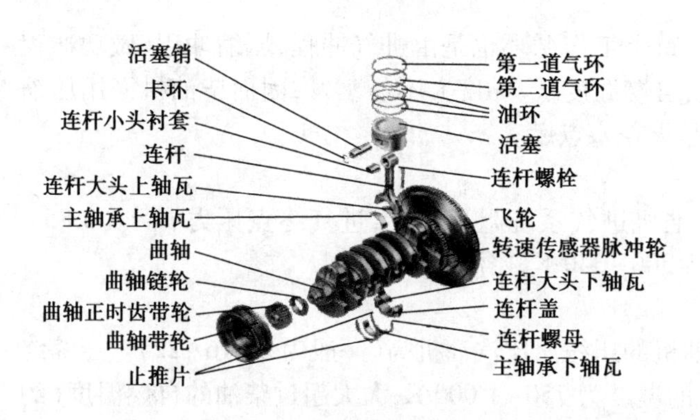

图5.14 曲柄连杆机构的组成

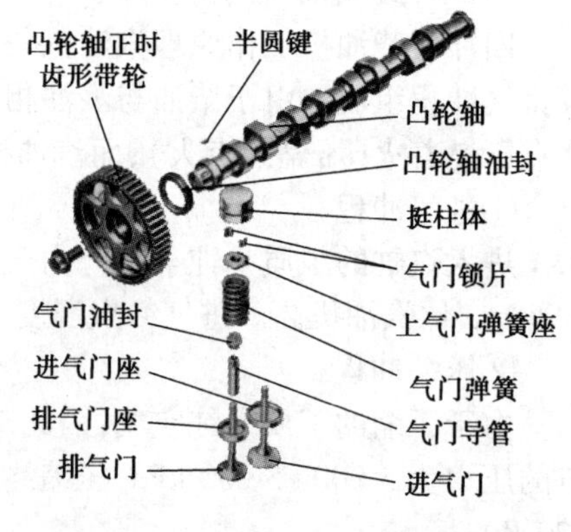

图5.15 配气机构的组成

3)燃料供给系统

汽油发动机燃料系的作用是根据发动机不同工作情况的需要,将纯净的空气和汽油配制成适当比例的可燃混合气,送入各个汽缸进行燃烧后所产生的废气排入大气中,如图5.16所示。

4)润滑系统

润滑系的功用是向作相对运动的零件表面输送定量的清洁润滑油,以实现液体摩擦,减小摩擦阻力,减轻机件的磨损。并对零件表面进行清洗和冷却。润滑系统由机油泵、集滤器、限压阀、油道、机油滤清器等组成,如图5.17所示。

5)冷却系统

冷却系统将受热零件吸收的部分热量及时散发出去,保证发动机在最适宜的温度状态下工作。水冷式冷却系统由水套、水泵、散热器、风扇、节温器等组成。风冷式由风扇和散热片等组成,如图5.18所示。

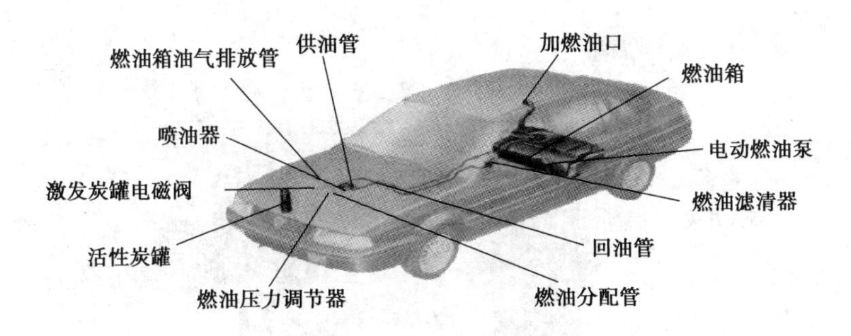

图 5.16　燃料供给系统的组成

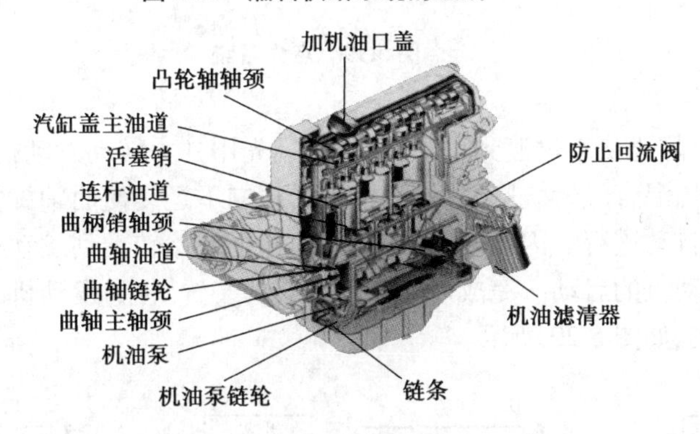

图 5.17　润滑系统的组成

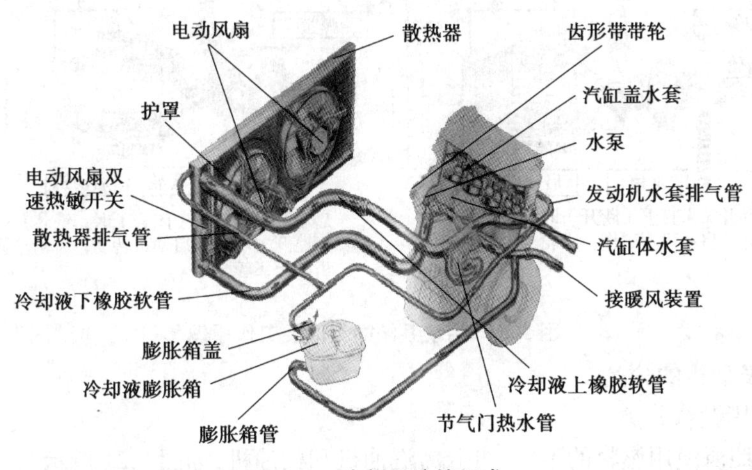

图 5.18　冷却系统的组成

6)点火系统

在汽油机中,汽缸内的可燃混合气是靠电火花点燃的,为此在汽油机的汽缸盖上装有火花塞,火花塞头部伸入燃烧室内。能够按时在火花塞电极间产生电火花的全部设备称为点火系。传统点火系统由蓄电池、发电机、点火线圈,分电器、火花塞等组成。普通式和传统式点火系统类似,只是用电子元件取代了分电器。电子点火式全部是全电子点火系统,完全取消了机械装置,由电子系统控制点火时刻,包括蓄电池、发电机、点火线圈、火花塞及电子控制系统等,如图 5.19 所示。

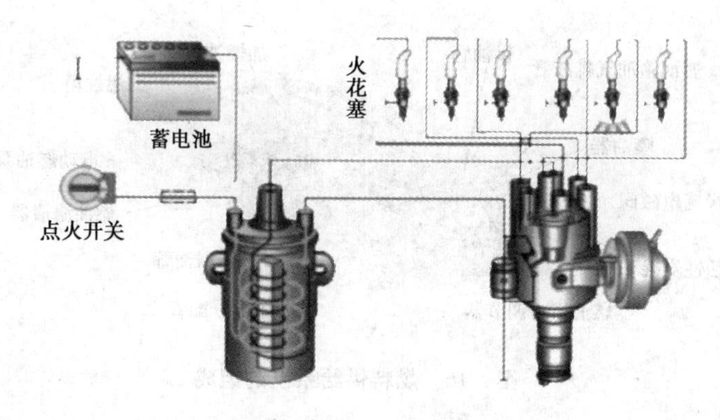

图 5.19 点火系统

7)启动系统

要使发动机由静止状态过渡到工作状态,必须先用外力转动发动机的曲轴,使活塞作往复运动,汽缸内的可燃混合气燃烧膨胀做功,推动活塞向下运动使曲轴旋转。发动机才能自行运转,工作循环才能自动进行。因此,曲轴在外力作用下开始转动到发动机开始自动地怠速运转的全过程,称为发动机的启动。完成启动过程所需的装置,称为发动机的启动系。它由启动机及其附属装置组成,如图 5.20 所示。

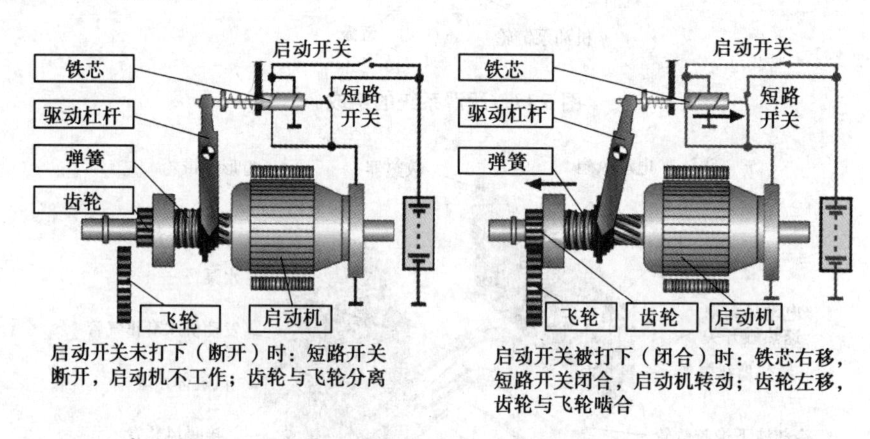

图 5.20 启动系统的组成及工作原理

(3)汽车发动机的分类

1)按照所用燃料分类

内燃机按照所使用燃料的不同,可分为汽油机和柴油机,如图 5.21 所示。

2)按照冲程分类

内燃机按照完成一个工作循环所需的冲程数,可分为四冲程内燃机和二冲程内燃机,如图 5.22 所示。

3)按照冷却方式分类

内燃机按照冷却方式不同,可分为水冷发动机和风冷发动机,如图 5.23 所示。

4)按照汽缸数目分类

内燃机按照汽缸数目不同,可分为单缸发动机和多缸发动机,如图 5.24 所示。

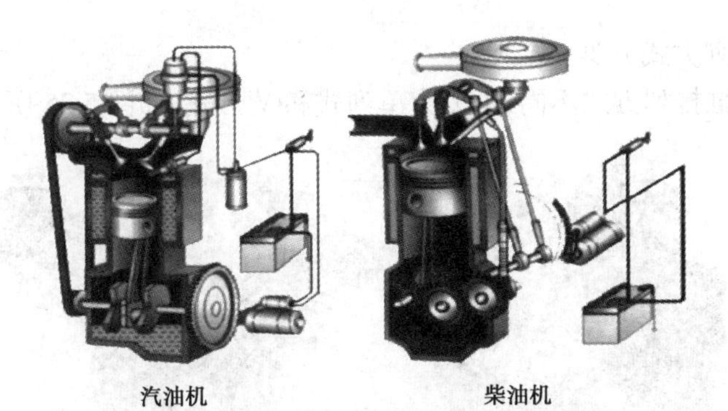

图 5.21　发动机按照所用燃料分类

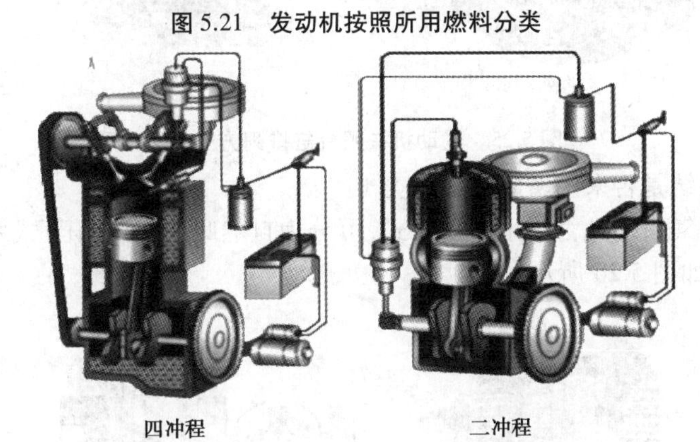

图 5.22　发动机按照冲程分类

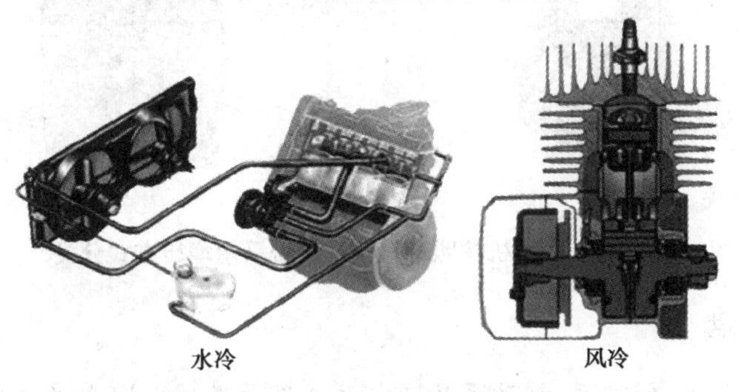

图 5.23　发动机按照冷却方式分类

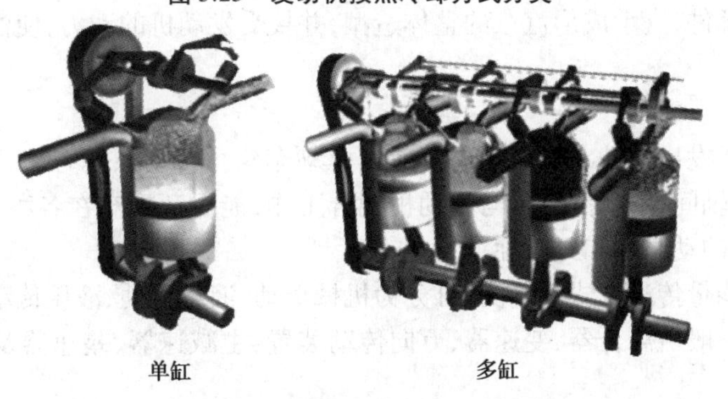

图 5.24　发动机按照汽缸数目分类

5)按照汽缸排列方式分类

内燃机按照汽缸排列方式不同,可分为单列式和V形式,如图5.25所示。

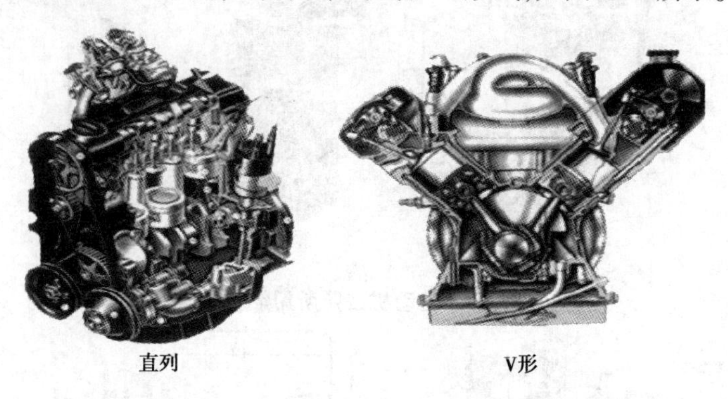

图5.25　发动机按照汽缸排列方式分类

6)按照进气系统是否采用增压方式分类

内燃机按照进气系统是否采用增压方式,可分为自然吸气(非增压)式发动机和强制进气(增压式)发动机,如图5.26所示。

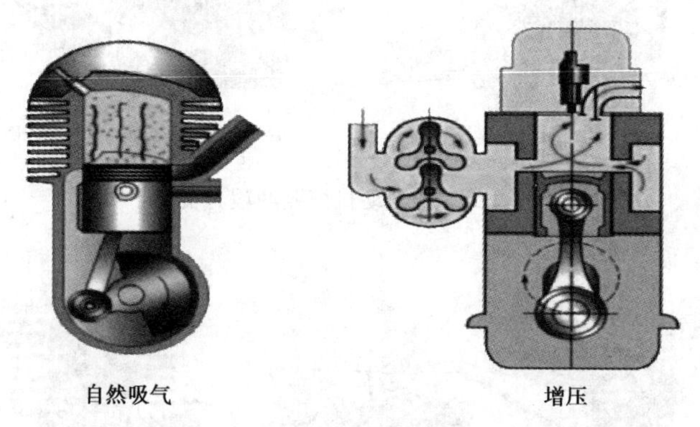

图5.26　发动机按照进气系统是否采用增压方式分类

5.3.2　汽车底盘

汽车底盘由传动系、行驶系、制动系及转向系4部分组成。底盘的作用是支承、安装汽车发动机及其他各部件,支承成形汽车的整体造型,并接受发动机的动力,使汽车产生运动,保证正常行驶。

(1)传动系

汽车发动机所发出的动力靠传动系传递到驱动车轮。传动系具有减速、变速、倒车、中断动力、轮间差速和轴间差速等功能,与发动机配合工作,能保证汽车在各种工况条件下的正常行驶,并具有良好的动力性和经济性。

传动系可按能量传递方式的不同,可分为机械传动、液力传动、液压传动、电传动等。

汽车传动系一般由离合器、变速器、万向传动装置、主减速器、差速器及半轴等组成,如图5.27所示。

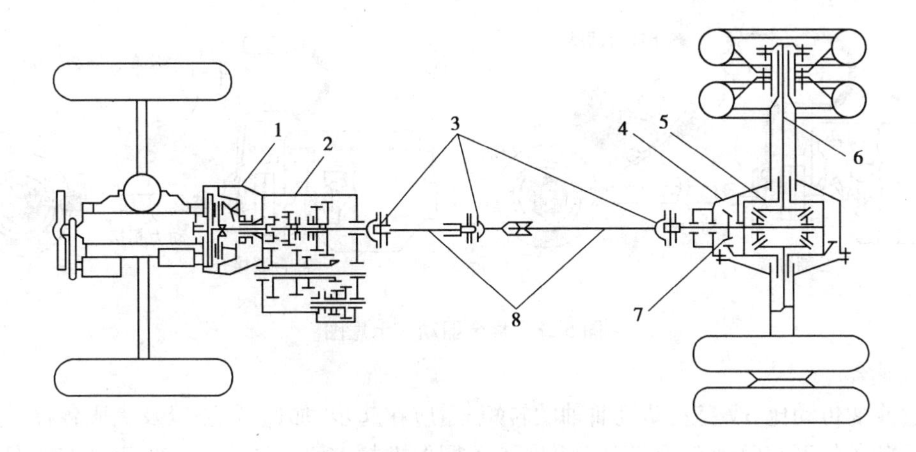

图 5.27　汽车传动系

1—离合器;2—变速器;3—万向节;4—驱动桥;
5—差速器;6—半轴;7—主减速器;8—传动轴

1)离合器

离合器位于发动机和变速箱之间的飞轮壳内,用螺钉将离合器总成固定在飞轮的后平面上,离合器的输出轴就是变速箱的输入轴。在汽车行驶过程中,驾驶员可根据需要踩下或松开离合器踏板,使发动机与变速箱暂时分离和逐渐接合,以切断或传递发动机向变速器输入的动力。离合器接合状态离合器切断状态离合器的功用主要有:

①保证汽车平稳起步

起步前汽车处于静止状态,如果发动机与变速箱是刚性连接的,一旦挂上挡,汽车将由于突然接上动力突然前冲,不但会造成机件的损伤,而且驱动力也不足以克服汽车前冲产生的巨大惯性力,使发动机转速急剧下降而熄火。如果在起步时利用离合器暂时将发动机和变速箱分离,然后离合器逐渐接合,由于离合器的主动部分与从动部分之间存在着滑磨的现象,可以使离合器传出的扭矩由零逐渐增大,而汽车的驱动力也逐渐增大,从而让汽车平稳地起步。

②便于换挡

汽车行驶过程中,经常换用不同的变速箱挡位,以适应不断变化的行驶条件。如果没有离合器将发动机与变速箱暂时分离,那么变速箱中啮合的传力齿轮会因载荷没有卸除,其啮合齿面间的压力很大而难以分开,另一对待啮合齿轮会因二者圆周速度不等而难以啮合。即使强行进入啮合也会产生很大的齿端冲击,容易损坏机件。利用离合器使发动机和变速箱暂时分离后进行换挡,则原来啮合的一对齿轮因载荷卸除,啮合面间的压力大大减小,就容易分开。而待啮合的另一对齿轮,由于主动齿轮与发动机分开后转动惯量很小,采用合适的换挡动作就能使待啮合的齿轮圆周速度相等或接近相等,从而避免或减轻齿轮间的冲击。

③防止传动系过载

汽车紧急制动时,车轮突然急剧降速,而与发动机相连的传动系由于旋转的惯性,仍保持原有转速,这往往会在传动系统中产生远大于发动机转矩的惯性矩,使传动系的零件容易损坏。由于离合器是靠摩擦力来传递转矩的,所以当传动系内载荷超过摩擦力所能传递的转矩时,离合器的主、从动部分就会自动打滑,因而起到了防止传动系过载的作用,如图 5.28 所示。

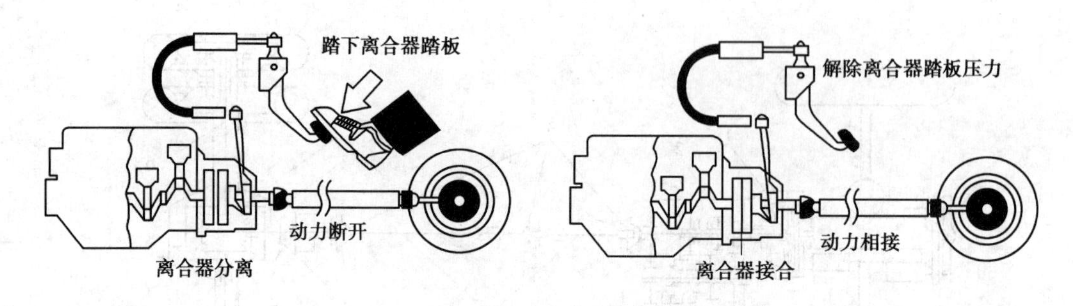

图 5.28 离合器动作示意图

2)变速器

通过改变传动比,改变发动机曲轴的转矩,适应在起步、加速、行驶以及克服各种道路阻碍等不同行驶条件下对驱动车轮牵引力及车速不同要求的需要。通俗上分为手动变速器(MT)、自动变速器(AT)、手动/自动变速器及无级式变速器,如图 5.29 所示。

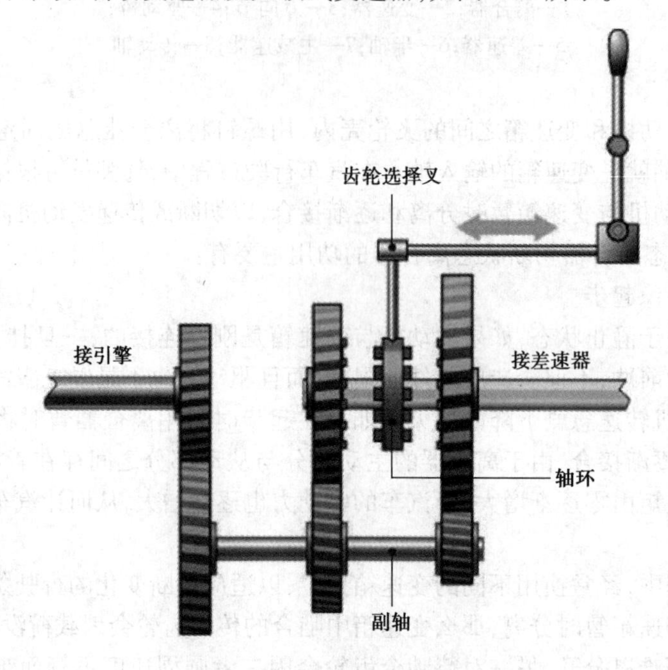

图 5.29 手动变速器动作示意图

3)主减速器

主减速器是汽车传动系中减小转速、增大扭矩的主要部件。对发动机纵置的汽车来说,主减速器还利用锥齿轮传动以改变动力方向。

汽车正常行驶时,发动机的转速通常为 2 000~3 000 r/min,如果将这么高的转速只靠变速箱来调节,那么,变速箱内齿轮副的传动比则需很大,而齿轮副的传动比越大,两齿轮的半径比也越大。换句话说,也就是变速箱的尺寸会越大。另外,转速下降,而扭矩必然增加,也就加大了变速箱与变速箱后一级传动机构的传动负荷。因此,在动力向左右驱动轮分流的差速器之前设置一个主减速器,可使主减速器前面的传动部件如变速箱、分动器、万向传动装置等传递的扭矩减小,也可使变速箱的尺寸质量减小,操纵省力。现代汽车的主减速器,广泛采用螺旋锥齿轮和双曲面齿轮。双曲面齿轮工作时,齿面间的压力和滑动较大,齿面油膜易被破坏,必须采用双曲面齿轮油润滑,绝不允许用普通齿轮油代替,否则将使齿面迅速擦伤和磨损,大大降低使用寿命,如图5.30所示。

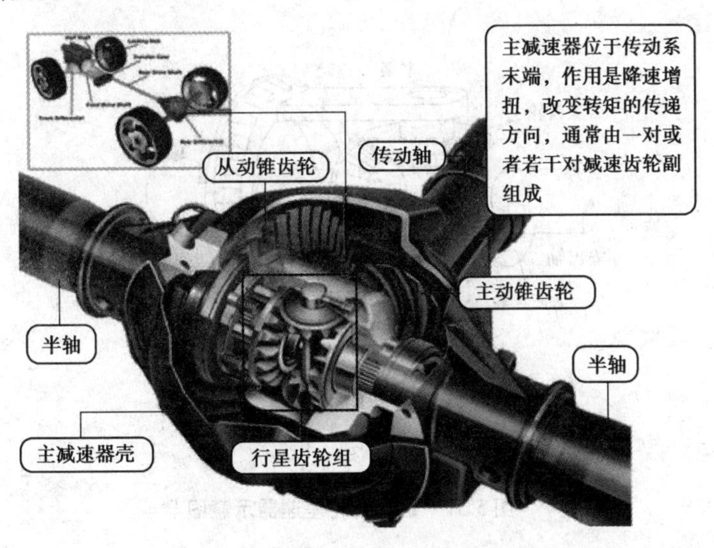

图5.30　主减速器剖分图

4)差速器

驱动桥两侧的驱动轮若用一根整轴刚性连接,则两轮只能以相同的角速度旋转。这样,当汽车转向行驶时,由于外侧车轮要比内侧车轮移过的距离大,将使外侧车轮在滚动的同时产生滑拖,而内侧车轮在滚动的同时产生滑转。即使是汽车直线行驶,也会因路面不平或虽然路面平直但轮胎滚动半径不等(轮胎制造误差、磨损不同、受载不均或气压不等)而引起车轮的滑动。车轮滑动时不仅加剧轮胎磨损、增加功率和燃料消耗,还会使汽车转向困难、制动性能变差。为使车轮尽可能不发生滑动,在结构上必须保证各车辆能以不同的角速度转动。通常从动车轮用轴承支承在心轴上,使之能以任何角速度旋转,而驱动车轮分别与两根半轴刚性连接,在两根半轴之间装有差速器。这种差速器又称为轮间差速器。多轴驱动的越野汽车,为使各驱动桥能以不同角速度旋转,以消除各桥上驱动轮的滑动,有的在两驱动桥之间装有轴间差速器。现代汽车上的差速器通常按其工作特性分为齿轮式差速器和防滑差速器两大类。齿轮式差速器当左右驱动轮存在转速差时,差速器分配给慢转驱动轮的转矩大于快转驱动轮的转矩。这种差速器转矩均分特性能满足汽车在良好路面上正常行驶。但当汽车在坏路上行驶时,却严重影响通过能力。例如,当汽车的一个驱动轮陷入泥泞路面时,虽然另一驱动轮在良好路面上,汽车却往往不能前进(俗称打滑)。此时在泥泞路面上的驱动轮原地滑转,在良好路面上的车轮却静止不动。这是因为在泥泞路面上的车轮与路面之间的附着力较小,路面只能通过此轮对半轴作用较小的反作用力矩,因此,差速器分配给此轮的转矩也较小,尽管另一驱动轮与良好路面间的附着力较大,但因平均分配转矩的特点,使这一驱动轮也只能分到与滑转驱动轮等量的转矩,以致驱动力不足以克服行驶阻力,汽车不能前进,而动力则消耗在滑转驱动轮上。此时加大油门不仅不能使汽车前进,反而浪费燃油,加速机件磨损,尤其使轮胎磨损加剧。有效的解决办法是:挖掉滑转驱动轮下的稀泥或在此轮下垫干土、碎石、树枝、干草等。为提高汽车在坏路上的通过能力,某些越野汽车及高级轿车上装置防滑差速器。防滑差速器的特点是,当一侧驱动轮在坏路上滑转时,能使大部分甚至全部转矩传给在良好路面上的驱动轮,以充分利用这一驱动轮的附着力来产生足够的驱动力,使汽车顺利起步或继续行驶,如图 5.31。

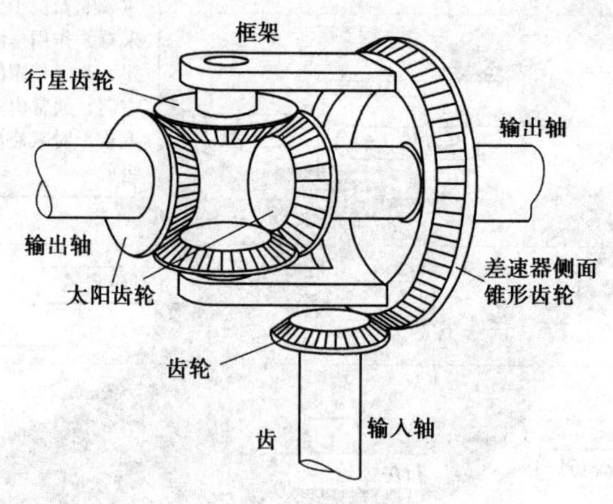

图 5.31 锥形齿轮差速器示意图

5)半轴

半轴是差速器与驱动轮之间传递扭矩的实心轴,其内端一般通过花键与半轴齿轮连接,外端与轮毂连接。

现代汽车常用的半轴,根据其支承形式不同,有全浮式和半浮式两种。

全浮式半轴只传递转矩,不承受任何反力和弯矩,因而广泛应用于各类汽车上。全浮式半轴易于拆装,只需拧下半轴突缘上的螺栓即可抽出半轴,而车轮与桥壳照样能支持汽车,从而给汽车维护带来方便。

半浮式半轴既传递扭矩又承受全部反力和弯矩。它的支承结构简单、成本低,因而被广泛用于反力弯矩较小的各类轿车上。但这种半轴支承拆取麻烦,且汽车行驶中若半轴折断则易造成车轮飞脱的危险。

(2)**制动系**

汽车上用以使外界(主要是路面)在汽车某些部分(主要是车轮)施加一定的力,从而对其进行一定程度的强制制动的一系列专门装置统称为制动系统。其作用是:使行驶中的汽车按照驾驶员的要求进行强制减速甚至停车;使已停驶的汽车在各种道路条件下(包括在坡道上)稳定驻车;使下坡行驶的汽车速度保持稳定。

对汽车起制动作用的只能是作用在汽车上且方向与汽车行驶方向相反的外力,而这些外力的大小都是随机的、不可控制的,因此汽车上必须装设一系列专门装置以实现上述功能。

1)制动系的分类

①按制动系统的作用

制动系统可分为行车制动系统、驻车制动系统、应急制动系统及辅助制动系统等。用以使行驶中的汽车降低速度甚至停车的制动系统,称为行车制动系统;用以使已停驶的汽车驻留原地不动的制动系统,则称为驻车制动系统;在行车制动系统失效的情况下,保证汽车仍能实现减速或停车的制动系统,称为应急制动系统;在行车过程中,辅助行车制动系统降低车速或保持车速稳定，但不能将车辆紧急制停的制动系统，称为辅助制动系统。上述各制动系统中，行车制动系统和驻车制动系统是每一辆汽车都必须具备的。

②按制动操纵能源

制动系统可分为人力制动系统、动力制动系统和伺服制动系统等。以驾驶员的肌体作为唯一制动能源的制动系统，称为人力制动系统；完全靠由发动机的动力转化而成的气压或液压形式的势能进行制动的系统，称为动力制动系统；兼用人力和发动机动力进行制动的制动系统，称为伺服制动系统或助力制动系统。

③按制动能量的传输方式

制动系统可分为机械式、液压式、气压式、电磁式等。同时，采用两种以上传能方式的制动系统，称为组合式制动系统。

2）制动系的组成

制动系统一般由制动操纵机构和制动器两个主要部分组成。

①制动操纵机构

产生制动动作、控制制动效果并将制动能量传输到制动器的各个部件，以及制动轮缸和制动管路。

②制动器

产生阻碍车辆的运动或运动趋势的力（制动力）的部件。汽车上常用的制动器都是利用固定元件与旋转元件工作表面的摩擦而产生制动力矩，称为摩擦制动器。它有鼓式制动器和盘式制动器两种结构形式，如图5.32所示。

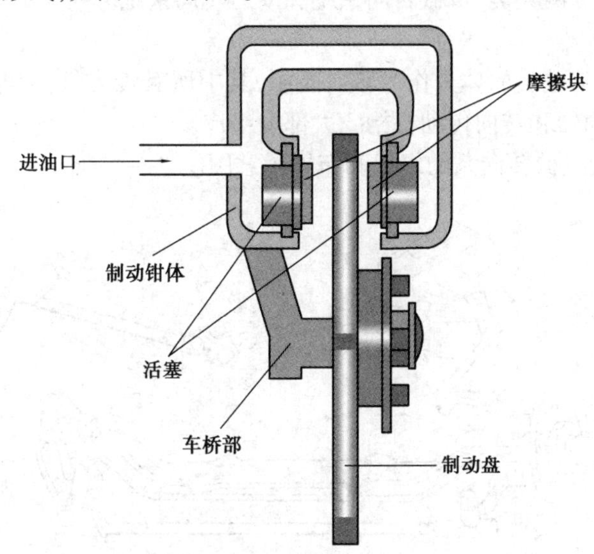

图5.32　汽车盘式制动器

（3）行驶系

行驶系由汽车的车架、车桥、车轮和悬架等组成，如图5.33所示。汽车的车架、车桥、车轮及悬架等组成了行驶系。行驶系的功用如下：

①接受传动轴的动力，通过驱动轮与路面的作用产生牵引力，使汽车正常行驶。

②承受汽车的总质量和地面的反力。

③缓和不平路面对车身造成的冲击,衰减汽车行驶中的振动,保持行驶的平顺性。

④与转向系统配合,保证汽车操纵稳定性。

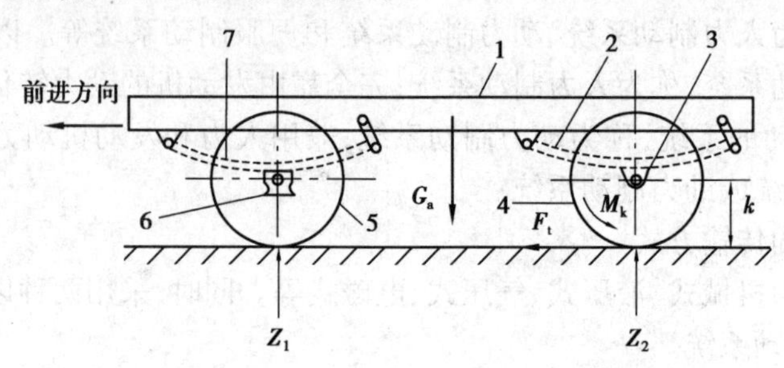

图 5.33　汽车行驶系简图

1—车架;2—后悬架;3—驱动桥;4—后轮;
5—前轮;6—从动桥;7—前悬架

(4)**转向系**

用来改变或保持汽车行驶或倒退方向的一系列装置,称为汽车转向系统(steering system)。汽车转向系统的功能就是按照驾驶员的意愿控制汽车的行驶方向。汽车转向系统对汽车的行驶安全至关重要,因此,汽车转向系统的零件都称为保安件。汽车转向系统和制动系统都是汽车安全必须要重视的两个系统。

汽车转向系统分为两大类:机械转向系统和动力转向系统。

1)机械转向系统

机械转向系统以驾驶员的体力作为转向能源,其中所有传力件都是机械的。机械转向系由转向操纵机构、转向器和转向传动机构 3 大部分组成。

如图 5.34 所示为机械转向系的组成和布置示意图。

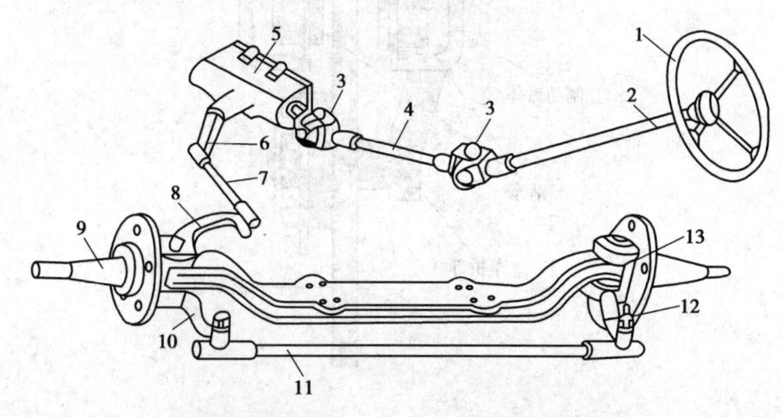

图 5.34　机械转向系的组成和布置示意图

1—转向盘;2—转向轴;3—转向万向节;4—转向传动轴;5—转向器;6—转向摇臂;7—转向直拉杆;
8—转向节臂;9—左转向节;10、12—梯形臂;11—转向横拉杆;13—右转向节

当汽车转向时,驾驶员对转向盘 1 施加一个转向力矩。该力矩通过转向轴 2、转向万向节 3 和转向传动轴 4 输入转向器 5。经转向器放大后的力矩和减速后的运动传到转向摇臂 6,再

经过转向直拉杆 7 传给固定于左转向节 9 上的转向节臂 8,使左转向节和它所支承的左转向轮偏转。为使右转向节 13 及其支承的右转向轮随之偏转相应角度,还设置了转向梯形。转向梯形由固定在左、右转向节上的梯形臂 10,12 和两端与梯形臂作球铰链连接的转向横拉杆 11 组成。

从转向盘到转向传动轴这一系列部件和零件属于转向操纵机构。由转向摇臂至转向梯形这一系列部件和零件(不含转向节)均属于转向传动机构。

2)动力转向系统

动力转向系统是兼用驾驶员体力和发动机动力为转向能源的转向系。在正常情况下，汽车转向所需能量,只有一小部分由驾驶员提供,而大部分是由发动机通过动力转向装置提供的。但在动力转向装置失效时,一般还应当能由驾驶员独立承担汽车转向任务。因此,动力转向系是在机械转向系的基础上加设一套动力转向装置而形成的。

对最大总质量在 50 t 以上的重型汽车而言,一旦动力转向装置失效,驾驶员通过机械传动系加于转向节的力远不足以使转向轮偏转而实现转向。故这种汽车的动力转向装置应当特别可靠。

如图 5.35 所示为一种液压动力转向系的组成和液压动力转向装置的管路布置示意图。其中,属于动力转向装置的部件是转向油罐 9、转向油泵 10、转向控制阀 5 和转向动力缸 12。当驾驶员逆时针转动转向盘 1(左转向)时,转向摇臂 7 带动转向直拉杆 6 前移。直拉杆的拉力作用于转向节臂 4,并依次传到梯形臂 3 和转向横拉杆 11,使之右移。与此同时,转向直拉杆还带动转向控制阀 5 中的滑阀,使转向动力缸 12 的右腔接通液面压力为零的转向油罐。油泵 10 的高压油进入转向动力缸的左腔,于是转向动力缸的活塞上受到向右的液压作用力便经推杆施加在横拉杆 11 上,也使之右移。这样,驾驶员施于转向盘上很小的转向力矩,便可克服地面作用于转向轮上的转向阻力矩。

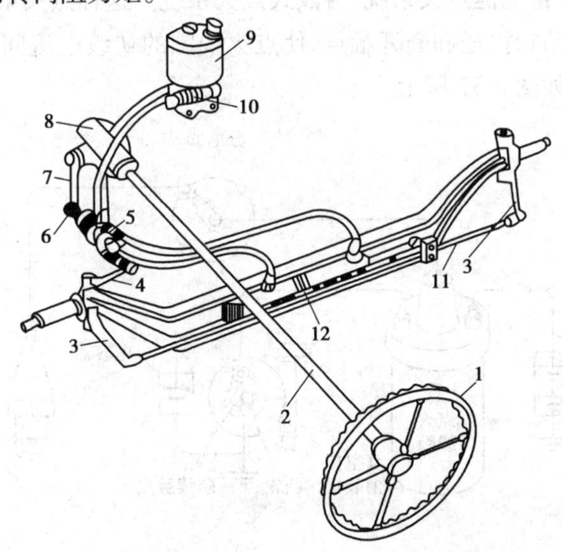

图 5.35　液压动力转向系的组成和液压动力转向装置的管路布置示意图

1—转向盘;2—转向轴;3—梯形臂;4—转向节臂;5—转向控制阀;6—转向直拉杆;7—转向摇臂;8—机械转向器;9—转向油罐;10—转向液压泵;11—转向横拉杆;12—转向动力缸

5.3.3 汽车电器设备

汽车电器设备主要用来完善汽车的驾驶性能。汽车电器设备主要包括点火系统、交流发电机、蓄电池、汽车仪表系统、空调系统及汽车自诊断系统等。

(1)点火系统

1)点火系统的组成

汽油发动机点火系统的作用是适时地为发动机汽缸内已压缩的可燃混合气提供足够能量的电火花,使发动机能及时、迅速地启动并连续运转,如图 5.36 所示。

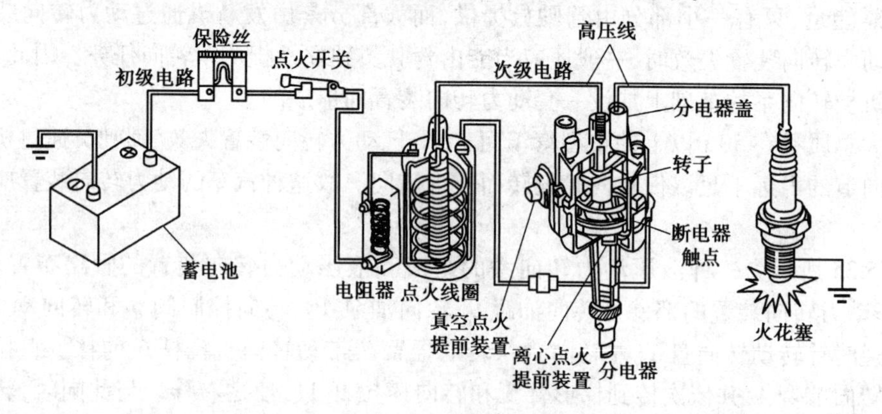

图 5.36 点火系统基本结构

2)点火系统的发展历程

①传统点火系统

传统点火系统也称蓄电池点火系统、触点式点火系统。这种点火系统具有最基本的结构,在该系统中,通过机械凸轮接通和断开触点,使点火线圈的初级电流间歇流动,从而在点火线圈次级产生点火高压,如图 5.37 所示。

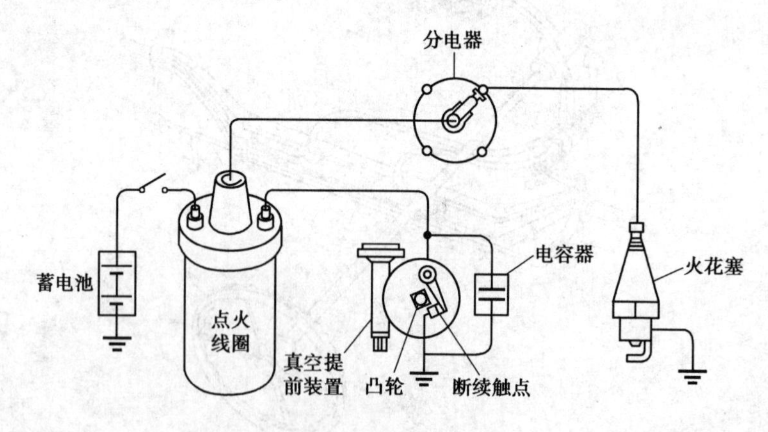

图 5.37 传统点火系统

传统点火系统的断电器触点因为使用中会发生氧化、烧蚀,需要定期保养,且触点的机械惯性大,响应速度慢,因而性能不佳,已经被新型点火系统取代。

②无触点电子点火系统

在无触点电子点火系统中,用信号发生器取代凸轮触点机构,利用电子控制的方法使点火线圈的初级电流间歇流动,从而在点火线圈次级产生点火高压,如图5.38所示。

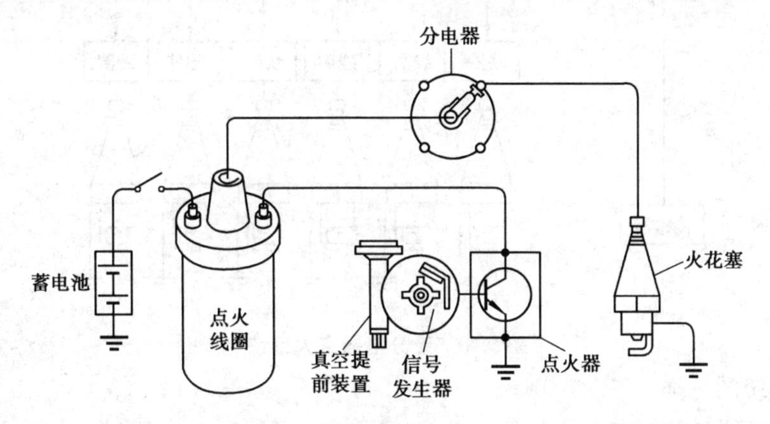

图5.38　无触点电子点火系统

③电控电子点火系统

在电控电子点火系统中,电控点火提前装置取代了传统的点火提前机构(真空及离心提前机构),并开始利用发动机电子控制单元控制点火提前角,如图5.39所示。

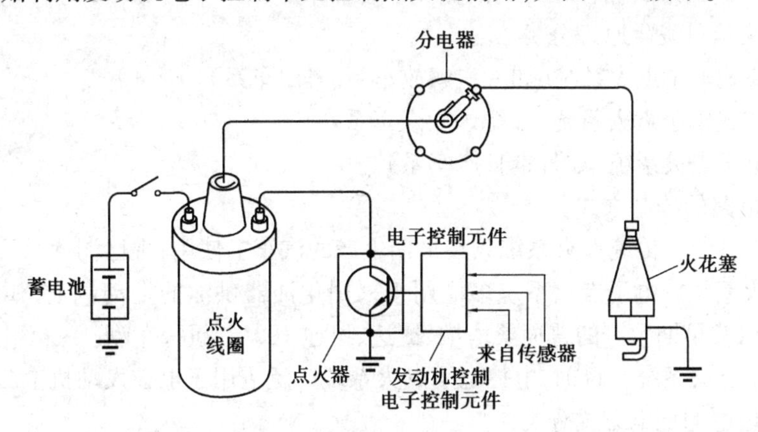

图5.39　电控电子点火系统

④无分电器点火系统

无分电器点火系统简称DLI(Distributor-less Ignition)系统。该系统使用多个点火线圈,直接向火花塞输送高电压,取消了机械式分电器结构,沿用了发动机电子控制单元控制点火提前角的方法。

无分电器点火系统中去掉了传统点火系统的分电器,故没有旋转元件产生的机械摩擦,高压线数量少而且短,故抗无线电干扰能力更强,如图5.40所示。

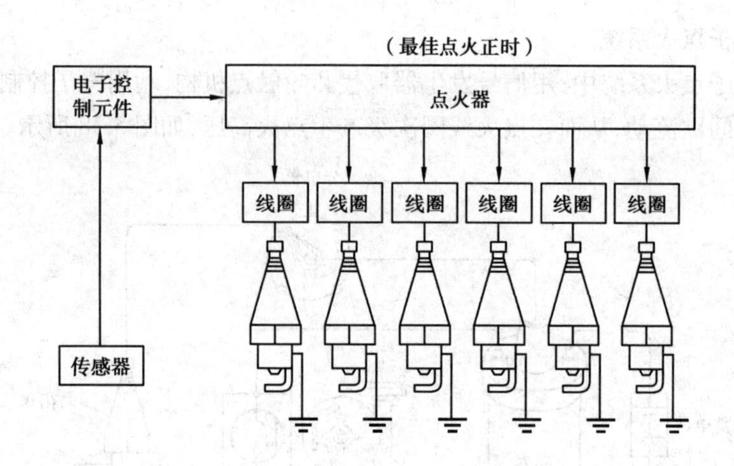

图 5.40 无分电器点火系统

3)点火系统的分类

①按照点火能量的储存方式分类

a.电感储能式电子点火系统(也称电感放电式电子点火系)。在这类点火系统中,电火花的点火能量以磁场的形式储存在点火线圈中。

b.电容储能式电子点火系统(也称电容放电式电子点火系)。在这类点火系统中,电火花的点火能量以电场的形式储存在专门的储能电容器中。

②按照点火信号发生原理分类

a.电磁感应式电子点火系统(如一汽解放车系、丰田车系)。

b.霍尔效应式电子点火系统(如德国大众车系)。

c.光电式电子点火系统(如日本日产车系)。

③按初级电路的控制方式分类

a.传统点火系统。传统点火系统只在早期生产的汽车上使用,现已淘汰。

b.电子点火系统。电子点火系统多应用于采用化油器供油的发动机上,如解放 CA1092、东风 EQ1091,以及早期生产的普通桑塔纳、捷达、奥迪 100、红旗等车型。

c.电控电子点火系统。目前,电控电子点火系统广泛应用于电控发动机上。

④按照高压电的配电方式分类

a.机械配电式点火系统(有分电器点火系统)。

b.计算机配电式点火系统(无分电器点火系统)。

在以上各种点火装置中,相对于电容储能式点火系统而言,电感储能式点火系统应用广泛;而在电感储能式点火系统中,以电磁感应式和霍尔效应式点火系统的应用最为广泛;对于高压电的配电方式而言,有分电器点火系统在中低档车型中应用较多,无分电器点火系统在中高档车型中应用较多。

总体来说,采用电子控制无分电器点火系统是汽车点火技术的发展趋势。

(2)交流发电机

1)汽车发电机简介

汽车用发电机有直流发电机(DC generator)和交流发电机(AC generator)两大类。目前,大多采用交流发电机。

交流发电机主要由三相同步交流发电机和二极管整流器组成,一般称为硅整流交流发电机,也简称交流发电机。

交流发电机(alternator)与蓄电池协同工作,共同构成汽车电源系统。交流发电机与电压调节器配合工作,其主要任务是对除启动机以外的所有用电设备供电,并向蓄电池充电。

2)汽车用交流发电机的分类

①按总体结构分类

A.普通交流发电机

普通交流发电机称为“硅整流发电机”(使用时需要配装电压调节器的发电机)。普通交流发电机的应用最为普遍,如东风EQ1090型载货汽车用JF132型交流发电机,解放CA1091型载货汽车用JF1522A型交流发电机等。

B.整体式交流发电机

发电机和调节器制成一个整体的发电机。例如,一汽奥迪、上海桑塔纳等轿车用JFZ1813Z型交流发电机。

C.带泵交流发电机

带泵交流发电机是带有真空泵的交流发电机,如JFWBZ27型交流发电机等。带泵交流发电机安的泵是真空泵而不是真空助力泵,真空助力泵是汽车制动系统上的。

D.无刷交流发电机

无刷交流发电机(brush-less alternator)是无电刷、滑环结构的交流发电机。例如,福建仙游电机厂生产的JFW14X型交流发电机和山东龙口中宇电机厂生产的JFWBZ27交流发电机。

E.永磁交流发电机

永磁交流发电机(permanent-magnet alternator)是转子磁极采用永磁材料的交流发电机。

②按整流器结构分类

a.6管交流发电机,如JF1522(东风汽车用)。

b.8管交流发电机,如JFZ1542(天津夏利汽车用)。

c.9管交流发电机,如(日本日立、三凌、马自达汽车用)。

d.11管交流发电机,如JFZ1913Z(奥迪、桑塔纳汽车用)。

③按磁场绕组搭铁形式分类

a.内搭铁型交流发电机　磁场绕组的一端(负极)直接搭铁(和壳体相联)。

b.外搭铁型交流发电机　磁场绕组的一端(负极)接入调节器,通过调节器后再搭铁。

(3)蓄电池

汽车电源系统用于向汽车用电设备提供低压直流电能,以保证汽车在行驶中和停车时的用电需要。

蓄电池和发电机共同构成汽车电源系统。此外,汽车电源系统还包括电压调节器(用于动态调节交流发电机的输出电压)、电流表或其他充电状态指示装置(电压表或充电指示灯)、钥匙开关等。连接关系如图5.41所示。

蓄电池是一种可逆的直流电源,有放电和充电两种工作状态。在放电状态下,蓄电池可将

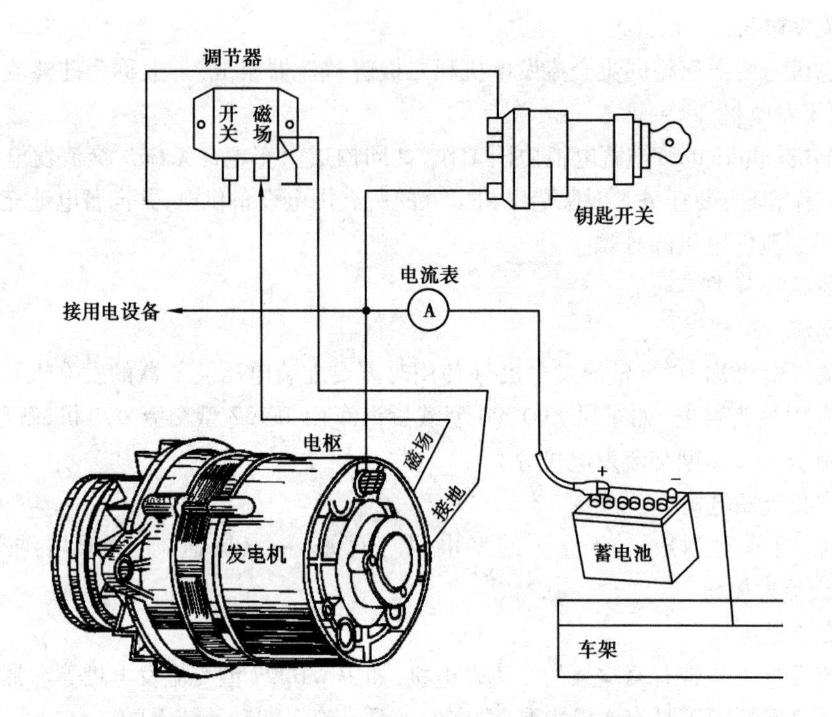

图 5.41　交流发电机、调节器、蓄电池的连接电路图

化学能转变为电能;在充电状态下,蓄电池可将电能转变为化学能。

在汽车上,蓄电池和发电机并联连接,两者协同工作,共同为汽车电气设备供电。

在发电机正常工作时,全车用电设备均由发电机供电,与此同时,蓄电池将发电机多余的电能转变为化学能储存起来(即蓄电池处于充电状态),如图 5.42 所示。

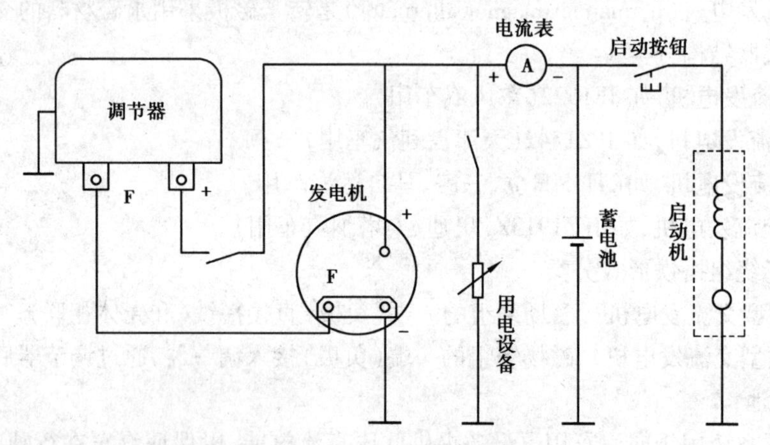

图 5.42　蓄电池与汽车电气设备并联电路

蓄电池的具体作用如下:

①发动机启动时,蓄电池向启动机和点火系统以及燃油喷射系统供电。

②发动机低速运转、发电机电压较低时,蓄电池向用电设备和交流发电机磁场绕组供电。

③发电机出现故障不发电时,蓄电池向用电设备供电。

④发电机过载时,蓄电池协助发电机向用电设备供电。

⑤发动机熄火停机时,蓄电池向电子时钟、汽车电子控制单元(ECU/ECM,也称计算机、微机、电脑)、音响设备以及汽车防盗系统供电。

此外,蓄电池还有一些辅助功能。因为蓄电池相当于一只大容量的电容器,所以不仅能够保持汽车电气系统的电压稳定,而且还能吸收电路中出现的瞬时过电压,保护电子元件不被损坏。

(4)**汽车仪表系统**

汽车仪表是汽车与驾驶员进行信息交流的界面,为驾驶员提供必要的汽车运行信息,同时也是维修人员发现和排除故障的重要工具。

汽车仪表应结构简单,耐振动,抗冲击性好,工作可靠。在电源电压允许的变化范围内,仪表示值应准确,且不随环境温度的变化而变化。

仪表板(Instrument Panel)总成一般由面罩、表框、表芯、表座、底板、印制线路板、插接器、报警灯及指示灯等部件组成。有些仪表还带有仪表稳压器及报警蜂鸣器。

组合式仪表板可方便地进行分解,单独更换。照明、报警或指示用灯泡损坏则从仪表板外面就可将灯泡更换。

一般汽车仪表有电压表、电流表、机油压力表、水温表、燃油表、发动机转速表和车速里程表等。

1)电压表

电压表用来指示电源系统的工作情况。它不仅能指示发电机和电压调节器的工作状况,同时还能指示蓄电池的技术状况,比电流表和充电指示灯更直观和实用。

发动机启动时,电压表指示值在9~10 V为正常。如果电压表示值在启动时过低,说明蓄电池亏电或有故障。若启动前后,电压表示值基本不变,则表明发电机不发电。

若汽车正常行驶时,电压表示值不在13.5~14.5 V,说明电压调节器有故障。常见的电压表有电磁式和电热式两种,受点火开关控制。

①电磁式电压表(见图5.43)

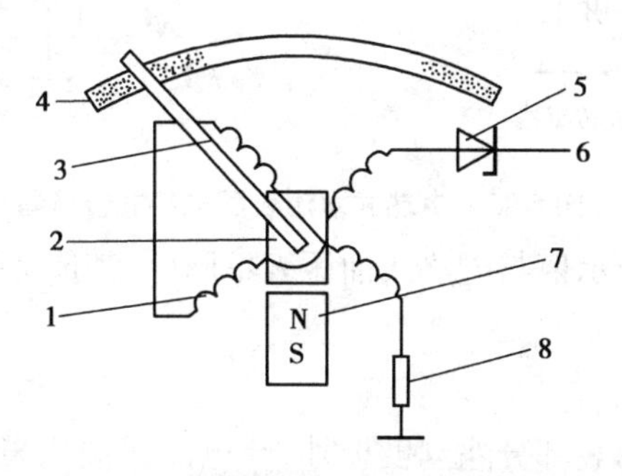

图5.43　北京切诺基汽车上装用的电磁式电压表

1—交叉电磁线圈;2—转子;3—指针;4—刻度板;5—稳压管;
6—接线柱;7—永久磁铁;8—限流电阻

②电热式电压表(见图 5.44)

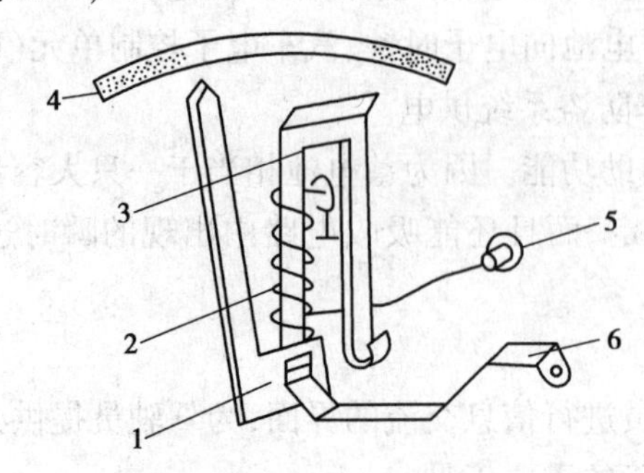

图 5.44 电热式电压表

1—指针;2—电热丝;3—双金属片;4—刻度板;5—接线柱;6—支架

2)水温表

水温表的作用是指示发动机冷却水的温度。正常情况下,水温表指示值应为 85~95 ℃。水温表与装在发动机水套上的水温传感器(水温感应塞)配合工作。常用的水温表有电热式和电磁式两类。电磁式水温表又分双线圈式和三线圈式两种。

①电热式水温表(见图 5.45)

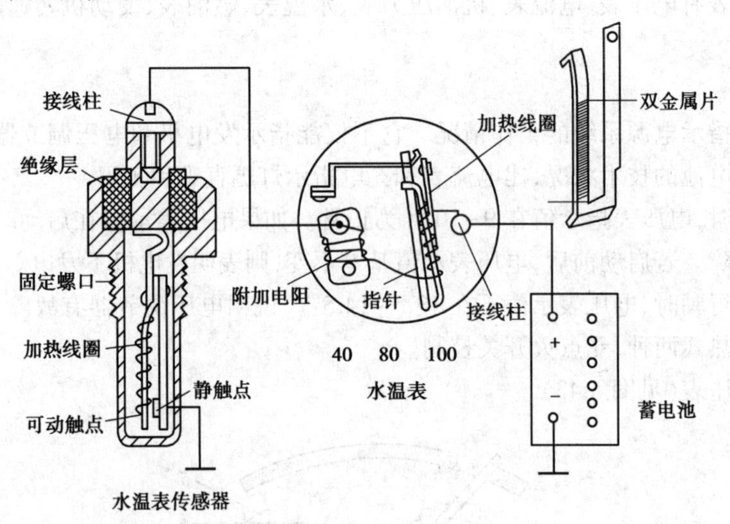

图 5.45 电热式水温表配电热式传感器

电热式水温表除刻度板示值与电热式油压表不同外,其他结构都是相同的。

②电磁式水温表

A.双线圈式水温表

双线圈式水温表的指示表部分除刻度板外,与电磁式油压表相同。双线圈式水温表也采用负温度系数热敏电阻式水温传感器。当发动机冷却水温度发生变化时,热敏电阻传感器直接控制左、右线圈中的电流大小,使两个铁芯作用于衔铁上的电磁力发生变化,从而带动指针偏转,指示相应的温度值,如图 5.46 所示。

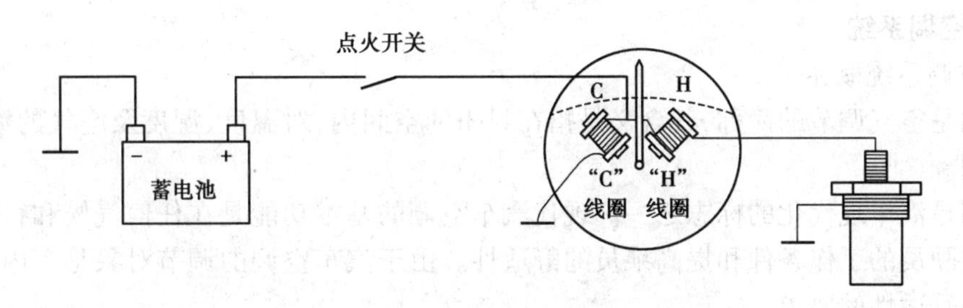

图5.46　双线圈式水温表(切诺基)

B.三线圈式水温表

三线圈水温表与负温度系数热敏电阻式水温传感器配套。

③燃油表

燃油表用来指示汽车油箱中的存油量。它与装在油箱内的燃油传感器配套工作。传感器一般为可变电阻式。

A.电磁式燃油表

a.双线圈燃油表(见图5.47)

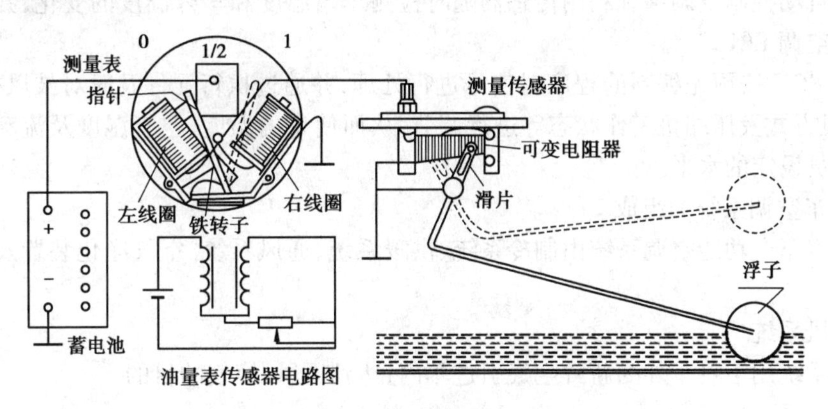

图5.47　双线圈燃油表

b.三线圈燃油表

B.电热式燃油表(见图5.48)

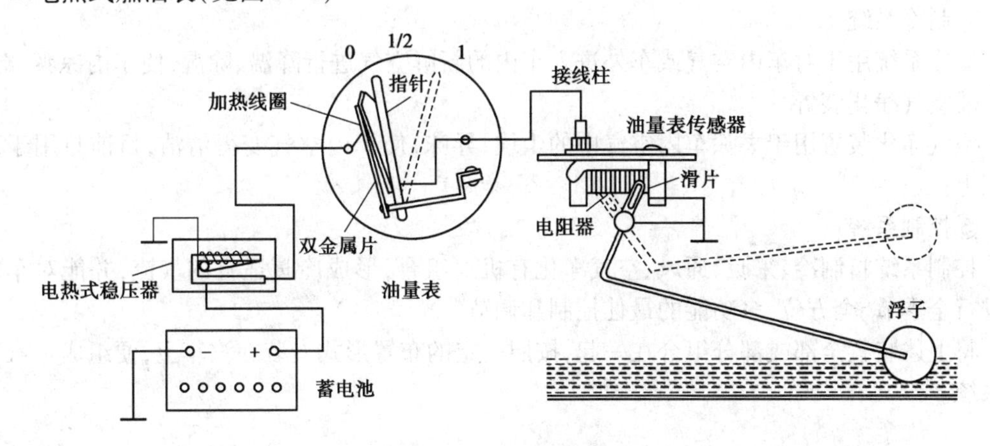

图5.48　电热式燃油表

(5)**空调系统**

1)空调系统概述

空调是空气调节的简称,其含义是指在封闭的空间内,对温度、湿度及空气的清洁度进行调节控制。

空调是汽车现代化的标志之一。现代汽车空调的基本功能是在任何气候和行驶条件下,能改善驾驶员的工作条件和提高乘员的舒适性。由于汽车空调的调节对象是车内的人,故偏重于人的舒适性的要求。

衡量汽车空调质量的指标主要有4个,即温度、湿度、空气流速及空气清洁度。

2)汽车空调系统的控制方法

①手动控制

手动控制空调系统的鼓风机转速、出风温度及送风方式等功能均由驾驶员操纵和调节,车内通风温度由仪表板上的空气控制杆、温度控制杆、进气杆和风扇开关等操纵通风管道上的各种风门实现。

②电控自动控制

电控自动控制空调系统利用传感器随时检测车内温度和车外温度的变化,并将检测到的信号送给空调ECU。

空调ECU按预先编制的程序对信号进行处理,并通过执行元件及时对鼓风机转速、出风温度、送风方式及压缩机工作状态等进行调节,从而使车内温度、空气湿度及流动状况始终保持在驾驶员设定的水平。

3)汽车空调系统的组成

现代汽车全功能空调系统由制冷系统、供暖系统、通风系统、空气净化装置及控制系统等组成。

①通风系统

通风系统用于将车外的新鲜空气引进车内,达到通风、换气的目的。

②采暖系统

采暖系统用于对车内空气或车外进入车内的新鲜空气进行加热、除湿,使车内达到温暖舒适。

③制冷系统

制冷系统用于对车内空气或车外进入车内的新鲜空气进行降温、除湿,使车内凉爽、舒适。

④空气净化装置

空气净化装置用于去除车内空气中的尘埃、异味,使车内空气变得清洁,目前只用于高级轿车上。

⑤控制系统

控制系统将制冷、采暖、通风、空气净化有机地组合,形成冷暖适宜的气流,并能对车内环境进行全季节、全方位、多功能的最佳控制和调节。

将上述装置全部或部分组合在一起,按照一定的布置形式安装在汽车上,便组成了汽车空调系统。

4)汽车空调系统的分类

①按空调的功能分类

A.单一功能型空调

单一功能型空调的制冷系统、采暖系统、通风系统各自安装,单独操作,互不干涉,多用于大型客车、载货汽车和加装冷风装置的轿车上。

B.冷暖一体型空调

冷暖一体型空调的制冷、采暖和通风共用一台风机及一个风道,冷风、暖风和通风在同一控制板上进行控制。

②按驱动方式分类

A.独立式空调

用一台专用空调发动机来驱动制冷压缩机,制冷量大,工作稳定,但成本高,体积及质量大,为此多用于大、中型客车。

B.非独立式空调

由汽车发动机直接驱动制冷压缩机,制冷性能受汽车发动机工作状况的影响,工作稳定性较差,低速时制冷量不足,高速时制冷量过量,影响汽车发动机的动力性,为此多用于小型客车和轿车上。

(6)汽车自诊断系统

自诊断系统的功能包括3个方面:一是监测控制系统工作情况,一旦发现某只传感器或执行器参数异常,就立即发出报警信号;二是将故障内容编成代码(称为故障代码)存储在随机存储器RAM中,以便维修时调用;三是启用相应的备用功能,使控制系统处于应急状态运行。

1)发出报警信号

在发动机运转过程中,当某只传感器或执行器发生故障时,电控单元ECU将立即接通仪表盘上的故障指示灯电路,使指示灯点亮,提醒驾驶员控制系统出现故障,应立即检修或送修理厂检修,以免故障范围扩大。

2)存储故障代码

当自诊断系统发现某只传感器或执行器发生故障时,电控单元ECU会将监测到的故障内容以故障代码的形式存储在随机存储器RAM中。只要存储器电源不被切断,故障代码就会一直保存在RAM存储器中。

即使是汽车在运行中偶尔出现一次故障,自诊断电路也会及时检测到并记录下来。在控制系统的电路上,设有一个专用诊断插座,在诊断排除故障或需要了解控制系统的运行参数时,使用汽车制造商提供的专用检测仪或通过特定操作方法,就可通过故障诊断插座将存储器中的故障代码和有关参数读出,为查找故障部位、了解系统运行情况和改进控制系统设计提供依据。

3)启用备用功能

备用功能又称失效保护功能。当自诊断系统发现某个传感器或执行器发生故障时,电控单元ECU将以预先设定的参数取代故障传感器或执行器工作,控制发动机进入故障应急状态运行,使汽车维持基本的行驶能力,以便将汽车行驶到修理厂修理,这种功能称为控制系统的备用功能或失效保护功能,也有人形象地将其称为"跛行回家"功能。

在备用功能工作状态下,发动机的性能将受到不同程度的影响,某些车型的自诊断系统还将自动切断空调、音响等辅助电器系统电路,以便减小发动机的工作负荷。

5.4 汽车品牌

5.4.1 东风汽车公司

东风汽车公司是中国四大汽车集团之一,中国品牌500强,总部位于华中地区最大城市武汉,其前身是1969年始建于湖北十堰的"第二汽车制造厂",经过40多年的建设,已陆续建成了十堰(主要以中、重型商用车、零部件、汽车装备事业为主)、襄阳(以轻型商用车、乘用车为主)、武汉(以乘用车为主)、广州(以乘用车为主)4大基地。除此之外,还在上海、广西柳州、江苏盐城、四川南充、河南郑州、新疆乌鲁木齐、辽宁朝阳、浙江杭州、云南昆明等地设有分支企业。

公司现有总资产732.5亿元,员工12.4万人。2008年销售汽车132.1万辆,实现销售收入1 969亿元,综合市场占有率达到14.08%。在国内汽车细分市场,中重卡、SUV、中客排名第一位,轻卡、轻客排名第二位,轿车排名第三位。2008年公司位居中国企业500强第20位,中国制造企业500强第5位。"东风"品牌,2015年入围《中国品牌价值研究院》主办的"中国品牌500强"榜单,位列第50位。

经过39年的发展,公司已经构建起行业领先的产品研发能力、生产制造能力与市场营销能力,东风品牌早已家喻户晓。在科学发展观的指引下,公司的经营规模和经营质量快速提升,公司也相应确立了建设"永续发展的百年东风,面向世界的国际化东风,在开放中自主发展的东风"的发展愿景,提出了"打造国内最强、国际一流的汽车制造商,创造国际居前、中国领先的盈利率,实现可持续成长,为股东、客户、员工和社会长期创造价值"的事业梦想。如今,公司12万多员工正在为这一愿景和事业梦想而努力奋斗。展望未来,东风公司一定会在新的发展阶段,为广大用户提供更多的优质产品和服务,为社会、为国家、为中国汽车工业作出更大的贡献。

东风公司构建了完整的研发体系,在研发领域开展广泛的对外合作,搭建起全系列商用车、乘用车、校车研发平台及其支承系统,进一步完善了商品计划和研发流程。东风将在消化、吸收国内外先进技术的基础上不断强化自身研发能力,提升核心竞争力。

瞻望前程,东风公司已经确立了"建设一个永续发展的百年东风,一个面向世界的国际化东风,一个在开放中自主发展的东风"的发展定位。公司将紧紧抓住中国全面建设小康社会和国内汽车市场持续走强的历史性机遇,力争通过五年的奋斗,实现产销规模、经营效益和员工收入三个翻番,企业综合实力稳居行业领先,东风品牌跻身国际。把东风建设成为自主、开放、可持续发展,并具有国际竞争力的汽车集团。

2007年,公司销售汽车113.7万辆;完成营业收入1 416.87亿元。2008年,公司销售汽车132.06万辆,同比增长16.12%,是行业增速的2.4倍;实现营业收入1 527.13亿元,位居中国企业500强第30位,中国制造业500强第6位;综合市场占有率达14.08%,在细分市场中进一步巩固了中重卡第一、SUV第一、中型客车第一、轻卡第二、轻客第二和轿车第三的市场地位。2010年公司销售汽车261.5万辆,同比增长37.8%,实现营业收入2 691.595 5亿元,净利润7.2亿美元,位居中国企业500强第13位,中国制造业500强第2位,世界500强第182位。

5.4.2 中国重汽公司

中国重型汽车集团有限公司(简称“中国重汽”)的前身是济南汽车制造总厂,始建于1956年,是我国重型汽车工业的摇篮,现为山东省济南市人民政府国有资产监督管理委员会直接监管的重要骨干企业之一。中国重汽曾在1960年生产制造了中国第一辆重型汽车——黄河牌JN150型8 t载货汽车;1983年成功引进了奥地利斯太尔重型汽车项目,是国内第一家全面引进国外重型汽车整车制造技术的企业。2007年中国重汽在香港主板红筹上市,初步搭建起了国际化平台;2009年成功实现与德国曼公司战略合作,曼公司参股中国重汽(香港)有限公司25%+1股,中国重汽引进曼公司D20,D26,D08这3种型号的发动机、中卡、重卡车桥及相应整车技术,为企业长远发展奠定了坚实的基础。目前,中国重汽已成为我国最大的重型汽车生产基地,为我国重型汽车工业发展、国家经济建设作出了突出贡献。

1960年4月该厂试制出了中国第一辆重型汽车——黄河牌JN150型8 t重型汽车,结束了中国不能生产重型汽车的历史。1983年,国家为彻底改变汽车工业“缺重”局面,解决重型汽车工业低水平发展状况,组建了中国重汽集团,性质为中央直属企业,隶属国务院领导。1987年实行国家计划单列,1991年被列为国务院56家国家综合试点企业集团之一。1993年被批准为国有资产授权经营试点,是我国首批实施国有资产授权经营的试点企业之一。2000年7月,国务院决定对中国重汽集团实施改革重组,主体部分下放山东省政府管理,2001年1月18日在此基础上成立了新的中国重汽集团,现为省属重点国有独资企业,公司注册资本97 658万元,实收资本99 658万元。2011年末中国重汽集团年产整车15万辆、发动机13万台、变速箱14万套、车桥34万根、改装车3.3万辆。

5.4.3 一汽汽车公司

中国第一汽车集团公司(原第一汽车制造厂)简称“中国一汽”或“一汽”,英文品牌标志为FAW,FAW就是第一汽车制造厂的英文缩写。是中央直属国有特大型汽车生产企业,一汽总部位于长春市,前身是第一汽车制造厂,毛泽东主席题写厂名。

一汽1953年奠基兴建,1956年建成并投产,制造出中华人民共和国第一辆解放牌卡车。1958年制造出中华人民共和国第一辆东风牌小轿车和第一辆红旗牌高级轿车。一汽的建成,开创了中国汽车工业新的历史。经过60多年的发展,一汽已经成为国内最大的汽车企业集团之一。2013年营业额高达4 500亿,曾经连续8年蝉联世界500强榜单。

一汽产销量、营业收入等连续多年居中国汽车行业前列。2010年,一汽销售汽车255.8万辆,实现营业收入4 179亿元,列“世界最大500家公司”第141名;2010年,“中国一汽”品牌价值达到653.32亿元。

面向未来,一汽提出了“坚持用户第一,尊重员工价值,保障股东利益,促进社会和谐,努力建设具有国际竞争力的‘自主一汽、实力一汽、和谐一汽’”的企业愿景和奋斗目标。一汽人正以自己特有的汽车情怀,抗争图强,昂扬向上,为推动汽车工业又好又快发展,为实现人·车·社会和谐发展作出新的更大的贡献。

一汽拥有职能部门18个,全资子公司28个、控股子公司18个。其中,上市公司4个,分别是一汽轿车股份有限公司、长春一汽富维汽车股份有限公司、天津一汽夏利汽车股份有限公司、启明信息技术股份有限公司。

主营业务板块按领域划分为研发、乘用车、商用车、零部件和衍生经济等体系。一汽拥有员工 13.2 万人,资产总额 1 725 亿元。2010 年一汽集团销售各类汽车 255.8 万辆,同比增长 31.6%。其中自主品牌表现优异,销量达到 103 万辆,同比增长 37.7%。在这 255.8 万辆之中,自主品牌是一汽集团的一个亮点,奔腾轿车 2010 年销量达到 13.45 万辆,同比增长 52%,市场占有率增长 1.3 个百分点。一汽中重型卡车销售 27 万辆,同比增长 49.8%,其中荣获 2010 年度国家一等奖的解放 J6 销售 60 717 辆。

作为一汽小型商、乘用车主要基地的一汽吉林汽车有限公司,2010 年销售 15 万辆,同比增长 84%,其中微型货车实现销售 30 974 辆,同比增长 20.6%。另外,2010 年夏利品牌销量达到 19.7 万辆。合资企业在 2010 年的出色市场表现,也是一汽集团增量、增效的主要力量。其中一汽-大众、一汽丰田、一汽马自达分别实现销售 86.99 万辆、51.16 万辆、13.85 万辆,同比分别增长 30%,21%,28%。

中国第一汽车集团公司的生产企业(全资子公司和控股子公司)和科研院所分布在全国 14 个省、市自治区的 18 个城市。自东北腹地延伸,沿渤海湾、胶东湾、长江三角洲、海南岛和广西、云南、四川,形成东北、华北及胶东、西南 3 大生产基地,生产中、重、轻、轿、客、微多品种宽系列的整车、主机和零部件。

中国第一汽车集团公司总部在地处中国东北腹地的吉林省长春市。一汽解放汽车有限公司、一汽轿车股份有限公司、一汽-大众汽车有限公司、一汽客车有限公司、四川一汽丰田汽车有限公司长春丰越公司等整车生产企业;一汽技术中心、机械工业第九设计研究院等产品开发和工厂设计科研单位;长春一汽富维汽车零部件股份有限公司、一汽铸造有限公司、一汽丰田(长春)发动机有限公司、一汽模具制造有限公司以及一汽进出口公司等均设在长春。中国一汽在长春生产的整车产品有:解放品牌中、重、轻型卡车;红旗轿车和奔腾轿车;大众品牌捷达、宝来、高尔夫、速腾、迈腾、CC 轿车;奥迪品牌 A4L、奥迪 Q5、奥迪 A6L 轿车;马自达 6 轿车;丰田品牌 LC200 兰德酷路泽多功能运动车和普锐斯混合动力轿车等。

5.4.4 上海大众汽车公司

上海大众汽车有限公司(以下简称上海大众)是一家中德合资企业,中德双方投资比例为:上海汽车集团股份有限公司 50%,德国大众汽车集团 40%、大众汽车(中国)投资有限公司 10%。成立于 1985 年 3 月,注册资本: 115 亿。大众品牌(VW)主要产品:New Passat 新帕萨特;New lavida 全新朗逸;Tiguan 途观;Lavida 朗逸经典版;Lavida 朗逸运动版;Gran Lavida 朗行;Santana Vista 桑塔纳志俊;New Santana 全新桑塔纳;Touran 途安;Polo;Polo 新劲取;全新 Cross Polo;Polo GTI。

上海大众是国内规模最大的现代化轿车生产基地之一,目前已经形成了以上海安亭为总部,安亭、南京、仪征、宁波、乌鲁木齐、湖南(长沙)的 6 大生产基地。基于大众、斯柯达两大汽车品牌,公司目前拥有 Polo 波罗、Gran Lavida 朗行、Touran 途安、Lavida 朗逸、Tiguan 途观、Santana 桑塔纳、Passat 帕萨特和 Fabia 晶锐、Rapid 昕锐、Yeti 野帝、Octavia 明锐、Superb 速派等系列产品,覆盖 A0 级、A 级、B 级、SUV、MPV 等不同细分市场。另外,C 级轿车与 B 级 SUV 正在筹备当中。2015 年 12 月 7 日,上海大众汽车有限公司更名为上汽大众汽车有限公司,简称上汽大众。

上海大众是国内保有量最大的轿车生产企业,产品和营销服务网络也遍布全国各地。经过20多年的不断发展,上海大众“四位一体”经销商和特约维修站总计达到1 000多家,全国的地级市覆盖率超过70%,南至三亚,北至漠河,东至佳木斯,西至喀什,形成了分布最广、布点最密的轿车营销与售后服务网络。作为国内最早引入客户关系管理(CRM)的汽车企业之一,上海大众在2001年就筹划实施了CRM项目。上海大众的CRM日益完善,并蝉联2004、2005年度中国汽车行业最佳CRM实施企业。2005年9月,上海大众售后服务热线启用新号码10106789,此举标志着CRM的重要一环——客户服务中心完成了售前、售后呼叫中心的业务整合工作,从而使客户享受到上海大众全过程统一的标准服务,确保各类咨询和建议得到最快速的响应,并且通过对客户生命周期的全程跟踪实现个性化服务。

2005年10月,上海大众推出了全新的服务品牌“Techcare 大众关爱”,为用户提供购车、用车、换车、装饰车等全方位的服务,让用户真正体会到360度的全程关爱。系统化的销售服务,透明诚信的二手车置换,便利化的汽车金融服务,个性化的汽车附件,以及维系客户忠诚度的车主俱乐部等与标准化专业服务的有机融合,是上海大众服务品牌的6大支柱。

“十二五”以来,上海大众在开发领域投入累计已经超过30亿元,不仅培养了一支高效率、高素质的产品开发队伍,也建立了功能完善、具备国际领先水平的技术开发中心,已初步具备整车开发能力。

技术中心包括试制试验基地和试车场两大部分,基本满足了轿车车身自主开发的需要,而且能够针对汽车底盘系统和关键零部件进行深入的研究和开发。技术中心配置了大量先进的整车开发和认可设备,如电磁相容性试验室、气候模拟试验室、汽车声学试验室、台车碰撞试验系统、发动机耐久试验台等,并形成了完整的样车和样件试制能力。集各种特殊试验路面于一体的试车场,是中国国内第一家为轿车的开发试验而建造的专业试验场,为新车型的开发、试验、鉴定提供了可靠的保障。经过规划和调整,公司已形成了从市场调研、产品规划、造型、总布置、模拟计算、结构设计到产品试制、试验全过程的开发流程;形成了包括车身自主开发,发动机、底盘、电子电器匹配开发在内的整车自主开发能力。

5.4.5 沃尔沃汽车公司

“沃尔沃”,瑞典著名汽车品牌,原沃尔沃集团下属汽车品牌,又译为富豪,1924年由阿瑟·格布尔森和古斯塔夫·拉尔森创建,该品牌汽车是目前世界上最安全的汽车。成立于1927年的沃尔沃公司生产的每款沃尔沃轿车,处处体现出北欧人那高贵的品质,给人以朴实无华和富有棱角的印象,尽管“沃尔沃”充满了高科技,但仍不失北欧人的冷峻。“沃尔沃”那典雅端庄的传统风格与现代流线型造型揉合在一起,创造出一种独特的时髦。卓越的性能、独特的设计、安全舒适的沃尔沃轿车,为车主提供一个充满温馨的可以移动的家。

沃尔沃汽车公司是北欧最大的汽车企业,也是瑞典最大的工业企业集团,世界20大汽车公司之一。创立于1924年,创始人是古斯塔夫·拉尔森和阿瑟·格布尔森。

沃尔沃汽车以质量和性能优异在北欧享有很高声誉,特别是安全系统方面,沃尔沃汽车公司更有其独到之处。美国公路损失资料研究所曾评比过10种最安全的汽车,沃尔沃荣登榜首。到1937年,公司汽车年产量已达1万辆。随后,它的业务逐渐向生产资料和生活资料、能源产品等多领域发展,一跃成为北欧最大的公司。

沃尔沃汽车公司下属商用车部、载重车部、大客车部、零部件部、汽车销售部及小客车子公司等。沃尔沃公司的产品包罗万象,但主要产品仍然是汽车。

沃尔沃公司除了大客车、各种载货车在北欧占绝对统治地位外，它的小客车在世界上也小有名气。沃尔沃小客车以造型简洁，内饰豪华舒适而闻名。推出的沃尔沃 740,760,940,960 小汽车，已出口到 100 多个国家和地区。

该企业品牌在世界品牌实验室（World Brand Lab）编制的 2006 年度《世界品牌 500 强》排行榜中名列第 232 位。该企业在 2007 年度《财富》全球最大 500 家公司排名中名列第 185 位。

5.4.6 奔驰汽车公司

世界 10 大汽车公司之一，创立于 1926 年，创始人是卡尔・本茨和戈特利布・戴姆勒。它的前身是 1886 年成立的奔驰汽车厂和戴姆勒汽车厂。1926 年两厂合并后，叫戴姆勒-奔驰汽车公司，现在，奔驰汽车公司除以高质量、高性能豪华汽车闻名外，它也是世界上最著名的大客车和重型载重汽车的生产厂家。它是世界上资格最老的厂家，也是经营风格始终如一的厂家。

奔驰汽车公司目前拥有 12 个系列，百余种车型，年产量达到了近百万辆。奔驰公司资产超过 500 亿美元，每年的净利润达 12 亿美元，雇员约 40 万人，奔驰公司年产汽车近百万辆，其中轿车只限量生产 55 万辆，这是为了保证高质量和“物以稀为贵”。奔驰汽车公司的总部设在斯图加特，在总部内设有庞大周全的接待设施。

1894 年奔驰公司生产出世界上第一辆汽油机公共汽车，戴姆勒公司则在 1896 年制造出第一辆汽油载重汽车。第一次世界大战后，福特车充斥着市场，为了生存，1926 年两家公司合并为戴姆勒-奔驰汽车公司，产品统一命名为梅塞德斯-奔驰。

从 1926 年至今，公司不追求汽车产量的扩大，而只追求生产出高质量、高性能的高级别汽车产品。在世界 10 大汽车公司中，奔驰公司产量最小，不到 100 万辆，但它的利润和销售额却名列前 5 名。奔驰的最低级别汽车售价也有 1.5 万美元以上，而豪华汽车则在 10 万美元以上，中间车型也在 4 万美元左右。在香港市场，一辆奔驰 500sl 汽车，售价高达 165 万港币。

奔驰的载重汽车、专用汽车、大客车品种繁多，仅载重汽车一种，就有 110 多种基本型，奔驰也是世界上最大的重型车生产厂家，其全轮驱动 3850as 载重汽车最大功率可达 368 kW，拖载能力达 220 t，1984 年奔驰公司投放市场的 6.5～11 t 新型载重汽车，采用空气制动、伺服转向器、电子防刹车抱死装置，使各大载重汽车公司为之震动。

进入 20 世纪 90 年代奔驰公司生产效率低、价格过于昂贵的弱点日渐显现，加之奔驰最大的海外市场美国认为奔驰式样过于正统、保守，无法吸引追求时髦的人。为重塑形象，1995 年推出奔驰 e 系列车，这是奔驰最大胆的一次改动，体现了既勇于创新又保持传统的一贯风格。同时奔驰公司压缩零部件采购成本、缩短新车型开发周期，有效降低了产品成本，使公司保持了德国最大、世界第 4 的位置。

奔驰公司在国内有 6 个子公司，国外有 23 个子公司，在全世界范围内都设有联络处、销售点以及装配厂。20 世纪 80 年代，奔驰公司和中国北方工业公司合作，向中国转让奔驰重型汽车的生产技术。现在，北方工业公司已经投入批量生产。

奔驰公司总部设在德国斯图加特，雇员总数为 18.5 万人。年产汽车 60 万辆。小汽车新产品有奔驰 w124 、奔驰 r129、奔驰 w126 这 4 大系列。其中，w126 系列的 560sec 和 r129 系列的 500sl 都是十分受欢迎的超豪华汽车。1998 年，与美国的克莱斯勒公司合并成“戴姆勒-克莱斯勒”公司。

少而精的奔驰轿车总是供不应求，所以订货买车经常要依次等候到几个月以后，接到提货通知的买主,分批来到奔驰公司的接待处,在这里,他们受到真正“上帝”的待遇,不但有住宿款待,还可几人一小组,并有专门的接待小姐引导参观,先看介绍公司的录像,然后观看轿车装配的每一过程。在装配线上,每一辆轿车上都标有买主的名字,车体颜色和内饰等都严格按照买主所选择的模式进行装配,“个性化”鲜明地体现在每一辆奔驰车上。

在装配线上没有一辆车是完全相同的,满足客户的每一个要求,是奔驰永远的标准,所以奔驰车的每一个买主都能开上自己心中的汽车,都能体会到“上帝”的感觉,第一辆车在卖出后,都立档案,所以买了奔驰车,也就成为了奔驰家族中的一员,可受到无微不至的全方位服务,奔驰公司仅在德国西部就有 1 700 个维修站,有 5 万多人从事保养维修工作在公路上,平均每 25 km 就有一家奔驰维修站,买主只管开车,一旦发生故障,打个 24 h 服务电话,一般不超过 0.5 h,维修站就会赶来处理。“奔驰家族”的优越感就体现在周到的售后服务和终身保修上,不仅在德国,在全世界 171 个国家和地区内设有 4 300 多个维修点,雇员达 7 万多人,高质量、高信誉正是“奔驰”这家百年老店所蕴藏的珍宝。

思考题

5.1　汽车的外形经理多个发展阶段发展到如今的车型,为什么要淘汰过去的旧车型？如今的车型有何特点？

5.2　试分析未来汽车的发展前景,简述自己心中的理想车型。为什么？

5.3　汽车传动系中为什么要装离合器？汽车离合器由哪几部分组成？各部分的功能是什么？

5.4　汽车变速器的基本功能是什么？

5.5　同步器在变速器中所起的作用是什么？

5.6　分动器的功用有哪些？使用分动器低速挡时有何要求？

5.7　试简述汽车驱动桥的分类和各自的特点。

5.8　汽车行驶系的作用是什么？它由哪几部分组成？

5.9　汽车车架有哪几种类型？各自特点是什么？

5.10　汽车车桥可分成哪几类？各自应用在什么地方？

5.11　轮胎的选用原则是什么？

5.12　转向系由哪几部分组成？各起什么作用？

5.13　按作用分类,制动系可分为哪几种？各起什么作用？

5.14　按制动能源分类,制动系可分为哪几种类型？

5.15　汽车 ABS 系统由哪几部分组成？各部分的作用如何？

第6章 工程施工装备

工程施工是建筑安装企业归集核算工程成本的会计核算专用科目,是根据建设工程设计文件的要求,对建设工程进行新建、扩建、改建的活动。工程施工下设人工费、材料费、机械费及其他直接费4个明细。机械费核算大型推土机、压路机等大型工程施工装备所产生的费用。工程施工装备种类繁多,包括大型推土机、压路机、两头忙、蛤蟆夯、汽车泵、混凝土泵、外用电梯、塔吊等。本章节主要介绍一些较为常用工程施工装备。

6.1 概　述

6.1.1 工程机械的分类

土方工程施工包括挖、运、填、压4个内容,其施工方法可采用人力施工,也可用机械化或半机械化施工。这要根据场地条件、工程量和当地施工条件决定。在规模较大,土方较集中的工程中,采用机械化施工较经济;但对工程量不大,施工点较分散的工程或因受场地限制,不便采用机械施工的地段,应该用人力或半机械化施工。机械开挖常用机械有推土机、铲运机、单斗挖土机(包括正铲、反铲、拉铲、抓铲等)、多斗挖掘机及装载机等。

推土机是土石方工程施工中的主要机械之一。它由拖拉机与推土工作装置两部分组成。其行走方式有履带式和轮胎式两种。传动系统主要采用机械传动和液力机械传动,工作装置的操纵方法分液压操纵与机械传动。

铲运机在土方工程中主要用于铲土、运土、铺土、平整及卸土等工作。铲运机对运行的道路要求较低,适应性强,投入使用准备工作简单,具有操纵灵活、转移方便与行驶速度较快等优点。因此,使用范围较广,如筑路、挖湖、堆山、平整场地等均可使用。铲运机按其行走方式,可分为拖式铲运机和自行式铲运机两种;按铲斗的操纵方式,可分为机械操纵(钢丝绳操纵)和液压操纵两种。

挖掘机按行走方式,可分为履带式和轮胎式两种;按传动方式,可分为机械传动和液压传动两种。斗容量有0.1,0.2,0.4,0.5,0.6,0.8,1.0,1.6,2.0 m^3等。根据工作装置不同,有正铲、反铲,机械传动挖掘机还有拉铲和抓铲,使用较多的为正铲,其次为反铲。拉铲和抓铲仅在特殊情况下使用。

装载机按其行走方式,可分为履带式和轮胎式两种:按工作方式,可分为周期工作的单斗式装载机和连续工作的链式与轮斗式装载机。有的单斗装载机背端还带有反铲。土方工程主要使用单斗铰接式轮胎装载机。它具有操作轻便、灵活,转运方便、快速,维修较易等特点。

6.1.2　工程机械发展简史

关于工程机械发展史,在许多研究工程机械史著作中将其分为 3 个阶段:古代工程机械史、近代工程机械史和现代工程机械史。

(1)古代工程机械史

机械始于工具。公元前 3000 年以前(史前期),人类已广泛使用石制和骨制的工具。搬运重物的工具有滚子、撬棒和滑橇等,如古埃及建造金字塔时就已使用这类工具。公元前 3500 年后不久,苏美尔人已有了带轮的车。史前期的重要工具有弓形钻和制陶器用的转台。弓形钻由燧石钻头、钻杆、窝座及弓弦等组成,用来钻孔、扩孔和取火。埃及第三至第六王朝(约公元前 2686—前 2181 年)的早期,开始将牛拉的原始木犁和金属镰刀用于农业。约公元前 2500 年,欧亚之间地区就曾使用两轮和四轮的木质马车。叙利亚在公元前 1200 年制造了磨谷子用的手磨。

在建筑和装运物料过程中,已使用了杠杆、绳索、滚棒及水平槽等简单工具。滑轮最早出现于公元前 8 世纪,亚述人用作城堡上的放箭机构。绞盘最初用在矿井中提取矿砂和从水井中提水。这时,埃及的水钟、虹吸管、鼓风箱和活塞式唧筒等流体机械也得到初步的发展和应用。

公元前 600—400 年的古罗马称为古典文化时期,这一时期木工工具有了很大改进,除木工常用的成套工具如斧、弓形锯、弓形钻、铲和凿外,还发展了球形钻、能拔铁钉的羊角锤、伐木用的双人锯等。广泛使用的还有长轴车床和脚踏车床,用来制造家具和车轮辐条。脚踏车床一直沿用到中世纪,为近代车床的发展奠定了基础。

约在公元前 1 世纪,古希腊人在手磨的基础上制成了石轮磨。这是机械和机器方面的一个进展。约在同时,古罗马也发展了驴拉磨和类似的石轮磨。

公元 400—1000 年的欧洲地区,机械技术的发展因古希腊和古罗马的古典文化的消沉而陷入长期停顿。1000—1500 年,随着农业和手工业的发展,意、法、英等国相继兴办大学,发展自然科学和人文科学,培养人才,同时又吸取了当时中国、阿拉伯和波斯帝国的先进科学技术,机械技术开始恢复和发展。西欧开始用煤冶炼生铁,制造了大型铸件。随着水轮机的发展,已有足够的动力来带动用皮革制造的大型风箱,以获得较高的熔化温度,铸造大炮和大钟的作坊逐渐增多,铸件质量渐渐增大。在农业方面创造出装有曲凹面犁板的犁头,以取代罗马时代的尖劈犁头。这个时期还出现了手摇钻、其构造表明曲柄连杆机构的原理已用于机械。加工机械方面出现了大轮盘的车床。12 世纪和 13 世纪后半期,先后出现了装有绳索擒纵机构的原始钟鹤天平式的钟。天平式的钟是第一种实际应用的机械式的钟,其中装有时针和秒针,表明时钟齿轮系有了进一步的发展,15 世纪在欧洲家庭中已得到较为普遍的应用。

表是 1 500 年前开始制造的。重要的改进是用螺旋弹簧代替重物以产生动力,此外还加了棘轮机构。机械式钟表创造的成功,不仅为现代文明所必需,也推动了精密零件的制造技术。机械式钟表后来又得到全面改进,如单摆式时钟取代了原来的天平式时钟。1676 年英国为格林尼治天文台制作了摆长不同的两种精密时钟。怀表采用双金属条,解决了平衡轮的温度补偿问题。

1500—1750 年,机械技术发展极其迅速。材料方面的进展主要表现在用钢铁,特别是用生铁代替木材制造机器、仪器和工具。同时,为了解决采矿中的运输问题。1770 年前后,英国发展了马拉有轨货车,先是用木轨,后又换成铁轨。

这一时期工具机也获得不少成就:制造出水力辗轧机械和几种机床,如齿轮切削机床、螺纹车床、小型脚踏砂轮磨床及研磨光学仪器镜片的抛光机。

在欧洲诞生了工程科学。许多科学家,如牛顿、伽利略、莱布尼兹、玻意耳和胡克等,为新科学奠定了多方面的理论基础。为了鼓励创造发明,意大利和英国分别在 1474 年和 1561 年建立了专利机构。17 世纪 60 年代出现了科学学会,如英国皇家学会。英国于 1665 年开始出版科学报告会文献。法国约于同时建立了法国科学院。俄、德两国也分别于 1725 年和 1770 年建立了俄国科学院和柏林科学院。这些学术机构冲破了当时教会的禁锢,展开自由讨论,交流学术观点和实验结果,因而促进了科学技术以及机械工程的发展。

(2)近代工程机械史

在 1750—1900 年这一近代历史时期内,机械工程在世界范围内出现了飞速的发展,并获得了广泛的应用。1847 年,在英国伯明翰成立了机械工程师学会,机械工程作为工程技术的一个分支得到了正式的承认。后来,在世界其他国家也陆续成立了机械工程的行业组织。

在这一历史时期内,世界上发生了引起社会生产巨大变革的工业革命。工业革命首先在英国掀起,后来逐步波及其他各国,前后延续了一个多世纪。工业革命是从出现机器和使用机器开始的。在工业革命中最主要的变革是:

①用生产能力大和产品质量高的大机器取代手工工具和简陋机械。

②用蒸汽机和内燃机等无生命动力取代人和牲畜的肌肉动力。

③用大型的集中的工厂生产系统取代分散的手工业作坊。在这期间,动力机械、生产机械和机械工程理论都获得了飞速发展。

机械工程的发展,在工业革命的进程中起着主干作用。如 18 世纪中叶以后,英国纺织机械的出现和使用,使纺纱和织布的生产技术迅速提高。蒸汽机的出现和推广使用,不仅促进了当时煤产量的迅速增长,并且使炼铁炉、鼓风机有了机器动力而使铁产量成倍增长,煤和铁的生产发展又推动各行各业的发展。蒸汽机用于交通运输,出现了蒸汽机车、蒸汽轮船等,这反过来又促进了煤、铁工业和其他工业的发展。汽轮机、内燃机和各种机床相继出现。其中动力机械技术的突破,促进了各技术领域的突飞猛进。第一台有实用意义的蒸汽动力装置是英国的 T.钮科门于 1705 年制成的大气式蒸汽机,曾在英国的煤矿和金属矿中使用。1712 年制成的钮科门蒸汽机,它的蒸汽汽缸和抽水缸是分开的。蒸汽通入汽缸后在内部喷水使它冷凝,造成汽缸内部真空,汽缸外的大气压力推动活塞做功,再通过杠杆、链条等机构带动水泵活塞运动。1765 年瓦特制作了一台试验性的有分离冷凝器的小型蒸汽机,1781 年他又取得双作用式蒸汽机的专利。1776 年瓦特与 M.博尔顿合作制造的两台蒸汽机开始运转。到 1804 年,英国的棉纺织业已普遍采用蒸汽机作为生产动力。

19 世纪中期,内燃机问世。第一台在工厂中实际使用的内燃机是 1860 年法国的勒努瓦制造的无压缩过程的煤气机,其基本结构与当时的蒸汽机相差不多。1862 年,法国 A.E.B.de 罗沙提出四冲程循环的基本原理。1876 年,德国 N.A. 奥托制成四冲程往复活塞式单缸卧式煤气机,比勒努瓦的煤气机效率更高、功率更大。1878年,英国D.克拉克制成二冲程作出了重要贡献。1897年他制成第一台压缩式点火式内燃机(柴油机),使用液体燃料,按四冲程原理工作,热效率高于当时其他任何内燃机。早期的压缩式内燃机的转速比较低,进入20世纪后内燃机的转速大幅度提高。

随着发电机和电动机的发明,世界开始进入电气时代。中心发电站迅速兴起,大功率的高速汽轮机应运而生。

1873年,电动机成为机床的动力,开始了电力取代蒸汽动力的时代。最初,电动机安装在机床以外的一定距离处,通过带传动。后来把电动机直接安置在机床本身内部。19世纪末,已有少数机床使用两台或多台电动机,分别驱动主轴和进给机构等。至此,被称为“机械工业的心脏”的机床工业已粗具规模。进入20世纪后,迅速发展的汽车工业和后来的飞机工业,又促进了机械制造技术向高精度、大型化、专用化和自动化的方向继续发展。

(3)现代工程机械史

20世纪以来,世界机械工程的发展远远超过了上个世纪。尤其是第二次世界大战以后,由于科学技术工作从个人活动走向社会化,科学技术的全面发展,特别是电子技术、核技术和航空航天技术与机械技术的结合,大大促进了机械工程的发展。

第二次世界大战前的40年,机械工程发展的主要特点是:继承19世纪延续下来的传统技术,并不断改进、提高和扩大其应用范围。例如,农业和采矿业的机械化程度有了显著的提高,动力机械功率增大,效率进一步提高,内燃机的应用普及到几乎所有的移动机械。随着工作母机设计水平的提高及新型工具材料和机械式自动化技术的发展,机械制造工艺的水平有了极大的提高。美国人F.W.泰勒首创的科学管理制度,在20世纪初开始在一些国家广泛推进,对机械工程的发展起了推动作用。

第二次世界大战以后的30年间,机械工程的发展特点是:除原有技术的改进和扩大应用外,与其他科技领域的广泛结合和相互渗透明确加深,形成了机械工程的许多新的分支,机械工程的领域空前扩大,发展速度加快。这个时期,核技术、电子技术、航空航天技术迅速发展。生产和科研工作的系统性、成套性、综合性大大增强。机器的应用几乎遍及所有的生产部门和科研部门,并深入生活和服务部门。

进入20世纪70年代以后,机械工程与电工、电子、冶金、化学、物理及激光等技术相结合,创造了许多新工艺、新材料和新产品,使机械产品精密化、高效化和制造过程的自动化。

6.1.3　工程机械的发展趋势

从20世纪80年代到21世纪初,国内外工程机械产品技术已从一个成熟期走到了现代化时期。伴随着一场新的技术革命,工程机械产品的综合技术水平跃上了一个新的台阶。电子技术、微电脑、传感器、电液伺服与控制系统集成化改造了传统的工程机械产品,计算机辅助设计、辅助制造及辅助管理装备了工程机械制造业,IT网络技术也装备了工程机械的销售与信息传递系统,从而让人们看到了一个全新的工程机械行业。新的工程机械产品在工作效率、作业质量、环境保护、操作性能及自动化程度诸方面都是以往所不可比拟的,并且在向着进一步的智能化和机器人化方向迈进。

(1)节能环保

据环保部发布的数据显示,京津冀、长三角、珠三角区域及直辖市、省会城市和计划单列市等74个城市空气质量平均超标天数比例为39.7%。其中,京津冀地区城市超标天数比例最高,达68.5%,我国环境问题日益严峻已成为不争的事实。而我国工程机械设备行业的污染比重较大。中国工程机械工业协会会长祁俊此前表示,我国是“世界上最大的建设工地”,工程建设带动着工程机械行业飞速发展。然而,我国有关工程机械产品排放的要求一直比较宽松,这使得市场上充斥着大量高排放产品,已成为了环境的沉重负担。

因此,业内呼吁国内工程机械行业走节能环保之路。国家颁布的《国家新型城镇化规划》规划的投资重点包括完善城市基础、推进新型城镇化发展,大力发展社会事业,着力保障和改善民生,实施创新驱动战略、推动产业转型升级,强力推进节能减排,加快生态文明建设,加快培育新的经济支撑带等。这是在今后一个时期内指导全国城镇化健康发展的宏观性、战略性、基础性的规划,也是中央颁布实施的第一个城镇化规划。在这部《规划》的指导下,中国各地基础设施建设步伐的不断推进,中国工程机械势必将再次迎来发展的高潮。

无论是从减轻环境负担,还是打破对外贸易壁垒等方面考虑,节能环保之路都将成为工程机械发展的主流趋势。今后中国工程机械产业的发展将更加注重转型升级,而在具体的实施策略中,节能环保将成为主要的发展方向。目前,工程机械各家厂商都在其新产品上融入更多的节能环保的元素。无论小松、现代、沃尔沃建筑设备等国际工程机械知名企业,还是三一、徐工、中联、柳工等中国本土的工程机械巨头都纷纷展示了它们最新的机械设备,这些设备无不是有了更好的节能环保性能。由此可见,工程机械的未来走向,必将是节能环保大势当道。广大工程机械企业必须依靠自己走上让产品工作效率更高效、节能降耗性能更出色的正确道路上。

(2)**模块化设计**

未来随着我国工程机械行业的发展,为用户提供高性能、高可靠性、高机动性、良好的维修性和经济性的设备逐渐成为厂商追逐的目标。因此,为了满足用户的个性化需求,厂商生产应该采取多品种、小批量的生产方式,以最快速度开发出质优价廉的新产品。想要综合实现上述要求的最有效的途径,就是采用模块化设计原理、方法和技术。

模块化设计技术是在对一定范围内的不同功能或相同功能不同性能、不同规格的产品进行功能分析的基础上,划分并设计出一系列功能模块,通过模块的选择和组合可以构成不同的产品,以满足市场的不同需求的设计方法,其最终原则即是力求以少数模块组成尽可能多的产品,并在满足要求的基础上使产品精度高、性能稳定、结构简单、成本低廉,且模块结构应尽量简单、规范,模块间的联系尽可能简单。

与传统的设计方法相比,模块化设计最大的特点就是应用了电子计算机。以往一种新机型需要多次反复试制、试验和修改才能定型,一般需要几年的时间。在计算机上,新产品设计可采用三维数字化建模,利用专业软件进行基础零部件优化选择与分析计算,直到生成工程图和进行三维虚拟装配及模拟试验。随着装备制造业的飞速发展,产品种类急剧增多且结构日趋复杂,只有产品设计周期不断缩短,才能够满足企业激烈竞争的需要。模块化机械设计理念符合机械产品快速设计的理念,符合装备制造业的发展需要,是机械设计的发展方向之一,有较高的实用价值和经济价值。

(3)**智能化**

当前,工程机械智能化已露端倪。工程机械行业是为国家基础建设提供技术装备的战略性产业,同时也是装备制造业中最重要的子行业,属于国家重点鼓励发展的领域之一。随着国家经济的持续发展,必然会对工程机械行业的发展提出更多要求。对于中国工程机械企业来说,市场竞争的激烈和工程以及矿山行业的施工开采难度加大,配套件的核心技术相比国外,仍有很大的差距,因此要突破行业发展瓶颈,追赶上国际化步伐,国内厂商不仅仅是扩大海外市场,更是要获得更高端的技术,才能屹立在世界工程机械之林。而智能化无疑成为工程机械制造厂商的最佳选择。

针对工程机械这个典型行业在面对国内市场国际化竞争的残酷局面和新技术、新工艺的挑战中求得生存与发展,必须解决 TQCS 难题,即以最快的上市速度,最好的质量,最低的成本,最优的服务,来满足不同顾客的需求。而解决这一难题的最有效手段——智能化制造,智能制造是"中国工程机械制造"努力的目标。从目前来看,我国"十二五"规划对工程机械行业的发展提出了更高的要求,柔性化生产、自动化、数字化等为基础的智能化制造将成为行业的新标准。这将使国内工程机械行业的整体智能化制造水平在"十二五"末迈上一个新台阶。

随着科学技术的发展,智能化将逐渐成为工程机械发展的主流趋势,不仅可有效提高工作效率,还可大幅度降低生产成本。面对全球激烈的竞争,我国工程机械行业走智能化之路迫在眉睫。

(4)以人为本实现人机交互

人机交互是人通过操作界面对机器进行交互的操作方式,即用户与机器相互传递信息的媒介,其中包括信息的输入和输出。好的人机界面美观易懂、操作简单且具有引导功能,使用户感觉舒适、愉悦,从而提高使用效率。当机械大工业发展起来的时候,如何有效操纵和控制产品导致了人机工程学的诞生。

自20世纪80年代以来,世界上许多大的工程机械制造公司都投入很大的人力和资金促进现代设计方法学的研究和应用,即人机工程学。总体来说,"以人为本"的设计思想关键在于注重机器与人的相互协调,提高人机安全性、驾驶舒适性,方便于司机操作和技术保养,这样既改善了司机的工作条件,又提高了生产效率,有的国家对工程机械的振动、噪声、废气排放和防翻滚与落物制订了新的标准,甚至付诸法律。现在各类工程机械都设计有防翻滚和落物保护装置,以保护司机的人身安全,并且都是与驾驶室分别设计和安装。驾驶室内有足够的人体活动空间和开阔的视野,并采取必要的密封、减振、降噪和控温措施。

未来电子技术在工程机械上的应用,将大大简化司机的操作程序和提高机器的技术性能,从而真正实现"人机交互"效应。

(5)机器人在机械制造中的应用

工程机械在工程建设领域代替了人的体力劳动,扩展了人的手脚功能,但传统机械还未能解决好人的体力和生理负担问题,更不要说解脱人的精神和心理负担了。现代化工程机械应该是赋予其灵性,有灵性的工程机械是有思维头脑(微电脑)、感觉器官(传感器)、神经网络(电子传输),五脏六腑(动力与传动)及手足骨骼(工作机构与行走装置)的机电信一体化系统。

机电信一体化并非机电与信息技术的简单结合,它所构成的系统必须具备5项功能:具有检测和识别工作对象与工作条件的功能,具有根据工作目标自行作出决策的功能,具有响应决策、执行动作的伺服功能,具有自动监测工作过程与自我修正的功能,具有自身安全保护和故障排除功能。这也就是工程机械智能化的一些具体目标。未来工程机械将从局部自动化过渡到全面自动化,并且向着远距离操纵和无人驾驶的趋势发展。随着人工智能的介入,工程机械将加快其现代化进程,逐步过渡到完全智能化的作业机器人目标。到那时,一些新的机器人化作业程序就会应运而生。

(6)**信息化制造**

近年来,随着信息化与制造业不断深度融合,一种以智能制造为主导的新工业革命——"工业4.0"正在到来,也就是我们说的信息化制造。在未来的智能工厂中,工厂里所有的加工设备、原材料、运输车辆、装料机器人都装有前文提到的CPS,都是"能说话,会思考"的。

控制这些智能工厂的企业,其业务流程和组织将会重组再造,产品研发、设计、计划、工艺到生产、服务的全生命周期数据信息将实现无缝链接。由此产生海量数据及其分析运用,将催生率先满足动态的商业网络、异地协同设计、大规模个性化定制、精准供应链管理等新型商业模式的兴起。对于整个制造业产业体系来说,诸如全生命周期管理、总集成总承包、互联网金融、电子商务等产业新价值链也将会出现,由此产生的生产力是极为巨大的。根据美国通用电气公司预测,这种变革将至少会为全球GDP增加10万亿~15万亿美元——相当于再创一个美国经济。

有数据显示,我国沿海地区劳动力综合成本已经与美国本土部分地区接近。随着人口红利的消失,制造业人工成本上升和新一代劳动力就业意愿的下降,我国制造业的国际竞争力将面临重大危机。推进"工业化和信息化"融合,抢先进入"工业4.0"时代,保持住我国制造业的竞争力,已经是必须选择的命题。尽管前路漫漫,作为"世界工厂",我们也拥有很多机遇,如良好的政策环境、互联网时代众多的弄潮儿、足够坚实的创新底蕴等。在这个狭路相逢勇者胜的大时代,我们相信,只要脚踏实地,勇于开拓,命运就永远操控在自己手里。

(7)**两极化发展**

一方面随着我国在能源、风电以及核电等新领域开发的不断深入,大型化的工程机械设备受到热捧,从履带起重机到矿山挖掘机等,不仅充分证明了我国国内工程机械企业先进的技术水平和制造能力外,还进一步增强了我国在国际市场大型化产品的市场竞争力。

另一方面,在国外比如美欧日等发达国家基础设备比较完善,大规模基础设施建设工程在日益减少,而修缮保护及城市小型工程项目却在增多,为了节省较高的人力费用,提高工作效率,各种小型、微型工程机械大受欢迎,这些机械设备将在狭窄地段进行施工作业,或在家庭住宅及小型工程项目中得到更广泛的应用。在国内,我国新型城镇化建设项目日益深入,对于小型的工程机械设备需求也将呈现持续稳定增长。

(8)**一机多用**

一机多用,作业功能多元化是近年来工程机械装备出现的一个新技术特点,也将是未来工程机械装备制造发展的一个大趋势。多功能作业装置改变了单一作业功能,推动这一发展的因素首先源于液压技术的发展,通过对液压系统的合理设计,使得工程装置能够完成多种作业功能。其次快速可更换链接装置的诞生,安装在工作装置上的液压快速可更换连机器,能在作业现场完成各种附属作业装置的快速装卸及液压软管的自动链接,使得更换附属作业装置的工作在司机室通过操纵手柄即可快速完成。

为完成更多的作业功能,工程机械主机作业功能将尽可能扩大,单一功能将向多功能转化,扩大了工程机械的应用领域,如液压挖掘机作业机具的多样化,同一主机可完成挖掘、装载、破碎、剪切和压实等作业。对于高速公路的施工和养护,多功能作业更为重要,具有清扫、除雪、挖掘、破碎及压实功能的养护机械依然是工程机械行业关注的热点课题之一。

(9)向机电一体化发展

20世纪80年代以微电子技术为核心的高新技术的兴起，推动了工程机械制造技术的迅速发展，特别是随着微型计算机及微处理技术、传感与检测技术、信息处理技术等的发展及其在工程机械上的应用，从根本上改变了工程机械的面貌，极大促进了产品性能的提高，使工程机械进入了一个全新的发展阶段。以微机或微处理器为核心的电子控制系统目前在国外工程机械上的应用已相当普及，并已成高性能工程机械不可缺少的组成部分。

现代工程机械正处在一个机电一体化的发展时代，引入机电一体化技术，使机械、液压技术和电子控制技术等有机地结合，可极大地提高工程机械的各种性能，如动力性、燃油经济性、可靠性、安全性、操作舒适性以及作业精度、作业效率、使用寿命等。目前，以微机或微处理器为核心的电子控制装置在现代工程机械中的应用已相当普及，电子控制技术已深入工程机械的许多领域，如摊铺机和平地机的自动找平，摊铺机的自动供料，挖掘机的电子功率优化，柴油机的电子调速，装载机、铲运机变速箱的自动控制，以及工程机械的状态监控与故障自诊等。

随着科学技术的不断发展，对工程机械的性能要求不断提高，电子控制装置在工程机械上的应用将更加广泛，结构将更加复杂。特别是随着我国进口及国产工程机械保有量的逐年增加，如何用好、管好这些价格昂贵的工程机械，使其发挥最大的效益，机电一体化无疑是现在也是将来工程机械发展的方向。

(10)更加注重零部件的开发与选择

工程机械关键零部件是工程机械产品发展的基础、支撑和制约瓶颈，当工程机械发展到一定阶段后，行业高技术的研究主要聚集在发动机、液压、传动和控制技术等关键零部件上。掌握工程机械领域，只有解决了关键零部件的生产，企业才会拥有核心竞争力。

欲在未来的市场竞争中获得更大的竞争优势，工程机械的设计中将更加注重选用质地好的零部件，更注重零部件的通用化、标准化和集成化，而相配套的零部件企业更加注重系统化地与主机配套，如传动系统、液压系统、机电一体化控制系统，大大地缩短了主机产品开发周期，而且零部件的标准化和通用化进一步提高，最大限度地简化维修，是国外先进技术发展的一个重要标志。例如，驾驶室中的操作手柄、按钮开关、仪表盘、螺栓螺帽都已经完全标注化、通用化、成组安装，大大降低了驾驶室的制作成本。

6.2　土方工程机械

6.2.1　推土机

(1)推土机的用途、分类与编号

推土机是一种多用途的自行式施工机械。推土机在作业时，将铲刀切入土中，依靠机械的牵引力，完成土壤的切削和推运工作。推土机可完成铲土、运土、填土、平地、松土、压实以及清除杂物等作业，还可给铲运机和平地机助铲和预松土以及牵引各种拖式施工机械进行作业。

常用推土机的分类、特点及适用范围见表6.1。

表 6.1　常用推土机的分类、特点及适用范围

<table>
<tr><th>分类形式</th><th>分　类</th><th>特点及适用范围</th></tr>
<tr><td rowspan="4">按发动机功率分类</td><td>小　型</td><td>发动机功率小于 44 kW</td></tr>
<tr><td>中　型</td><td>发动机功率 59~103 kW</td></tr>
<tr><td>大　型</td><td>发动机功率 118~235 kW</td></tr>
<tr><td>特大型</td><td>发动机功率大于 235 kW</td></tr>
<tr><td rowspan="2">按行走装置分类</td><td>履带式</td><td>此类推土机与地面接触的行走部件为履带。由于它具有附着牵引力大、接地比压低、爬坡能力强以及能适应较为险恶的工作环境等优点,因此,是推土机的代表机种(见图 6.1)</td></tr>
<tr><td>轮胎式</td><td>此类推土机与地面接触的行走部件为轮胎。具有行驶速度高、作业循环时间短、运输转移时不损坏路面、机动性好等优点(见图 6.2)</td></tr>
<tr><td rowspan="2">按用途分类</td><td>普通型</td><td>此类推土机具有通用性,它广泛应用于各类土石方工程中,主机为通用的工业拖拉机</td></tr>
<tr><td>专用型</td><td>此类推土机适用于特定工况,具有专一性能,属此类推土机的有湿地推土机、水陆两用推土机、水下推土机、爆破推土机、军用快速推土机等</td></tr>
<tr><td rowspan="2">按铲刀形式分类</td><td>直铲式</td><td>也称固定式,此类推土机的铲刀与底盘的纵向轴线构成直角,铲刀的切削角可调。对于重型推土机,铲刀还具有绕底盘的纵向轴线旋转一定角度的能力。一般来说,特大型与小型推土机采用直铲式的居多,因为它的经济性与坚固性较好</td></tr>
<tr><td>角铲式</td><td>也称回转式,此类推土机的铲刀除了能调节切削角度外,还可在水平面内回转一定角度(一般为±25°)。角铲式推土机作业时,可实现侧向卸土。应用范围较广,多用于中型推土机</td></tr>
<tr><td rowspan="4">按传动方式分类</td><td>机械传动式</td><td>此类推土机的传动系全部由机械零部件组成。机械传动式推土机,具有制造简单、工作可靠、传动效率高等优点,但操作笨重、发动机容易熄火、作业效率较低</td></tr>
<tr><td>液力机械传动式</td><td>此类推土机的传动系由液力变矩器、动力换挡变速箱等液力与机械相配合的零部件组成。具有操纵灵便、发动机不易熄火、可不停车换挡、作业效率高等优点,但制造成本较高、工地修理较难。它仍是目前产品发展的主要方向</td></tr>
<tr><td>全液压传动式</td><td>此类推土机除工作装置采用液压操纵外,其行走装置的驱动也采用了液压马达。它具有结构紧凑、操纵轻便、可原地转向、机动灵活等优点,但制造成本高、维修较难</td></tr>
<tr><td>电传动式</td><td>此类推土机的工作装置、行走机构采用电动马达作动力。它具有结构简单、工作可靠、作业效率高、污染少等优点,但受电源、电缆的限制,使用受局限。一般用于露天矿、矿井作业为多</td></tr>
</table>

图 6.1　履带式推土机

图 6.2　轮胎式推土机

推土机的型号用字母 T 表示，L 表示轮胎式（无 L 时表示履带式），Y 表示液力机械式，后面的数字表示发动机功率，单位是马力。例如 TY180 型推土机，表示发动机功率为 180 马力的履带式液力机械式推土机。推土机的总体构造如图 6.3 所示。

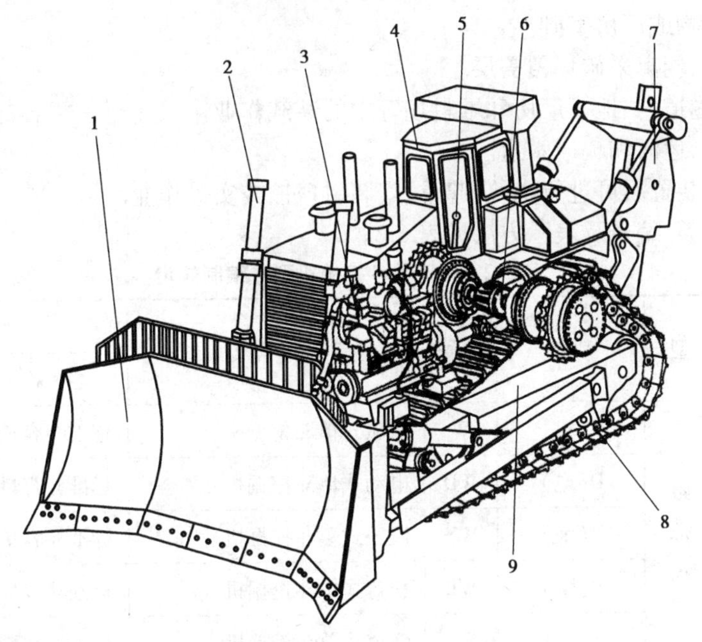

图 6.3　推土机的总体构造

1—铲刀；2—液压系统；3—发动机；4—驾驶室；5—操纵机构；
6—传动系统；7—松土器；8—行走装置；9—机架

(2) 推土机的选用

推土机的选用应综合考虑以下因素：

1) 根据工作对象选用推土机的类型

如果工作场地土方和石方都有，最好选用履带式推土机；如果工作场地全是纯土且土质较松，平板拖车不便进出，则最好选择轮胎式推土机；如果工作场地是沼泽地，则必须选用湿地推土机；如果工作场地属高原地区，则最好选用安装有增压式发动机的推土机；如果工作场地土、石夹杂且土质坚硬,则最好选用带松土器的推土机。

2)根据工程量的大小选用推土机的型号

如果推土方量少,工期不受严格限制,则一般选用小型推土机较经济;如果工期紧,推土方量大,则一般选用大型推土机;如果推土机只用于开路、助铲、回填、压实,则一般选用中、小型推土机即可满足要求。

3)根据配套工程机械情况和土石方量确定推土机数量

在较大规模的工程施工中,推土机的首要任务往往是开路,因为在诸多工程机械中推土机对路面的要求最低。因此,在考虑推土机数量时,首先考虑的就是开路和修整工作场地的需要,其次才是完成推土方工作量和与其他机种配合作业的需要。只有综合考虑了这3个方面因素,才有可能选用最适宜的推土机型号和数量。

6.2.2 单斗挖掘机

(1)单斗挖掘机的用途、分类与编号

单斗挖掘机的主要用途如下:

①开挖建筑物或厂房基础。

②挖掘土料、剥离采矿场覆盖层。

③采石场、隧道内、地下厂房和堆料场等中的装载作业。

④开挖沟渠、运河和疏通水道。

⑤更换工作装置后可进行浇筑、起重、安装、打桩、夯实等作业。

挖掘机的分类、编号及表示方法见表6.2。

表6.2 国产单斗挖掘机型号编制规定

类	组	型	特性	代号	代号含义	主参数	
						名称	单位
挖掘机	单斗挖掘机W(挖)	履带式		W	机械式单斗挖掘机	标准斗容量	$m^3 \times 100$
			D(电)	WD	电动式单斗挖掘机	标准斗容量	$m^3 \times 100$
			Y(液)	WY	液压式单斗挖掘机	标准斗容量	$m^3 \times 100$
			B(臂)	WB	长臂式单斗挖掘机	标准斗容量	$m^3 \times 100$
			S(隧)	WS	隧道式单斗挖掘机	标准斗容量	$m^3 \times 100$
		轮胎式L(轮)		WL	轮胎式机械单斗挖掘机	标准斗容量	$m^3 \times 100$
			D(电)	WLD	轮胎式电动单斗挖掘机		
			Y(液)	WLY	轮胎式液压单斗挖掘机		

续表

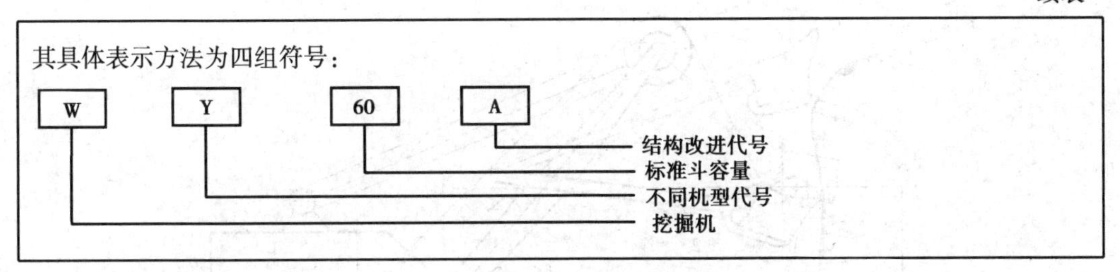

(2)单斗挖掘机的构造

1)机械式单斗挖掘机的构造

机械式单斗挖掘机主要由工作装置、回转支承装置、行走装置、动力装置及附属设备等部分组成,如图6.4所示。其中,工作装置包括铲斗、提升机构、推压机构、动臂、斗底开启机构等。回转支承装置包括回转机构、回转平台、回转支承机构等;行走装置主要有履带式和轮胎式两种。

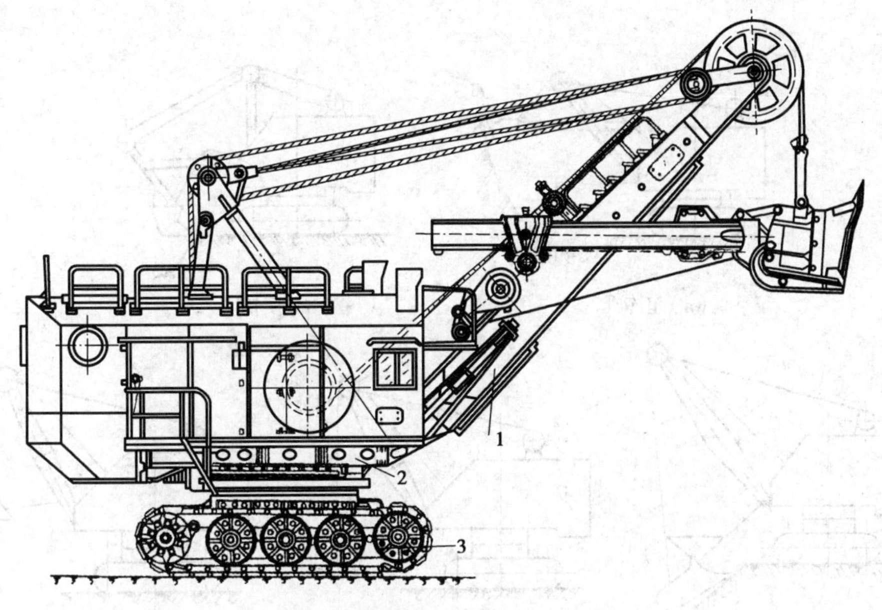

图6.4　机械式单斗挖掘机外形图

1—工作装置;2—回转平台;3—行走装置

如图6.5所示为机械式单斗挖掘机正铲工作装置的工作原理图。挖掘开始时,挖掘机靠近工作面,开挖位置在推压轴之下,斗前面与工作面夹角最大(40°~45°),斗齿容易切入。工作时,斗齿的切入深度由推压轴控制,操纵提升钢索提升铲斗,同时推压轴把斗柄推向工作面。铲斗提升与推压轴同时动作,在运动中使铲斗装满土石料,离开工作面后回转到卸载处卸载,然后再回转到工作面,开始下一次的挖掘工作。

机械式单斗挖掘机常用的工作装置除正铲工作装置外,还有反铲、拉铲等形式的工作装置,如图6.6所示。

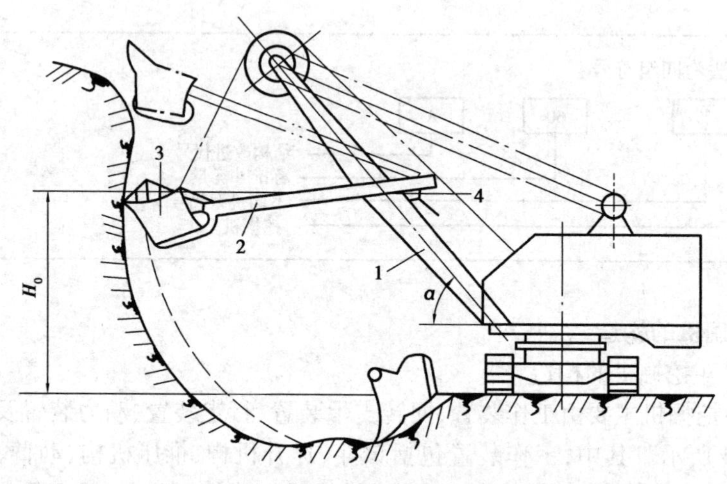

图 6.5 正铲工作装置工作原理图

1—动臂;2—斗柄;3—铲斗;4—推压轴

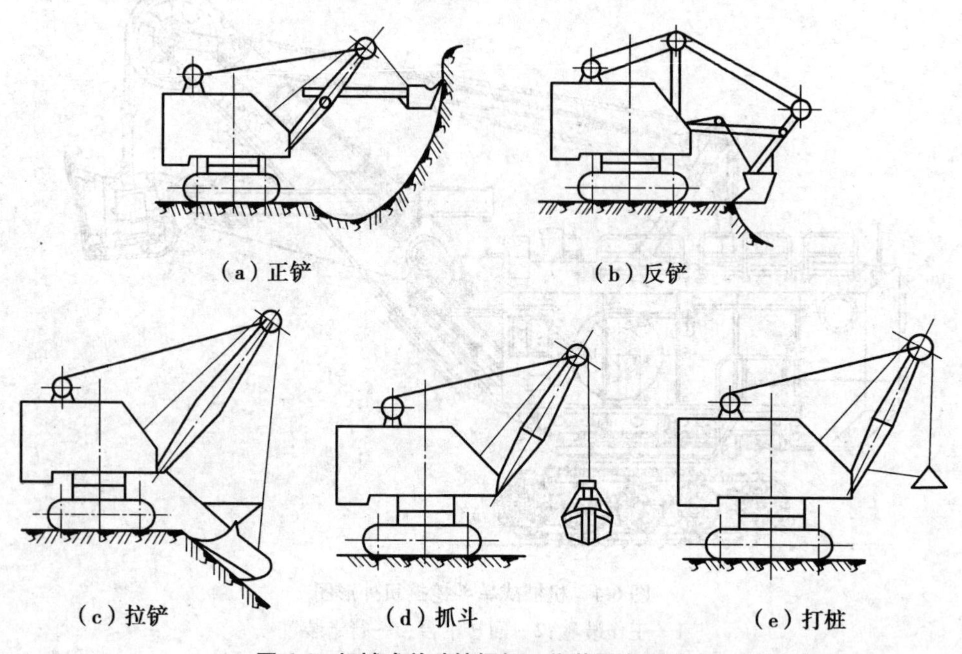

图 6.6 机械式单斗挖掘机工作装置主要形式

2)液压式单斗挖掘机的构造与工作原理

单斗液压挖掘机主要由工作装置、回转机构、动力装置、传动机构、行走装置及辅助设备等组成,如图 6.7 所示。常用的全回转式(转角大于 360°)挖掘机,其动力装置、传动机构的主要部分和回转机构、辅助设备及驾驶室等都装在可回转的平台上,通称为上部转台,因而又把这类机械概括成由工作装置、上部转台和行走装置 3 大部分组成。它主要由铲斗 1、斗杆 2、动臂 3 及铲斗油缸 7、斗杆油缸 6 和动臂油缸 5 等组成,有正铲、反铲、抓斗等工作装置形式(见图 6.7)。

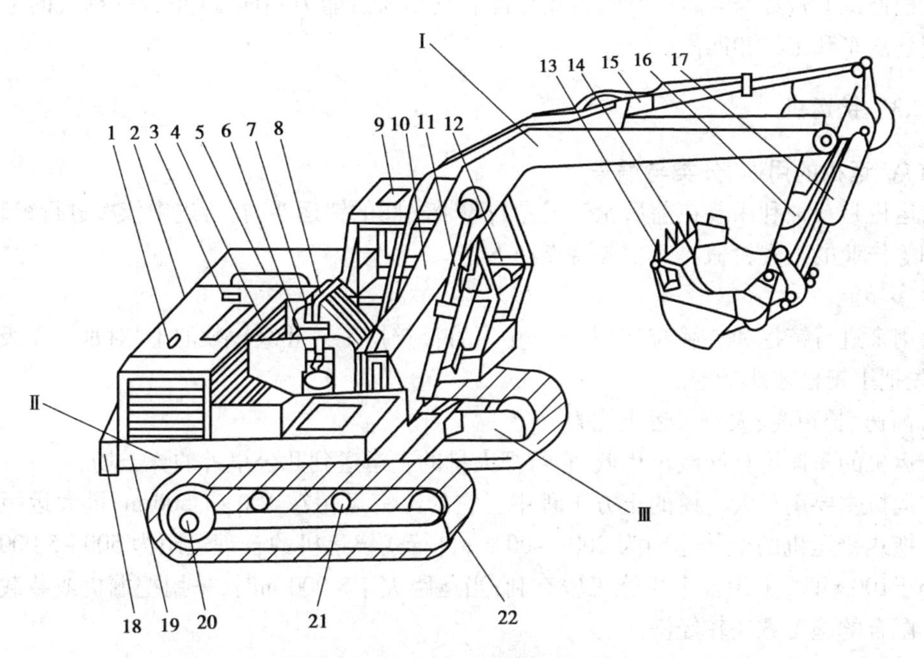

图6.7　单斗液压挖掘机的总体构造

1—柴油机;2—机篷;3—液压泵; 4—液控多路阀;5—液压油箱;
6—回转减速器;7—液压马达;8—回转接头;9—司机室;10—动臂;
11—动臂油缸;12—操纵台;13—斗齿;14—铲斗;15—斗杆油缸;
16—斗杆;17—铲斗油缸;18—平衡重;19—转台;20—行走减速器、液压马达;
21—托轮;22—履带;Ⅰ—工作装置;Ⅱ—上部转台;Ⅲ—行走装置

液压式单斗挖掘机的工作原理是:柴油机驱动两个液压泵,把高压油输送到两个分配阀,操纵分配阀将高压油再送往有关的液压执行元件(液压缸或液压马达),驱动相应的机构进行工作。

3)单斗挖掘机的选用原则

①若开挖停机面以下的较坚实的土石方,选用反铲单斗液压挖掘机为宜,由于它对停机面以上的土石方也具备一定挖掘能力,因而在施工中得到最为广泛的应用。

②若开挖停机面以下较松的土方和砂石、稀泥等,选取拉铲或抓斗单斗挖掘机较经济,尤其是进行水下开挖作业。

③若开挖停机面以上的土石方,往往选用正铲单斗液压挖掘机最为适宜,若土质松散,选用抓斗挖掘机较经济。

④若开挖隧道,则应选用具有特种工作装置和较小转台回转半径的专用于隧道、坑道、地铁等狭窄工作环境的隧道挖掘机。

⑤若开挖面积大,挖掘深度又是一般单斗挖掘机不便施工,且土质在Ⅳ级以下的土方,则选取多斗挖掘机较适宜。

⑥若施工现场无法进出平板拖车,或者施工现场不允许履带碾压,则选用轮胎式挖掘机为宜;反之,选用履带式挖掘机。

⑦挖掘机的台数与斗容必须与现场允许的汽车通过能力相匹配,单台挖掘机的生产率必须与配套汽车和工期相匹配。

6.2.3 铲运机

(1)铲运机的用途、分类与编号

铲运机是一种利用装在前后轮轴或左右履带之间的铲运斗,在行进中依次进行铲装、运载和铺卸等作业的工程机械。其主要特点如下:

1)多功能

可用来进行铲挖和装载,在土方工程中可直接铲挖Ⅰ—Ⅱ级较软的土,对Ⅲ—Ⅳ级较硬的土,需先把土耙松才能铲挖。

2)高速、长距离、大容量运土能力

铲运机的车速比自卸汽车稍低,它可把大量的土运送到几公里外的弃土场。

铲运机主要用于大规模的土方工程中。它的经济运距在100~1 500 m,最大运距可达几千米。拖式铲运机的最佳运距为200~400 m;自行式铲运机的合理运距为500~5 000 m。当运距小于100 m时,采用推土机施工较有利;当运距大于5 000 m时,采用挖掘机或装载机与自卸汽车配合的施工方法较经济。

常用铲运机的分类见表6.3。

表6.3 铲运机的分类

分 类	特 点	分 类	特 点
按斗容量分类	小型:铲斗容量<5 m^3 中型:铲斗容量=5~15 m^3 大型:铲斗容量=15~30 m^3 特大型:铲斗容量>30 m^3	按卸土方式分类	自由卸土式 半强制卸土式 强制卸土式
按行走方式分类	拖 式 自行式	按传动方式分类	机械传动式 液力机械传动式 电传动式 液压传动式
按行走装置分类	轮胎式 履带式	按工作装置的操纵方式分类	机械式 液压式

铲运机的型号用字母C表示,L表示轮胎式,无L表示履带式,T表示拖式,后面的数字表示铲运机的铲斗几何容量,单位为m^3。例如,CL7表示铲斗几何容量为7 m^3的轮胎式铲运机。

(2)铲运机的构造

拖式铲运机本身不带动力,工作时由履带式或轮胎式牵引车牵引。这种铲运机的特点是牵引车的利用率高,接地比压小,附着能力大和爬坡能力强,在短距离和松软潮湿地带的工程中普遍使用,工作效率低于自行式铲运机。

拖式铲运机的结构如图6.8所示。它由拖杆1、辕架4、工作油缸5、机架8、前轮2、后轮9和铲斗7等组成。铲斗由斗体、斗门和卸土板组成。斗体底部的前面装有刀片,用于切土。斗体可以升降,斗门可以相对斗体转动,即打开或关闭斗门,以适应铲土、运土和卸土等不同作业的要求。

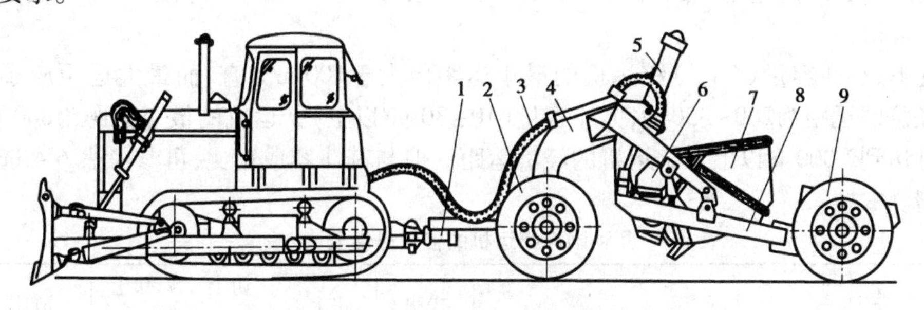

图6.8　拖式铲运机的构造简图

1—拖杆;2—前轮;3—油管;4—辕架;5—工作油缸;
6—斗门;7—铲斗;8—机架;9—后轮

自行式铲运机多为轮胎式,一般由单轴牵引车和单轴铲斗两部分组成,如图6.9所示。有的在单轴铲斗后还装有一台发动机,铲土工作时可采用两台发动机同时驱动。采用单轴牵引车驱动铲土工作时,有时需要推土机助铲。轮胎式自行式铲运机均采用低压宽基轮胎,以改善机器的通过性能。自行式铲运机本身具有动力,结构紧凑,附着力大,行驶速度高,机动性好,通过性好,在中距离土方转移施工中应用较多,效率比拖式铲运机高。

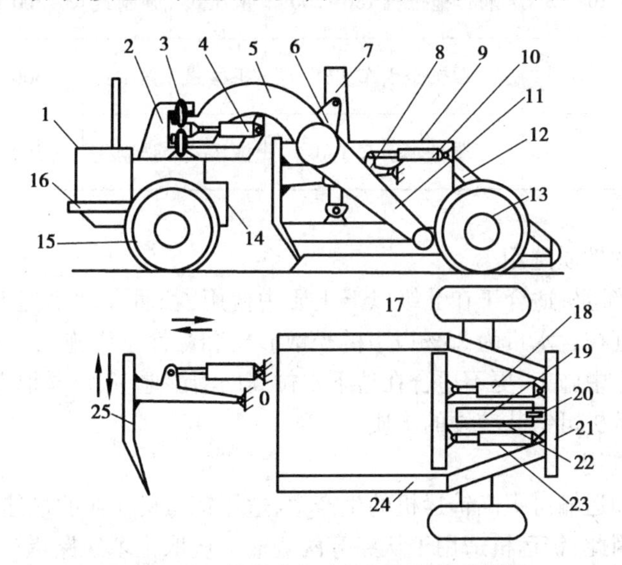

图6.9　液压操纵自行式铲运机的构造简图

1—柴油机;2—支架;3—主销;4—转向油缸;5、11—辕架;6—支臂;
7—铲斗升降油缸;8—斗门杠杆;9—铲斗;10—斗门开闭油缸;12—尾架;13—后轮;
14—传动箱;15—前驱动轮;16—机架;17—卸土板;18、23—卸土板油缸;19—导向杆;
20—滚轮;21—顶杆;22—套管;24—铲斗侧壁;25—斗门

(3)选用原则

根据工程施工的自然条件以及铲运机的性能和特点进行合理选型是取得铲运机施工最高经济效益并获得最大生产率的关键因素之一。

1)按运距选用

铲运机的经济运距是选用铲运机的基本依据。运距为100~2 500 m时,土方工程最佳的装运设备是铲运机。

一般情况下,小斗容量(6 m^3)铲运机的最小运距应大于100 m为宜,而最大运距应小于350 m,其最经济的运距为200~350 m;大斗容量(10~30 m^3以上)铲运机的最小运距为800 m,而最大运距可达到2 000 m以上。铲运机的经济运距一般与其斗容成正比,可参考表6.4选取铲运机的机型。

表6.4 几种国产铲运机的使用条件表

型号		斗容量	牵引方式及功率/kW	操纵方式	卸土方式	切土深度/mm	卸土厚度/mm	适用运距/m
拖式铲运机	CT6	6~8	履带拖拉机80~100	机械式	强制式	300	380	100~700
	CTY7	7~9	履带拖拉机120	液压式	强制式			100~700
	CTY9	9~12.5	履带拖拉机180~220	液压式	强制式	300	350	100~700
	CTY10	10~12	履带拖拉机180~200	液压式	强制式	300	300	100~700
自行式铲运机	C6		单轴牵引车120	机械式	强制式	300	380	800~1 500
	CL7	7~9	单轴牵引车180	液压式	强制式	300	400	800~1 500

2)按铲装材料的性质选用

普通装载式的铲运机适合于在Ⅱ级以下土质中使用,若遇Ⅲ,Ⅳ级土时,应对其进行预先翻松。铲运机最适宜在含水量为25%以下的松散砂土和黏性土中施工,而不适合在干燥的粉砂土和潮湿的黏性土中施工,更不适合在地下水位高的潮湿地带、沼泽地带以及岩石类地带作业。带松土齿的铲运机可铲装较硬的土质。

3)按施工地形选用

利用下坡铲装和运输可提高铲运机的生产率,适用铲运机作业的最佳坡度为7°~8°,坡度过大不利于装斗。因此,铲运机适用于从路旁两侧取土坑取土填筑路堤(3~8 m高)或两侧弃土挖深3~8 m路堑的作业。纵向运土路面应平整。

铲运机适用于大面积场地的平整作业、铲平大土堆以及填挖大型管道沟槽和装运河道土方等工程。

4)按机种选用

铲运机类型主要根据使用条件选择,如土的性质、运距、道路条件及坡度等。

双发动机式铲运机具有加速性能好、牵引力大、运输速度快、爬坡能力强、可在较恶劣地面条件下施工等优点,但其投资大。因此,只有在单发动机式铲运机难以胜任的工程条件下,双发动机式铲运机才具有较好的经济效果。

实际选用中，可根据具体情况和以上原则参考表6.5进行。

表6.5　各种铲运机的适用范围

<table>
<tr><th colspan="3" rowspan="2">类　别</th><th colspan="2">推装斗容/m³</th><th colspan="2">适用运距</th><th rowspan="2">道路坡度/%</th></tr>
<tr><th>一般</th><th>最大</th><th>一般</th><th>最佳</th></tr>
<tr><td colspan="3">拖式铲运机</td><td>2.5~18</td><td>24</td><td>100~1 000</td><td>100~300</td><td>15~30</td></tr>
<tr><td rowspan="4">自行式铲运机</td><td rowspan="2">单发动机</td><td>普通装载式</td><td>10~30</td><td>50</td><td>200~2 000</td><td>200~1 500</td><td>5~8</td></tr>
<tr><td>链板装载式</td><td>10~30</td><td>35</td><td>200~1 000</td><td>200~600</td><td>5~8</td></tr>
<tr><td rowspan="2">双发动机</td><td>普通装载式</td><td>10~30</td><td>50</td><td>200~2 000</td><td>200~1 500</td><td>10~15</td></tr>
<tr><td>链板装载</td><td>9.5~16</td><td>34</td><td>200~1 000</td><td>200~600</td><td>10~15</td></tr>
</table>

6.2.4　装载机

(1)装载机的用途、分类与编号

装载机是一种用途十分广泛的工程机械，它可用来铲装、搬运、卸载、平整散状物料，也可对岩石、硬土等进行轻度的铲掘工作。如果换装相应的工作装置，还可进行推土、起重、装卸木料及钢管等。因此，它被广泛应用于建筑、公路、铁路、国防等工程中，对加快工程建设速度、减轻劳动强度、提高工程质量、降低工程成本具有重要作用。

常用单斗装载机的分类、特点及适用范围见表6.6。

表6.6　单斗装载机的分类、特点及适用范围

<table>
<tr><th>分类型式</th><th>分　类</th><th>特点及适用范围</th></tr>
<tr><td rowspan="4">按发动机功率分</td><td>小　型</td><td>功率小于74 kW</td></tr>
<tr><td>中　型</td><td>功率74~147 kW</td></tr>
<tr><td>大　型</td><td>功率147~515 kW</td></tr>
<tr><td>特大型</td><td>功率大于515 kW</td></tr>
<tr><td rowspan="4">按传动方式分</td><td>机械传动式</td><td>结构简单、制造容易、成本低、使用维修较容易；传动系冲击振动大，功率利用差。仅小型装载机采用</td></tr>
<tr><td>液力机械传动式</td><td>传动系冲击振动小、传动件寿命长、车速随外载荷自动调节、操作方便、减少司机疲劳。大中型装载机多采用</td></tr>
<tr><td>液压传动式</td><td>可无级调速、操作简单；启动性差、液压元件寿命较短。仅小型装载机采用</td></tr>
<tr><td>电传动式</td><td>可无级调速、工作可靠、维修简单；设备质量大、费用高。大型装载机采用</td></tr>
</table>

续表

分类型式	分　类	特点及适用范围
按行走装置分	轮胎式装载机	质量轻、速度快、机动灵活、效率高、不易损坏路面;接地比压大、通过性差、稳定性差、对场地和物料块度有一定要求。应用范围广泛
	(1)铰接式车架装载机	转弯半径小、纵向稳定性好,生产率高,不但适用路面,而且可用于井下物料的装载运输作业
	(2)整体式车架装载机	车架是一个整体,转向方式有后轮转向、全轮转向、前轮转向及差速转向。仅小型全液压驱动和大型电动装载机采用
	履带式装载机	接地比压小、通过性好、重心低、稳定性好、附着性能好、牵引力大、单位插入力大;速度低、机动灵活性差、制造成本高、行走时易损路面、转移场地时需拖运。用在工程量大,作业点集中,路面条件差的场合
按装卸方式分	前卸式	前端铲装卸载,结构简单、工作可靠、视野好。适用于各种作业场地,应用广
	回转式	工作装置安装在可回转 90°~360°的转台上,侧面卸载故无需调头,作业效率高;结构复杂、质量大、成本高、侧稳性差。适用于狭窄的场地作业
	后卸式	前端装料,向后端卸料,作业效率高;作业安全性差,应用不广

国产装载机的型号用字母 Z 表示,第二个字母 L 代表轮胎式装载机,无 L 代表履带式装载机,Z 或 L 后面的数字代表额定载质量。例如,ZL50 型装载机,表示额定载质量为5 t的轮胎式装载机。

(2)装载机的构造

装载机一般由车架、动力装置、工作装置、传动系统、行走系统、转向制动系统、液压系统及操纵系统组成。如图 6.10 所示为轮胎式装载机的总体构造示意图。

(3)选用原则

1)根据工作对象选用装载机型号

一般,装载机的额定载质量越大,其铲装硬土的能力越强。因此,如果是铲装松散物料,工期不受限制,往往选用小型装载机较经济;若铲装硬土,则往往选用中型以上装载机;有时为了赶工期或者充分利用全部施工机械(挖掘机紧缺时),往往先用推土机将土推松,然后再用装载机实施铲装,此时装载机的选用则应着重考虑它与自卸汽车和推土机的配套情况;如果是为了购买装载机而作的选择,则不但要考虑上面因素,而且还要考虑该设备在今后工程中的使用率。

2)根据自卸汽车数量和装载机生产率确定装载机台数

一般,受道路和施工场地的限制,在施工中自卸汽车的数量和载质量受限。因此,与之配套的装载机的台数必须满足计算式

$$n = \frac{XY}{Q}$$

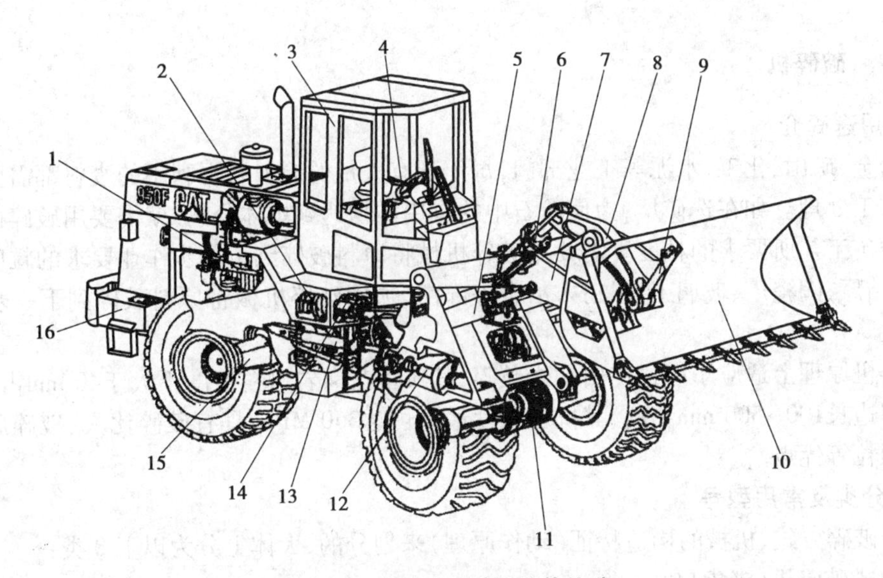

图 6.10　轮胎式装载机总体构造

1—发动机;2—液力变矩器;3—驾驶室;4—操纵系统;5—动臂油缸;6—转斗油缸;
7—动臂;8—摇臂;9—连杆;10—铲斗;11—前驱动桥;12—传动轴;13—转向油缸;
14—变速箱;15—后驱动桥;16—车架

式中　X——自卸汽车台数;

Y——自卸汽车生产率;

Q——所选装载机生产率;

n——装载机台数。

若自卸汽车行驶路程和施工场地不受限制,则装载机数量的确定主要根据工期和自卸汽车的拥有量来确定。

3)装载机与自卸汽车的匹配原则

①自卸汽车斗容应为装载机斗容的若干倍,以免造成不足一斗也要装一次车的时间和动力的浪费,装载松散物料时,此点尤为重要。

②装载机装满自卸汽车所需的斗数,一般以2~5斗为宜。斗数过多,自卸汽车等待的时间过长,不经济,斗数过少,则装载机卸料时对汽车的冲击载荷过大,易损坏车辆,物料也易溢出车厢外。

③装载机的卸载高度和卸载距离要满足物料能卸到汽车车厢中心的要求。

6.3　石方工程机械

石方工程主要是指针对岩洞、道路等较为坚硬的对象作处理,主要运用到的装备包括破碎机、筛分机、凿岩机等。本节就主要针对这些设备作介绍。

6.3.1　破碎机

(1)用途简介

在冶金、矿山、化工、水泥等工业部门,每年都有大量的原料和再利用的废料都需要用破碎机进行加工处理。如在选矿厂,为使矿石中的有用矿物达到单体分离,就需要用破碎机将原矿破碎到磨矿工艺所要求的粒度。需要用破碎机械将原料破碎到下一步作业要求的粒度。在炼焦厂、烧结厂、陶瓷厂、玻璃工业、粉末冶金等部门,须用破碎机械将原料破碎到下一步作业要求的粒度。

破碎机原理上适应于海量矿山硬岩破碎,其典型花岗岩出料粒度不大于40 mm占 90%,该机能处理边长100~500 mm物料,其抗压强度最高可达350 MPa,具有破碎比大、破碎后物料呈立方体颗粒等优点。

(2)分类及常用型号

根据破碎方式、机械的构造特征(动作原理)来划分的,大体上分为以下 8 类:

1)颚式破碎机(老虎口)

破碎作用是靠可动颚板周期性地压向固定颚板,将夹在其中的矿块压碎,如图 6.11 所示。

图 6.11　颚式破碎机

颚式破碎机主要型号如下:

①PEX-150×750

进料尺寸 150 mm×750 mm,最大进料粒度 120 mm,排料口调整范围 18 mm~48 mm,处理能力 8~25 t/h,电动机功率 15 kW,总质量 3.8 t,外形尺寸(长×宽×高)1 200 mm×1 530 mm×1 060 mm。

②PEX-250×750

进料尺寸 250 mm×750 mm,最大进料粒度 210 mm,排料口调整范围 25~60 mm,处理能力 13~35 t/h,电动机功率 30 kW,总质量 5.5 t,外形尺寸(长×宽×高)1 380 mm×1 750 mm×1 540 mm。

③PEX-250×1000

进料尺寸250 mm×1 000 mm,最大进料粒度210 mm,排料口调整范围25~60 mm,处理能力16~52 t/h,电动机功率37 kW,总质量7 t,外形尺寸(长×宽×高)1 560 mm×1 950 mm×1 390 mm。

④PE-150×250

进料尺寸150 mm×250 mm,最大进料粒度125 mm,排料口调整范围10~40 mm,处理能力1~3 t/h,电动机功率5.5 kW,总质量0.6 t,外形尺寸(长×宽×高)720 mm×660 mm×850 mm。

⑤PE-400×600

进料尺寸400 mm×600 mm,最大进料粒度340 mm,排料口调整范围40~100 mm,处理能力16~60 t/h,电动机功率30 kW,总质量7 t,外形尺寸(长×宽×高)720 mm×660 mm×850 mm。

⑥PE-500×750

进料尺寸500 mm×750 mm,最大进料粒度425 mm,排料口调整范围50~100 mm,处理能力40~110 t/h,电动机功率55 kW,总质量12 t,外形尺寸(长×宽×高)1 980mm×2 080mm×1 870 mm。

⑦PE-600×900

进料尺寸600 mm×900 mm,最大进料粒度500 mm,排料口调整范围65~160 mm,处理能力60~200 t/h,电动机功率75 kW,总质量20 t,外形尺寸(长×宽×高)2 290 mm×2 290 mm×2 400 mm。

⑧PE-750×1060

进料尺寸750 mm×1 060 mm,最大进料粒度630 mm,排料口调整范围80~140 mm,处理能力115~330 t/h,电动机功率110 kW,总质量29 t,外形尺寸(长×宽×高)2 660 mm×2 430 mm×2 800 mm。

⑨PE-900×1200

进料尺寸900 mm×1 200 mm,最大进料粒度750 mm,排料口调整范围95~165 mm,处理能力220~450 t/h,电动机功率100 kW,总质量29 t,外形尺寸(长×宽×高)2 660 mm×2 430 mm×2 800 mm。

颚式破碎机作为应用最广泛的机型,其型号多种多样,可以满足不同程度的需求,鉴于页面大小有限,详细众多的型号不能一一给大家列出。

2)反击式破碎机

一种新型高效率的碎矿设备,出料粒度均匀合理,可直接用于建筑。根据产量的要求有多种型号可供选择,如图6.12所示。

图6.12　反击式破碎机

反击式破碎机主要型号如下:

①PF-1007

规格为ϕ1 000 mm×700 mm,进料口尺寸为400 mm×730 mm,最大进料粒度300 mm,生产能力30~50 t/h,电机功率37 kW,机器质量9.5 t,尺寸大小(长×宽×高)为1 800 mm×1 600 mm×1 800 mm。

②PF-1010

规格为 ϕ1 000 mm×1 050 mm,进料口尺寸为400 mm×1 080 mm,最大进料粒度350 mm,生产能力50~80 t/h,电机功率75 kW,机器质量14 t,尺寸大小(长×宽×高)2 340 mm×2 007 mm×2 500 mm。

③PF-1210

规格为 ϕ1 250 mm×1 050 mm,进料口尺寸为400 mm×1 080 mm,最大进料粒度350 mm,生产能力70~120 t/h,电机功率75 kW,机器质量17 t,尺寸大小(长×宽×高)2 582 mm×2 053 mm×2 809 mm。

④PF-1212

规格为 ϕ1 250 mm×1 200 mm,进料口尺寸为400 mm×1 250 mm,最大进料粒度350 mm,生产能力70~140 t/h,电机功率132 kW,机器质量17.5 t,尺寸大小(长×宽×高)2 582 mm×2 053 mm×2 809 mm。

⑤PF-1214

规格为 ϕ1 250 mm×1 400 mm,进料口尺寸为400 mm×1 430 mm,最大进料粒度350 mm,生产能力80~160 t/h,电机功率132 kW,机器质量22 t,尺寸大小(长×宽×高)2 582 mm×2 403 mm×2 809 mm。

⑥PF-1315

规格为 ϕ 1 300 mm × 1 500 mm,进料口尺寸为860 mm×1 520 mm,最大进料粒度500 mm,生产能力90~220 t/h,电机功率200 kW,机器质量26 t,尺寸大小(长×宽×高)2 930 mm×2 761 mm×3 053 mm。

反击破碎机通常作为第二道破碎,破碎出来的物料可直接作为建筑用的石子使用,粒型合理。它是制砂生产线中不可或缺的机型,接收第一道破碎的原料,为制砂机提供进料,具有承上启下的作用。

3)箱式破碎机

最新一代破碎机械产品,减少了锤头在破碎腔内的磨损,使锤头的寿命提高4~6倍,产品型号较少,如图6.13所示。

图6.13 箱式破碎机

箱式破碎机主要型号如下:

①XP700×1000

辊子直径700 mm,辊子长度1 000 mm,生产能力可达50~80 t/h,最大进料粒度500 mm,可配备动力45~55 kW。

②XP900×1200

辊子直径900 mm,辊子长度1 200 mm,生产能力可达70~100 t/h,最大进料粒度800 mm,可配备动力75~90 kW。

③XP1000×1000

辊子直径 1 000 mm，辊子长度 1 000 mm，生产能力可达 90～120 t/h，最大进料粒度 800 mm，可配备动力 90～110 kW。

④XP1200×1200

辊子直径 1 200 mm，辊子长度 1 200 mm，生产能力可达 130～160 t/h，最大进料粒度 900 mm，可配备动力 110～132 kW。

⑤XP1400×1400

辊子直径 1 400 mm，辊子长度 1 400 mm，生产能力可达 190～210 t/h，最大进料粒度 1 000 mm，可配备动力 132～160 kW。

⑥XP1600×1600

辊子直径 1 600mm，辊子长度 1 600 mm，生产能力可达 250～300 t/h，最大进料粒度 1 200 mm，可配备动力 160～210 kW。

⑦XP1800×1800

辊子直径 1 800 mm，辊子长度 1 800 mm，生产能力可达 300～400 t/h，最大进料粒度 1 200 mm，可配备动力 210～280 kW。

箱式破碎机可直接将边长 450～1 200 mm 的物料，破碎成粉末状至 80 mm 粒度的矿石，对抗压强度不超过 200 MPa 的石灰石、岩石、石膏、煤矸石等物料的破碎，切不堵不卡，也可作为二级破碎使用。该产品主要用于矿山、水泥、建材、化工等多种行业，更是破碎石子的必选设备。

4）锤式破碎机

可直接将最大粒度为 600～1 800 mm 的物料破碎至 25 或 25 mm 以下的一段破碎用破碎机。这种机型型号也不特别多，与颚式破碎机的功能作用差不多，如图 6.14 所示。

图 6.14　锤式破碎机

锤式破碎机主要型号如下：

①PC-400×300

转子转速 1 450 r/min，进料粒度最大不超过 100 mm，出料粒度 10 mm，产量 3~10 t/h，机器质量 0.8 t，配备 11 kW 的电机，外形尺寸(长×宽×高)812 mm×9 827 mm×85 mm。

②PC-500×350

转子转速 1 250 r/min，进料粒度最大不超过 100 mm，出料粒度 15 mm，产量 5~15 t/h，机器质量 1.2 t，配备 18.5 kW 的电机，外形尺寸(长×宽×高)1 200 mm×1 114 mm×1 114 mm。

③PC-600×400

转子转速 1 000 r/min，进料粒度最大不超过 220 mm，出料粒度 15 mm，产量 5~25 t/h，机器质量 1.5 t，配备 22 kW 的电机，外形尺寸(长×宽×高)1 055 mm×1 022 mm×1 122 mm。

④PC-800×600

进料尺寸 150 mm×250 mm，最大进料粒度 125 mm，排料口调整范围 10~40(mm)，处理能力 1~3 t/h，电动机功率 5.5 kW，总质量 0.6 t 外形尺寸(长×宽×高)720 mm×660 mm×850 mm。

⑤PC-800×800

转子转速 980 r/min，进料粒度最大不超过 350 mm，出料粒度 15 mm，产量 10~60 t/h，机器质量 3.5 t，配备 75 kW 的电机，外形尺寸(长×宽×高)1 440 mm×1 740 mm×1 101 mm。

⑥PC-1000×800

转子转速 1 000 r/min，进料粒度最大不超过 400 mm，出料粒度 13 mm，产量 20~75 t/h，机器质量 7.9 t，配备 115 kW 的电机，外形尺寸(长×宽×高)3 514 mm×2 230 mm×1 515 mm。

锤式破碎机主要工作部件为带有锤子(又称锤头)的转子。转子由主轴、圆盘、销轴和锤子组成。电动机带动转子在破碎腔内高速旋转。物料自上部给料口给入机内，受高速运动的锤子的打击，冲击锤式破碎机、剪切、研磨作用而粉碎。在转子下部，设有筛板、粉碎物料中小于筛孔尺寸的粒级通过筛板排出，大于筛孔尺寸的粗粒级阻留在筛板上继续受到锤子的打击和研磨，最后通过筛板排出机外。

图 6.15　圆锥破碎机

5)圆锥破碎机

矿块处于内外两圆锥之间，外圆锥固定，内圆锥作偏心摆动，将夹在其中的矿块压碎或折断，如图 6.15 所示。

圆锥破碎机主要型号如下：

①PYB-900TC

破碎锥底直径900 mm，最大给料边长不超过150 mm，排料口宽度25~800 mm，处理能力115~160 t/h，电动机功率75 kW，机器质量11.86 t，外形尺寸(长×宽×高)2 430 mm×1 770 mm×2 200 mm。

②PYB-900X

破碎锥底直径 900 mm，最大给料边长不超过 85 mm，排料口宽度 9~22 mm，处理能力 45~90 t/h，电动机功率 75 kW，机器质量 11.93 t，外形尺寸(长×宽×高)2 430 mm×1 770 mm×2 200 mm。

③PYB-1300TC

破碎锥底直径 1 300 mm,最大给料边长不超过 220 mm,排料口宽度 25~50 mm,处理能力 230~350 t/h,电动机功率 160 kW,机器质量 22.5 t,外形尺寸(长×宽×高)2 890 mm×2 250 mm×2 710 mm。

④PYB-2100TC

破碎锥底直径 2 100 mm,最大给料边长不超过 390 mm,排料口宽度 38~64 mm,处理能力 1 250~1 940 t/h,电动机功率 400 kW,机器质量 90 t,外形尺寸(长×宽×高)4 613 mm×3 302 mm×4 638 mm。

⑤HPC-16

动锥直径 950 mm,给料口尺寸 150 mm,排料口尺寸 13 mm,生产能力 120~240 t/h,功率 160 kW,主机质量 13 t。

⑥HPC-220

动锥直径 1 160 mm,给料口尺寸 225 mm,排料口尺寸 13 mm,生产能力 150~430 t/h,功率 220 kW,主机质量 19 t。

⑦HPC-315

动锥直径 1 400 mm,给料口尺寸 290 mm,排料口尺寸 13 mm,生产能力 190~610 t/h,功率 315 kW,主机质量 26 t。

圆锥破碎机适用于冶金、建筑、筑路、化学及硅酸盐行业中原料的破碎,可以破碎中等和中等硬度以上的各种矿石和岩石。其具有更高的产能、更好的质量、完善的弹簧式保护装置,内部结构密封性能好,可有效地保护设备免受粉尘及其他小颗粒的侵害。

6)辊式破碎机

矿块在两个相向旋转的圆辊夹缝中,主要受到连续的压碎作用,但也带有磨剥作用,齿形辊面还有劈碎作用,如图 6.16 所示。

图 6.16　辊式破碎机

辊式破碎机主要型号如下:

①V1000

最大进料为 150 mm,平均出料粒度为 5 mm 以下,转筒速度 8.7 r/min,电机功率 11 kW,外形尺寸(长×宽×高)2 150 mm×1 650 mm×1 370 mm,产量较小适合小型厂区用。

②V1200

最大进料为 150 mm,平均出料粒度为 5 mm 以下,转筒速度 7.2 r/min,电机功率 15 kW,外形尺寸(长×宽×高)2 347 mm×1 850 mm×1 570 mm。

③V1600

最大进料为 150 mm,平均出料粒度为 5 mm 以下,转筒速度 6.7 r/min,电机功率 15 kW,外形尺寸(长×宽×高)2 957 mm×2 250 mm×1 770 mm。

④V2000

最大进料为 150 mm,平均出料粒度为 5 mm 以下,转筒速度 6.2 r/min,电机功率 18.5 kW,外形尺寸(长×宽×高)3 420 mm×2 770 mm×2 070 mm。

⑤V2400

最大进料为 150 mm,平均出料粒度为 5 mm 以下,转筒速度 4.7 r/min,电机功率 22 kW,外形尺寸(长×宽×高)3 962 mm×3 100 mm×2 270 mm。

⑥V3200

最大进料为 150 mm,平均出料粒度为 5 mm 以下,转筒速度 2.7 r/min,电机功率 30 kW,外形尺寸(长×宽×高)4 892 mm×3 950 mm×2 700 mm,适合对产量要求较高的厂区使用。

对辊式破碎机适用于冶金、建材、耐火材料等工业部门破碎中、高等硬度的物料。该系列对辊式破碎机主要由辊轮组成、辊轮支承轴承、压紧和调节装置以及驱动装置等部分组成。

7)冲击式破碎机

矿块受到快速回转的运动部件的冲击作用而被击碎。属于这一类的又可分为:锤碎机;笼式破碎机;反击式破碎机,如图 6.17 所示。

图 6.17　冲击式破碎机

冲击式破碎机主要型号如下:

①PCL-600

最大入料 30 mm,配两台功率为 30 kW 的电机,叶轮转速为2 000~3 000 r/min,物料的处理量为 12~30 t/h,外形尺寸2 800 mm×ϕ 1 550×2 030 mm,总质量 5.6 t。

②PCL-750

最大入料 35 mm，配两台功率为 45 kW 的电机，叶轮转速为1 500~2 500 r/min，物料的处理量为 25~55 t/h，外形尺寸3 300 mm×ϕ 1 800×2 440 mm，总质量 7.3 t。

③PCL-900

最大入料 40 mm，配两台功率为 55 kW 的电机，叶轮转速为1 200~2 000 r/min，物料的处理量为 55~130 t/h，外形尺寸23 750 mm×ϕ 2 120×2 660 mm，总质量 12.1 t。

④PCL-1050

最大入料 45 mm，配两台功率为 90~110 kW 的电机，叶轮转速为1 000~1 700 r/min，物料的处理量为 100~160 t/h，外形尺寸3 750 mm×ϕ 2 300×2 090 mm，总质量 16.9 t。

⑤PCL-1250

最大入料 45 mm，配两台功率为 132~180 kW 的电机，叶轮转速为 850~1 450 r/min，物料的处理量为 160~300 t/h，外形尺寸4 563 mm×ϕ 2 650×3 716 mm，总质量 22 t。

⑥PCL-1350

最大入料 50 mm，配两台功率为 180~220 kW 的电机，叶轮转速为 800~1 193 r/min，物料的处理量为 200~360 t/h，外形尺寸5 340 mm×ϕ 2 940×3 650 mm，总质量 26 t。

8）磨矿机

矿石在旋转的圆筒内受到磨矿介质（钢球、钢棒、砾石或矿块）的冲击与研磨作用而被粉碎，如图 6.18 所示。

图 6.18　磨矿机

①辊磨机

借转动的辊子将物料碾碎。

②盘磨机

利用垂直轴或水平轴的圆盘转动作为破碎部件。

③离心磨矿机

利用高速旋转部件和介质产生产离心力来完成破碎作用。

④振动磨矿机

利用转轴产生高频率的振动,使介质与物料互相碰击而完成破碎作用。

各类破碎机有不同的规格、不同的使用范围。粗碎多用颚式破碎机或旋回圆锥破碎机;中碎采用标准型圆锥破碎机;细碎采用短头型圆锥破碎机。

(3)选用原则

破碎机设备有很多种,可应用范围却不同,在很多领域破碎机的功能都不能完全发挥。因此,考虑破碎机时应考虑很多因素,如破碎性能、破碎比等。选用破碎机时应注意以下事项:

1)施工周期

施工周期较长,碎石料用量相对集中的工程,宜选用固定式联合破碎;而对于施工周期较短,碎石料用量相对分散的工程,宜选用移动式联合破碎(移动破碎站)。

2)石料规格

石料规格尺寸较大,可选用颚式破碎机一级破碎;当石料规格尺寸较严,需要有一定级配的石料组成,则需要选用联合破碎机。例如,由颚式破碎机和圆锥式破碎机或反击式、锤式破碎机组成的联合破碎机及由一定尺寸的规格筛分设备配套。

3)石料性质

当破碎硬质或中硬质石料,应选用颚式破碎机作为一级破碎设备;当破碎中硬或软质石料时,可直接选用圆锥、反击或锤式破碎机等。

物料进行粗碎之后,下一步要对物料进行细碎。一般在石料生产线设备中担任中细碎的设备主要是反击式破碎机和圆锥式破碎机。一般对于软性的岩石做中细的破碎时,建议采用反击式破碎机。如石灰岩,反击式破碎机的产能高,而且能够降低破碎段;对于中硬度的岩石的破碎,一般还是选取圆锥式破碎机。

6.3.2 筛分机

(1)用途及结构组成

筛分机(筛粉机)利用散粒物料与筛面的相对运动,使部分颗粒透过筛孔,将砂、砾石、碎石等物料按颗粒大小分成不同级别的振动筛分机械设备。筛分的颗粒级别取决于筛面,筛面分算栅、板筛和网筛 3 种。算栅适用于筛分大颗粒物料,算栅缝隙为筛下物粒径的 1.1~1.2 倍,一般不宜小于50 mm。板筛由钢板冲孔而成,孔呈圆形、方形或矩形,孔径一般为 10~80 mm,使用寿命较长,不易堵塞,适用于筛分中等颗粒。网筛由钢丝编成或焊成,孔呈方形、矩形或长条形,常用孔径一般为6~85 mm,长条形筛孔适合于筛分潮湿的物料,网筛的优点是有效面积较大。

(2)分类及常用型号

筛分机按筛面的情况,可分为固定筛面、振动筛面、滚筒筛面、运动筛面及其他类型筛面等。

1)固定筛面

固定筛分为固定筛格和条形筛两种。格筛筛孔一般为方形或圆形,条形筛孔一般为筛缝;筛面角度一般为 25°~85°;工作部分固定不动,靠物料沿工作面滑动而使物料得到筛分。固定筛格是在选矿厂应用较多的一种,一般用于粗碎或中碎之前的预先筛分。它结构简单,制造方便,不耗动力,可直接把矿石卸到筛面上。主要缺点是生产率低,筛分效率低,一般只有 50%~60% 。

2)滚筒筛面

滚筒筛工作部分为圆筒形,整个筛子绕筒体轴线回转,轴线在一般情况下装成不大的倾角。物料从圆筒的一端给入,细级别物料从筒形工作表面的筛孔通过,粗粒物料从圆筒的另一端排出。圆筒筛的转速很低,工作平稳,动力平衡好。但是,其筛孔易堵塞变形,筛分效率低,工作面积小,生产率低。选矿厂很少用它来作筛分设备。

3)振动筛面

振动筛结构由 4 部分组成:高频振动电机、一级固定格筛和二级分级固定格筛、振动弹簧及机壳。筛面倾斜度与筛分筛率成反正,筛面倾斜度越大流动速度越快。

采用振动筛原理的有直线振动筛、水平振动筛、摇动筛、偏心筛、旋转振动筛、圆振筛、香蕉振动筛、概率筛等。按其传动机构的不同,可分为偏心振动筛、惯性振动筛、自定中心振动筛及共振筛。

4)运动筛面

其工作原理是:滚轴筛的工作机构是由数根筛轴在水平面内平行布置,各筛轴按同一方向旋转,使煤流沿筛面向前运动。同时输送物料,物料中小于筛缝尺寸的颗粒从筛缝中落下,大于筛缝尺寸的颗粒留在筛面上继续向前移动,落入碎煤机里。

采用滚轴筛原理的有滚轴筛、滚轴等厚筛、齿辊筛、叶轮筛及筛分布料器。.

(3)选型考虑因素

①筛子的用途:筛分何种物料,筛分原煤还是筛洗过的煤、矿石、化工原料、粮食等,是分级还是脱水、脱介、脱泥等。

②物料是筛干料还是湿料(水分含量是多少),水分量大或物料黏度大时,选择运动型和倾斜度大的筛面。

③筛分机安装空间尺寸:筛面宽度 B 和长度 L 及高度 H。

④筛分设备的选型分类:固定筛面;振动筛面;运动筛面;滚筒筛面;其他类型筛面等。

⑤入料最大粒度,出料粒度。

⑥筛分机上接口设备和后续设备是什么,其尺寸为多少,是否需要输送功能、布料功能和除铁功能等。

⑦设备处理量 t/h。

⑧安装形式:座式或吊式;电机是左安装或右安装。

⑨电控箱安装及控制联动顺序。电机、电控选型要求。

⑩其他特殊要求:筛面倾角、筛子外观涂料颜色等。

6.3.3　凿岩机

(1)用途简介

凿岩机是用来直接开采石料的工具。它在岩层上钻凿出炮眼,以便放入炸药去炸开岩石,从而完成开采石料或其他石方工程。此外,凿岩机也可改作破坏器,用来破碎混凝土之类的坚硬层。

(2)分类

凿岩机按其动力来源,可分为风动凿岩机、内燃凿岩机、电动凿岩机及液压凿岩机 4 类。

1)风(气)动凿岩机

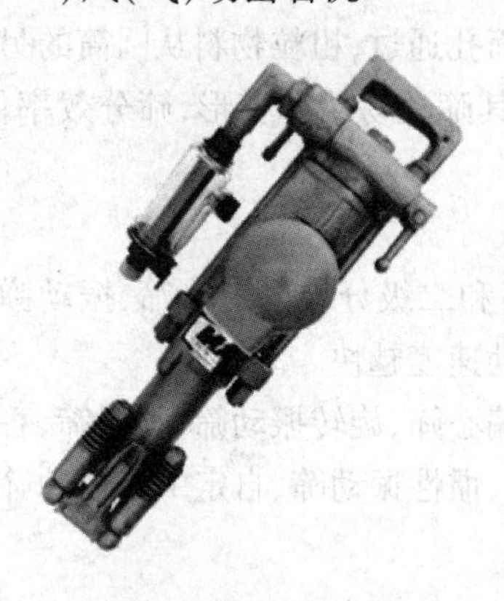

图 6.19　风 B 动凿岩机/气动凿岩机

风(气)动凿岩机(见图 6.19)是一种以压缩空气为动力的冲击式钻眼机械。按推进方式,可分为手持式凿岩机、气腿式凿岩机、伸缩上向式凿岩机及导轨式凿岩机等。

工程上常见的分类是按凿岩机的支承方式来分类的。

①D 持式凿岩机这类凿岩机的质量较轻,一般在25 kg以下,工作时用手扶着操作。可以打各种小直径和较浅的炮孔。一般只打向下的孔和近于水平的孔。由于它靠人力操作,劳动强度大,冲击能和扭矩较小,凿岩速度慢,现在地下矿山很少用它。属于此类的凿岩机有 Y3,Y26 等型号。

②汽腿式凿岩机这类凿岩机安装在气腿上进行操作,气腿能起支承和推进作用,这就减轻了操作者的劳动强度,凿岩效率比前者高,可钻凿深度为 2~5 m、直径为 34~42 mm 的水平或带有一定倾角的炮孔,被矿山广泛使用。如 YT23(7655),YT24,YT28,YTP26 等型号均属此类凿岩机。

③上向式(伸缩式)凿岩机这类凿岩机的气腿与主机在同一纵轴线上,并连成一体,因而又有“伸缩式凿岩机”之称,专用于打 60°~90°的向上炮孔,主要用于采场和天井中凿岩作业。一般质量为 40 kg 左右,钻孔深度为 2~5 m,孔径为 36~48 mm。YSP45 型凿岩机属此类。

④导轨式凿岩机该类型凿岩机机器质量较大(一般为 35~100 kg),一般安装在凿岩钻车或柱架的导轨上工作,故称为导轨式。它可打水平和各个方向的炮孔,孔径为 40~80 mm,孔深一般在 5~10 m 以上,最深可达 20 m。YG40,YG80,YGZ70,YGZ90 等型号属于此类。

2)内燃凿岩机

内燃式凿岩机型号一般为 YN * *,N 代表内燃式,现在常用的内燃式凿岩机一般为 YN27C 内燃式凿岩机,性能好,并且把钻杆换成镐钎就可当电镐破碎用,还可用作夯实机。下面介绍 YN27C 内燃式凿岩机。

图 6.20　内燃凿岩机

YN27C 内燃凿岩机(见图 6.20)具有凿孔、劈裂、破碎、捣实、铲凿等功能。在岩石上凿孔,可垂直向下、水平向上小于 45 垂直向下最深钻孔达 6 m。YN27C 内燃凿岩机广泛用于矿山、筑路、采石、国防工程等。YN27C 内燃凿岩机使用该机操作方便效率高等,达到同类产品一流水平,并能和国际同类产品零件完全互换。YN27C 内燃凿岩机携带方便,适用于高山、无电源、无风压设备的地区和流动性较大的临时性工程尤为适合,具有广泛的适应性。

YN27C 内燃凿岩机的参数如下：

型　号	YN27C		
产品别名	内燃凿岩机	主机质量	27 kg
发动机式	单缸风冷二冲程汽油机	化油器式	无浮子式
点火方式	可控硅无触点系统		
发动机排量	185 m^3	发动机负荷转速(在凿五孔时测定)	≥2 450 r/min
钎杆空转转速	≥200 r/min	钎柄尺寸钎杆尾部六角	22 mm×108 mm
最深凿孔深度	≥6 m	油箱容积	≥1.14 L
凿孔速度	≥250 mm/min	汽油与润滑油混合比例(按容积)	9 : 1
火花塞电极间隙	0.5~0.7 mm	耗油率(在凿五孔时测定)	≤0.12 L/M
冲击能	≥20 J	凿孔直径	26~46 mm
凿孔深度	≥6 m		

3)电动凿岩机

电动凿岩机(见图 6.21)型号一般为 Y×××D 的形式。例如,YT23D 凿岩机就是电动凿岩机。下面以 YT23D 电动凿岩机为例作一下讲解。

YT23D 型手持式气腿式凿岩机主要用于中坚或坚硬的岩石钻凿向下或倾斜炮空,也可用于二次破碎工作。本机配有 FY200A 型注油器,技术按着中小客户要求进行全面改进的一种高节能、高效率、便于操作、进尺速度快的新机型。它特别适用于大型矿山回采。中、小矿山全面凿岩作业。

4)液压凿岩机

液压凿岩机(见图 6.22)一般都是全液压凿岩机,型号一般为 YY×××。常用的全液压凿岩机为 YYT28 凿岩机,全液压凿岩机冲击力比其余的凿岩机都要大,有一泵一机、一泵两机、一泵四机等,选择比较多。

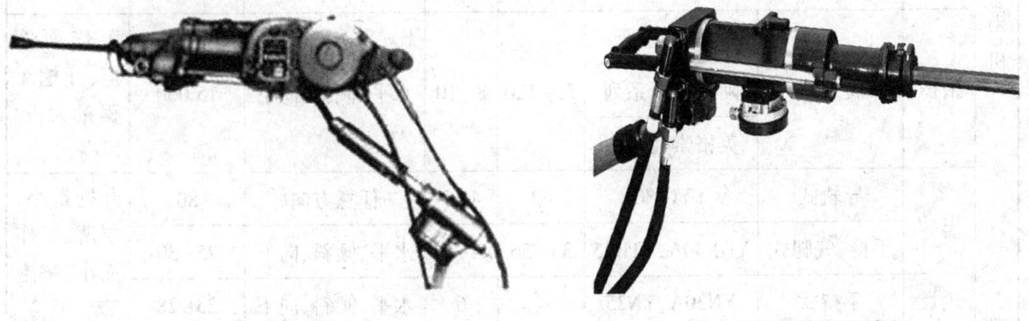

图 6.21　电动凿岩机　　**图 6.22　液压凿岩机**

全液压凿岩机是由凿岩机、液压支腿和液压泵组成。液压泵分为一泵一机、一泵两机、一泵四机等。可根据施工要求选择,井下施工可配防爆电动液压泵,还可选择柴油动力液压泵。

液压凿岩机的适用范围:YYT28 支腿式全液压凿岩机目前已被公铁路隧道、水电水利工程、建材采石等众多部门所采用。

YYT28 支腿式全液压凿岩机与多种规格液压站配套,高钻速、低电耗、轻噪声、少故障,安全可靠,配置简单,移动方便。比风钻钻孔速度快,提高工作效率;支腿长度最长可达 2.5 m,最短为 1.3 m。

液压凿岩机的参数见表 6.7。

表 6.7　液压凿岩机的参数

主　机	0.6 m×0.173 m×0.19 m	工作油压	15~17 MPa
流量	30~35 L	冲击能	60~65 J
冲击频率	60~65 Hz	转矩	60~65 N · m
转速	250~300 r/min	液腿	1 300~2 500 mm
水压	0.3~0.5 MPa	质量	26 kg

凿岩机的种类很多,价格差距也很大,具体要根据实际需要来选用。

常用凿岩穿孔机械的主要特性及应用范围见表 6.8。

表 6.8　凿岩穿孔机械的主要特性及应用范围

类别	组　别	型　别	典型机种	钻孔尺寸		钻孔方向	质量/kg	应用范围
				孔径/mm	深度/m			
凿岩机	风动	手持式	Q1-30,Y-24	34~56	4~7	水平、倾斜、向下	20~30	开挖量小、层薄、工作面小、解炮等
		气腿式	YT23,YT26	34~56	5~8	水平、倾斜、向下	23~30	
		向上式	YSP45	35~56			44~45	
		导轨式	YG40,YG290	40~80	15~40	4~6	与水平面向上成 60°~90°	视工作面而定
	液压	履带式	古河系列 阿特拉斯系列 英格索兰系列	76~120	8~10	水平、倾斜、向下	15 000	工作面宽广、开挖工程量大、梯段高
	电动	导轨式	YYG-80	42	4~7	任意方向	80	开挖量小、层薄、工作面小、解炮等
		手持、气腿式	YDX40A,YTD25	35~56	4~7	水平、倾斜、向下	25~30	
	内燃	手持式	YN30A,YN25		6	水平、倾斜、向下	23~28	

续表

<table>
<tr><th rowspan="2">类别</th><th rowspan="2">组　别</th><th rowspan="2">型　别</th><th rowspan="2">典型机种</th><th colspan="2">钻孔尺寸</th><th rowspan="2">钻孔方向</th><th rowspan="2">质量/kg</th><th rowspan="2">应用范围</th></tr>
<tr><th>孔径
/mm</th><th>深度
/m</th></tr>
<tr><td rowspan="4">穿孔机</td><td>潜孔钻</td><td rowspan="4">履带式</td><td>CLQ-80, YQ-100
YQ-150
YQ-170</td><td>85~130
100~150
170</td><td>20
18
18</td><td>0°~90°
0°~90°, 60°~90°
60°~90°</td><td>4 500
7 000~
15 000
15 000</td><td rowspan="2">视工作面的情况而定</td></tr>
<tr><td rowspan="2">回转式</td><td>KZ-Y20, YCZ76</td><td>95~150</td><td>30~60</td><td>70°~90°</td><td rowspan="2">大于
15 000</td></tr>
<tr><td>KHY-200</td><td>190~
250</td><td>20</td><td>75°~90°</td><td rowspan="2">矿山、料场开采</td></tr>
<tr><td>牙轮式</td><td>KY-250C</td><td>225~
250</td><td>20</td><td>75°~90°</td><td>84 000</td></tr>
</table>

(3)**选用原则**

1)岩石特性

不同的岩石硬度和矿物成分是影响凿岩机钻进速度和钻头磨损的主要因素,也是决定采用何种钻机的重要因素。不同类型的岩石应选用适宜的凿岩方式的钻机。一般情况下,完整的岩石,宜采用较大孔径的钻机;裂隙发育的岩石,宜采用较小孔径的钻机。

2)工作条件

开挖工作面的大小、开挖梯段的高度、开挖强度等是选择凿岩穿孔机械的基础条件。一般情况下,开挖场面大、地形较为平坦的梯段爆破,可采用履带潜孔钻、旋转冲击钻或液压台车;开挖工作面狭窄和边坡开挖时,则宜采用导轨钻机或轻型钻机。

3)开挖部位

水工建筑物对基础开挖质量要求高,对于保护层、设计边线以及沟漕开挖,应采用小直径钻机。基础开挖的钻孔直径不宜超过110 mm;而对于采石场等部位的岩石开挖,可采用直径大于150 mm钻孔机械。

4)钻孔方向、孔径和深度

所选择的凿岩穿孔机械,应能满足施工方案对钻孔方向、孔径和深度的要求。斜孔爆破对后坡方向的破坏影响较小。接近倾斜边坡或预裂爆破时,应采用能准确控制钻孔方向的钻机。一般情况,钻孔的偏斜度随着孔深增大而增大;孔径越小偏斜度越大。因此,对高梯段爆破应选用较大孔径的钻机。

6.4 水泥混凝土机械

6.4.1 水泥混凝土搅拌设备

混凝土搅拌设备是把水泥、砂石骨料和水混合并拌制成混凝土混合料的机械。它主要由拌筒、加料和卸料机构、供水系统、原动机、传动机构、机架及支承装置等组成,如图6.23所示。

图6.23 混凝土搅拌设备

(1)分类

按工作性质,可分为间歇式(分批式)和连续式;按搅拌原理,可分为自落式和强制式;按安装方式,可分为固定式和移动式;按出料方式,可分为倾翻式和非倾翻式;按拌筒结构形式,可分为梨式、鼓筒式、双锥式、圆盘立轴式及圆槽卧轴式等。下面对几种常用的形式作一介绍。

1)自落式搅拌机

有较长的历史,早在20世纪初,由蒸汽机驱动的鼓筒式混凝土搅拌机已开始出现。20世纪50年代后,反转出料式和倾翻出料式的双锥形搅拌机以及裂筒式搅拌机等相继问世并获得发展。自落式混凝土搅拌机的拌筒内壁上有径向布置的搅拌叶片。工作时,拌筒绕其水平轴线回转,加入拌筒内的物料,被叶片提升至一定高度后,借自重下落,这样周而复始地运动,达到均匀搅拌的效果。自落式混凝土搅拌机的结构简单,一般以搅拌塑性混凝土为主。

2)强制式搅拌机

从20世纪50年代初兴起后,得到了迅速的发展和推广。最先出现的是圆盘立轴式强制混凝土搅拌机。这种搅拌机分为涡桨式和行星式两种。19世纪70年代后,随着轻骨料的应用,出现了圆槽卧轴式强制搅拌机,它又分单卧轴式和双卧轴式两种,兼有自落和强制两种搅拌的特点。其搅拌叶片的线速度小,耐磨性好和耗能少,发展较快。强制式混凝土搅拌机拌筒内的转轴臂架上装有搅拌叶片,加入拌筒内的物料,在搅拌叶片的强力搅动下,形成交叉的物流。这种搅拌方式远比自落搅拌方式作用强烈,主要适于搅拌干硬性混凝土。

3)连续式混凝土搅拌机

装有螺旋状搅拌叶片,各种材料分别按配合比经连续称量后送入搅拌机内,搅拌好的混凝土从卸料端连续向外卸出。这种搅拌机的搅拌时间短,生产率高,其发展引人注目。

(2)常用混凝土搅拌机型号及技术参数

目前国内搅拌机的主流产品为 JS 型,容量为 0.5,1.5,2.0,3.0 m^3,具体见表 6.9。

表 6.9　混凝土搅拌机型号及技术参数

项目 \ 参数 \ 型号		JDC350	JS500	JS750	JS1000	JS1500	JS2000
出料容量		350 L	500 L	750 L	1 000 L	1 500 L	2 000 L
进料容量		560L	800L	1 200 L	1 600 L	2 400 L	3 200 L
生产率		≥18 m^3/h	≥25 m^3/h	≥37.5 m^3/h	≥50 m^3/h	≥75 m^3/h	≥100 m^3/h
骨料最大粒径(卵石/碎石)/mm		60/40	80/60	80/60	80/60	80/60	80/60
搅拌叶片	转速	28 r/min^{-1}	35 r/min^{-1}	31 r/min^{-1}	25.5 r/min^{-1}	25.5 r/min^{-1}	23 r/min^{-1}
	数量		2×7	2×7	2×8	2×10	2×9
搅拌电机	型号	19.55	Y180M-4	Y200L-4	Y225S-4	Y225M-4	Y280S-4
	功率		18.5 kW	30 kW	37 kW	45 kW	75 kW
卷扬电机	型号		YEZ1325-4-B5	YEZ132M-4-B5	YEZ160S-4	YEZ180L-4	YEJ180L-4
	功率		5.5 kW	7.5 kW	11 kW	18.5 kW	22kW
水泵电机	型号		50DWB20-A	65DWB35-5	KQW65-1001	KQW65-1001	CK65/20L
	功率		750 W	1.1 kW	3 kW	3 kW	4 kW
料斗提升速度			18m/min	18m/min	21.9m/min	23m/min	26.8m/min
外形尺寸(长×宽×高)	运输状态	2 528 mm×2 340 mm×2 850 mm	3 050 mm×2 300 mm×2 680 mm	3 650 mm×2 600 mm×2 890 mm	4 640 mm×2 250 mm×2 250 mm	5 058 mm×2 250 mm×2 440 mm	5 860 mm×2 250 mm×2 735 mm
	工作状态		4 461 mm×3 050 mm×2 680 mm	4 951 mm×3 650 mm×6 225 mm	8 765 mm×3 436 mm×9 540 mm	9 645 mm×3 436 mm×9 700 mm	10 720 mm×3 870 mm×10 726 mm
整机质量		3 700 kg	4 000 kg	5 500 kg	8 700 kg	11 130 kg	15 000 kg
卸料高度			1 500 mm	1 600 mm	2 700 mm和3 800 mm	3 800 mm	3 800 mm

(3)**选择混凝土搅拌站的总体原则**

1)要根据生产规模选型

根据生产规模的大小来判断混凝土搅拌设备的生产能力。年产量20万m^3以下,混凝土搅拌设备生产率一般不小于90 m^3/h;年产量在20万~30万m^3,混凝土搅拌设备生产率一般为120 m^3/h;年产量30万m^3以上,混凝土搅拌设备生产率一般为150 m^3/h或200 m^3/h。

2)根据施工场地选择

根据施工场地的大小,可选择混凝土搅拌楼或混凝土搅拌站。选用混凝土搅拌楼,骨料一次提升,相同容量的搅拌机生产率比搅拌站高,整体造型整齐美观,料场占地面积小,生产环境好,但制造、安装周期长,一次性投资费用高。选用混凝土搅拌站,骨料需两次提升,布置灵活,制造、安装周期短,一次性投资费用低,但料场占地面积大,生产环境差。

3)要根据配属设备选择

根据配属设备情况来选择混凝土搅拌机的规格及工作尺寸。搅拌运输车的装载能力应当与搅拌机的出料能力相匹配,匹配不当会影响工作效率。装载机的上料能力应与混凝土搅拌站配料站的上料高度相匹配。

4)根据管理功能选择

若采用集约化网络管理,应考虑混凝土搅拌设备的网络管理功能,避免给将来升级带来困难。

5)要根据设备技术性能选择

主要从设备的先进性、可靠性、优良性和通用性几方面考虑。设备应当具备工作原理先进、自动化程度高、管理功能强大和环保性能好的特点。设备应配置优良,控制方式可靠,适用性强,可维修性能好。另外,还要考虑计量精度高、搅拌质量好、生产效率高、能源消耗低、标准件使用量大、可互换性好。

6)还要根据供应商信誉

主要包括安装调试是否严格;技术指导与培训是否到位;售后服务是否及时;备件供应是否充分。

7)性能价格比

全面地追求设备技术性能是不明智的,会增加无谓的投资,但只追求低投资而降低设备技术性能则会带来使用成本的增加,这样的作法也是不可取的。目前,国内市场上进口设备的综合性能较高,但价格也较贵。国产设备中的几个国内知名品牌,虽然综合性能还无法与进口设备相比,但关键部位的配置也普遍采用进口元件,主要工作性能并不比进口设备差多少,价格却低得多。比较合理的做法是选择合适的性能价格比。

6.4.2 水泥混凝土搅拌运输车

混凝土搅拌运输车由汽车底盘和混凝土搅拌运输专用装置组成。

我国生产的混凝土搅拌运输车的底盘多采用整车生产厂家提供的二类通用底盘。其专用机构主要包括取力器、搅拌筒前后支架、减速机、液压系统、搅拌筒、操纵机构及清洗系统等,如图6.24所示。

（1）分类

1）按品牌种类分类

图6.24　水泥混凝土搅拌运输车

它有东风140混凝土搅拌车、东风145混凝土搅拌车、东风153混凝土搅拌车、东风天龙混凝土搅拌车、东风大力神双桥混凝土搅拌车、北方巴里巴、上海华建、安徽星马、青岛重工、三一重工、辽宁海诺、铁力士、中集凌宇、徐工、洛阳凯曼、柳工、中联重科、宇通重工、亚特、利勃海尔、特雷克斯、北汽福田、厦工重工、四川南骏、解放混凝土搅拌车、斯太尔混凝土搅拌车、陕汽德龙混凝土搅拌车、欧曼混凝土搅拌车、红岩混凝土搅拌车、日本五十铃双桥混凝土搅拌车等。

2）按所装运的混凝土含水量分类

①湿式搅拌汽车

将已经搅拌好的预制混凝土或将水泥、骨料和水一起装入搅拌筒，在运往施工现场途中不停地搅拌防止混凝土凝结或析水。

②干料式搅拌运输车

可按配比将干状骨料和水泥直接装入该车的搅拌筒内，在运输过程中对筒内的干料进行搅拌。

③半干料式搅拌运输车

所装运的混凝土中的骨料和水泥也是按配比配制的，含有一定配比的水分，但水的含量达不到浇注要求。

（2）混凝土搅拌设备的选择原则

1）使用要可靠

混凝土装入车内以后要求在2 h或者更短的时间内卸到工作面上，在此期间必须要不停搅拌；如果在规定时间内不能运到工地或者各种原因停止搅拌，车内混凝土就会报废，严重者会导致车辆报废。因此，混凝土运输车辆选型首先考虑的就是车辆必须可靠。

2）装载量要合适

理论上来说，运输车辆装载量越大运输效率越高，但这会导致车辆购置成本直线上升和通过性下载。装载量为6~7 $m^3$6×4底盘的混凝土搅拌运输车是性能价格比最高的车型，装载量为10~12 m^3的半挂车次之，装载量为8~10 $m^3$4×4底盘的性能价格比最低。因此，应主要采用6~7 $m^3$6×4的水泥运输车。

3）厂家与价格

如果资金充裕，配件和售后有保证的前提下，购置进口厂家的产品不失为一种好的选择。而车辆的价格应该是最后考虑的因素。故往往在购车时节约了10%的资金，使用效率只有预计的50%。因此，首先应该考虑车辆的性能，如果资金不够充足，宁愿用买10辆质量差的车的钱来买9辆甚至8辆质量有保证的车。

6.4.3 水泥混凝土搅拌站

(1)设备简介

水泥混凝土搅拌站常用于混凝土工程量大、工期长、工地集中的大中型水利、电力、桥梁等工程。随着市政建设的发展,采用集中搅拌,提供商品混凝土的搅拌站具有很大的优越性,因而得到迅速发展,并为推广混凝土泵送施工,实现搅拌、输送、浇筑机械联合作业创造条件,如图 6.25 所示。

图 6.25 水泥混凝土搅拌站

混凝土搅拌站主要由物料料储存系统、物料称量系统、物料输送系统、搅拌系统、粉料储存系统、粉料输送系统、粉料计量系统、水及外加剂计量系统及控制系统等以及其他附属设施组成。

1)搅拌主机

搅拌主机按其搅拌方式,可分为强制式搅拌和自落式搅拌。强制式搅拌机是国内外搅拌站使用的主流,它可以搅拌流动性、半干硬性和干硬性等多种混凝土。自落式搅拌主机主要搅拌流动性混凝土,在搅拌站中很少使用。

强制式搅拌机按结构形式,可分为主轴行星搅拌机、单卧轴搅拌机和双卧轴搅拌机。其中,以双卧轴强制式搅拌机的综合使用性能最好。

2)称量系统

物料称量系统是混凝土搅拌站影响混凝土质量和混凝土生产成本的关键部件。它主要分为骨料称量、粉料称量和液体称量 3 部分。一般情况下,20 m^3/h 以下的搅拌站采用叠加称量方式,即骨料(砂、石)用一台秤、水泥和粉煤灰用一台秤、水和液体外加剂分别称量,然后将液体外加剂投放到水称斗内预先混合。而在 50 m^3/h 以上的搅拌站中,多采用各种物料独立称量的方式,所有称量都采用电子秤及微机控制。骨料称量精度±2%,水泥、粉料、水及外加剂的称量精度均达到 ±1%。

3)输送系统

物料输送由以下 3 个部分组成:

①骨料输送

搅拌站输送有料斗输送和皮带输送两种方式。料斗提升的优点是占地面积小、结构简单。皮带输送的优点是输送距离大、效率高、故障率低。皮带输送主要适用于有骨料暂存仓的搅拌站,从而提高搅拌站的生产率。

②粉料输送

混凝土可用的粉料主要是水泥、粉煤灰和矿粉。普遍采用的粉料输送方式是螺旋输送机输送,大型搅拌楼有采用气动输送和刮板输送的。螺旋输送的优点是结构简单、成本低、使用可靠。

③液体输送

主要是指水和液体外加剂,它们分别由水泵输送。

4)贮存系统

混凝土可用的物料贮存方式基本相同。骨料露天堆放(也有城市大型商品混凝土搅拌站用封闭料仓);粉料用全封闭钢结构筒仓贮存;外加剂用钢结构容器贮存。

5)控制系统

搅拌站的控制系统是整套设备的中枢神经。控制系统根据用户不同要求和搅拌站的大小而有不同的功能和配置。一般情况下,施工现场可用的小型搅拌站控制系统简单一些,而大型搅拌站的系统相对复杂一些。

(2)规格型号

搅拌站的规格型号是按其每小时的理论生产来命名的,目前,我国常用的规格有HZS25,HZS35,HZS50,HZS60,HZS75,HZS90,HZS120,HZS150,HZS180,HZS240等。例如,HZS25是指生产能力为25 m^3/h的搅拌站,主机为双卧轴强制搅拌机。若是主机用单卧轴则型号为HZD25。

搅拌站有可分为单机站和双机站,顾名思义,单机站即每个搅拌站有一个搅拌主机,双机站有两个搅拌主机,每个搅拌主机对应一个出料口,所以双机搅拌站是单机搅拌站生产能的2倍,双机搅拌站命名方式是2HZS＊＊。例如,2HZS25是指搅拌能力为$2\times25=50$ m^3/h的双机搅拌站。

(3)选购要点

①施工混凝土的性能标号。由此来选择用什么样的搅拌主机。例如,水利工程则必须选用强制搅拌主机。另外,还应根据可搅拌混凝土物料种类选配配料站及贮料仓。

②施工混凝土的任务量及其工期。用此两项参数来选择用多大规格的搅拌站。设混凝土总任务量为M;混凝土浇筑天数为T;每天工作小时数为H;利用系数为K,则应选用搅拌站的规格为

$$X = M/THK$$

其中,K为0.7~0.9。

在选用中,还要考虑成品混凝土的运输状况。例如,是直接泵送还是车辆输送。输送车辆的容积也是决定搅拌站型号的重要依据。

③施工环境和施工对象。在选择购买混凝土搅拌站时,应充分考虑施工对象和施工环境的影响,从而保证施工顺利和施工质量。

④当工地需一次性浇筑的量较大,质量要求较高,且附近没有可增援的搅拌站时,最好选

择两台规格小一点的搅拌站,或者选择一主一副的双机配置。

⑤当工地交通不便,维修人员进出工地需要花费大量时间时,最好选择用相同较小规格的双机站,或准备足够的备件,从而保证施工进度顺利。

⑥当施工地较分散,但工地之间距离不太远,混凝土搅拌运输车的输送半径不超过0.5 h车程,自卸车输送不超过10 min车程。最好采用多工号集中搅拌,以提高搅拌站的利用率和施工经济效益。

⑦操作人员素质。一般来说,小型搅拌站结构较简单,控制系统也较简单,故对操作维修人员要求较低。而较大的站结构复杂,自动化程度高,故对操作人员的要求也较高。

⑧配置选择。在一般情况下,生产厂家有成熟的产品配置,如规格、数量、品种等。但是,在选购产品时,切忌贪大求全,这样会造成经济上的浪费。另外,在选购产品时,除参照不同生产厂家的价格以外,还应特别注意不同厂家的配置清单。除上述的规格、品种和数量外,最重要的是配套件的生产厂家。

思考题

6.1 试述推土机、铲运机、挖掘机的特点及应用场合。

6.2 试述工程机械的发展前景。

6.3 推土机的选用原则是什么?

6.4 推土机选用原则是什么?

6.5 装载机的选用原则是什么?

6.6 为什么要生产破碎机?它主要应用于哪些场合?

6.7 破碎机的选用原则是什么?

6.8 筛分机的选用原则是什么?

6.9 凿岩机的选用原则是什么?

6.10 混凝土搅拌设备的选用原则是什么?

第7章 现代科学技术装备

7.1 现代装备的发展趋势

现代设备为了适应现代经济发展的需要，广泛地应用了现代科学技术成果，正在向着性能更高级、技术更加综合、结构更加复杂、作业更加连续、工作更加可靠的方向发展，为经济繁荣、社会进步提供了更强大的创造物质财富的能力，主要表现在以下4个方面。

（1）**智能化**

由于微电子科学、自动控制与计算机科学的高度发展，已引起了机器设备的巨大变革，出现了以机电一体化为特色的崭新一代设备，如数控机床、加工中心、机器人、柔性制造系统等。它们可以把车、铣、钻、镗、铰等不同工序集中在一台机床上自动顺序完成，易于快速调整，适应多品种、小批量的市场要求；或者能在高温、高压、高真空等特殊环境中，无人直接参与的情况下准确地完成规定的动作。我国20世纪80年代已经在第一、第二汽车制造厂等企业的生产线上成功地使用了驾驶室自动喷漆机器人、驾驶室自动焊接机器人。

（2）**自动化**

自动化不仅可实现各生产线工序的自动顺序进行，还能实现对产品的自动控制、清理、包装，以及设备工作状态的实时监测、报警、反馈处理。在我国，一汽、二汽已拥有锻件和铸件生产自动线及发动机机匣等零件加工自动线多条；家电工业中有电路板装配焊接自动线、彩色显像管厂的玻璃罩壳生产自动线；冶金工业中有连铸、连轧、型材生产自动线；港口码头有散装货物（谷物、煤炭等）装卸自动线。宝钢一期工程使用16台计算机和449台微机联网，实现了多层次的生产自动控制。

（3）**精密化**

精密化是指设备的工作精度越来越高。例如，机械制造工业中的金属切削加工设备，20世纪50年代精密加工的精度为1 μm，20世纪80年代提高到了0.05 μm，到21世纪初，又比20世纪80年代提高了4~5倍。现在，主轴的回转精度达0.02~0.05 μm、加工零件圆度误差小于0.1μm、表面粗糙度小于 *Ra* 小于0.003 μm的精密机床已在生产中得到使用。

(4)**大型化**

随着技术的发展设备的容量、规模、能力越来越大。例如,石油化工工业中的合成氨设备,20 世纪 50 年代的装置年产量只有 5 万~6 万 t, 20 世纪 80 年代国内已建成年产 30 万 t 的合成氨装置,国外发展到了 60 万 t 以上;国内“七五”期间建成的大庆、齐鲁、扬子、金山等“四大乙烯装置”,年产量均为 30 万 t,而国外已发展到 90 万 t 的水平。

冶金工业中,我国宝钢的高炉容积为 4 063 m^3;日本新日铁最大高炉容积为 5 150 m^3;德国蒂森钢厂的最大转炉容积为 400 t。

发电设备国内已能生产 30 万 kW 的水电成套设备和 60 万 kW 的火电成套设备;三峡电站将装备 68 万 kW 机组;而国外最大的发电机组功率可达 130 万 kW。设备的大型化带来了明显的经济效益。日本由于采用大容量、高参数的火力发电机组,发电效率由 1951 年的 18.68%提高到 1980 年的 38.12%,煤耗则由 1970 年的 343 g/kW · h 降低到 1981 年的 337g/kW · h。

7.2 3D 打印机设备

3D 打印技术(3D Printing)是快速成型技术(Rapid Prototyping Manufacturing)的一种,它也被称为增材制造(additive manufacturing)。它的基本原理是,把一个通过设计或者扫描等方式做好的 3D 模型按照某一坐标轴切成无限多个剖面,然后一层一层地打印出来并按原来的位置堆积到一起,形成一个实体的立体模型。

与之相对应的两种技术是切削和铸塑,但相比这两种技术,3D 打印技术有自己的优势,那就是不像切削那样浪费材料,也不像铸塑那样要求先制作模具。一次成型,快速个性化定制是它的重要特点,这在小批量、多品种的生产中占有非常大的优势。

与传统加工方式不同,它通过分层制造、逐层叠加的方式生产产品。其特点是不需要模具,可加工结构非常复杂的产品。简单地说,用户只需要通过 CAD 设计一个 3D 模型,并选择合适的材料,就能打印任何形状的物体。

高度的可定制性让 3D 打印拥有了许多优势。只需一份图纸,它就能够迅速生产模型或原型产品,在工业设计领域用途广泛。而由于 3D 打印的产品无须开模、切割、焊接等传统工艺的加工,成本也大大降低。

7.2.1 3D 打印机设备的分类

3D 打印技术实际上是一系列快速原型成型技术的统称,其基本原理都是叠层制造,由快速原型机在 *X-Y* 平面内通过扫描形式形成工件的截面形状,而在 *Z* 坐标间断地作层面厚度的位移,最终形成三维制件。按不同的方面可有不同的分类方法。

(1)**按主流技术工艺分类**

3D 打印设备按主流技术工艺主要有 SLA,FDM,SLS,LOM 等。

1)SLA

SLA 全称是立体光刻造型技术,其工作步骤是:先由专业软件将 3D 数据模型切割成平面,形成很多剖面,一个具备升降功能的平台来回移动,槽中装有液体物质,在紫外线照射下迅速固化,最终将无数个平面黏结在一起成型。这种3D成型技术精度高,制成的物体表面光滑,每层厚度都介于0.05~0.15 mm,但是由于受到材料限制,往往不能多色成型。

2)FDM

FDM全称是熔融沉积成型技术,其基本原理同样是将3D数据薄片化,具体是先利用高温液化打印耗材,然后通过喷嘴挤压出一个个很小的球状颗粒,被挤出后迅速固化相互黏结,形成一条线,打印头来回运动形成平面,层层堆积最终呈现实物。这种工艺弥补了立体光刻造型技术的缺点,实现彩色成型,精度更高、强度更大,但是表面粗糙,往往需要进行打磨抛光处理。乐彩3D打印机采用的就是这种工艺,随着研究的深入,还将推出基于立体光刻技术的快速成型设备。

3)SLS

SLS全称是选择性激光烧结,本技术由美国一所大学研制成功,这种工艺主要通过在成型零件上喷撒粉末材料,采用高强度二氧化碳激光器扫描零件截面,高强度激光照射使粉末迅速烧结,并与下层成型的部分黏结,这层截面完成后,铺上新的材料粉末重新烧结……如此反复,最终成型。

4)LOM

分层实体制造法(Laminated Object Manufacturing,LOM),LOM又称层叠法成形,它以片材(如纸片、塑料薄膜或复合材料)为原材料。激光切割系统按照计算机提取的横截面轮廓线数据,将背面涂有热熔胶的纸用激光切割出工件的内外轮廓。切割完一层后,送料机构将新的一层纸叠加上去,利用热黏压装置将已切割层黏合在一起,然后再进行切割,这样一层层地切割、黏合,最终成为三维工件。LOM常用材料是纸、金属箔、塑料膜、陶瓷膜等,此方法除了可制造模具、模型外,还可直接制造结构件或功能件。

(2)按打印材料分类

1)喷墨3D打印

部分3D打印机借鉴喷墨打印机的工作原理进行工作。Objet公司是以色列的一家3D打印机生产企业,其生产的打印机是利用喷墨头在一个托盘上喷出超薄的液体塑料层,并经过紫外线照射而凝固。此时,托盘略微降低,在原有薄层的基础上添加新的薄层。另一种方式是熔融沉淀成型。总部位于明尼阿波利斯的Stratasys公司应用的就是这种方法。其具体过程是:在一个(打印)机头里面将塑料熔化,然后喷出丝状材料,从而构成一层层薄层。

2)粉剂3D打印

有的3D打印机则是利用粉剂作为打印材料。这些粉剂在托盘上被分布成一层薄层,然后通过喷出的液体黏结剂而凝固。在一个被称为激光烧结的处理程序中,通过激光的作用,这些粉剂可熔融成想要的样式,德国的EOS公司把这一技术应用于它们的添加剂制造机之中。瑞典的Arcam公司通过真空中的电子束将打印机中的粉末熔融在一起,用于3D打印。

为了制作一些内部空间和出挑结构的复杂构件,凝胶以及其他材料被用来作支承,或者空间预留出来,用没有熔融的粉末以填满,填充材料随后可以被冲洗掉或被吹掉。现在,能够用于3D打印的材料范围非常广泛,塑料、金属、陶瓷以及橡胶等材料都可用于打印。有些机器可将各种材料结合在一起,构成的物体既坚硬,又富有弹性。

7.2.2 3D 打印机设备的主要技术参数和技术性能

(1)打印速度

因供应商和实现技术的不同,“打印速度”的含义不尽相同。打印速度可能是指单个打印作业在 Z 轴方向打印一段有限距离所需的时间(例如,每小时在 Z 轴方向打印的英寸或毫值)。拥有稳定垂直构建速度的 3D 打印机通常采用这种表达方式。其垂直打印速度与打印部件的几何形状和(或)单个打印工作的部件数无关。垂直构建速度快且因部件几何形状或打印部件数而产生很少或不产生速度损失的 3D 打印机,是概念建模的首选。因为这类打印机能够在最短时间内快速生产大量替换部件。

另一种描述打印速度的方式是打印一个具体部件或者具体体积所需的时间。采用此描述方法的打印技术通常适用于快速打印单个简单的几何部件,但遇到额外的部件被添加到打印作业中,或者正在打印的几何形状复杂性和(或)尺寸增加时,就会出现减速。由此产生的构建速度变慢,会导致决策过程的延长,削减个人 3D 打印机在概念建模方面的优势。然而,打印速度始终是越快越好,对概念建模应用而言更是如此。垂直构建速度不受打印数量和复杂度影响的 3D 打印机,是概念建模应用的首选,因为它们可快速地大量打印不同的模型,用于同时进行比较,这就能加速和改善早期决策过程。

(2)部件成本

部件成本通常表示为每单位体积的成本,如每立方英寸的成本或每立方厘米的成本。即使是同一台 3D 打印机,打印单个零部件的成本也会因为几何形状的不同而相差很大,所以一定要了解供应商提供的部件成本是指某一特定部件,还是各类部件的平均值。为了准确地比较不同供应商声称的参数值,有必要了解下成本估算中包含什么、不包含什么。

一些 3D 打印机厂商的部件成本只是指某特定数量打印材料的成本,而且这个数量仅仅是成品的测量体积。这种计算方法并不能充分体现真实的部件打印成本,因为它忽略了使用到的支承材料、打印工艺产生的过程损耗及打印过程中使用的其他消耗品。各种 3D 打印机的材料使用率有显著的差异,因此,了解真实的材料消耗是准确比较打印成本的另一个关键因素。

部件分成本取决于 3D 打印机打印一组既定部件所消耗的材料总量和使用材料的价格。通常使用粉末材料的 3D 打印技术,部件成本最低。廉价的石膏粉是基础建模材料。未使用的粉末会不断地在打印机中回收和再利用,因此,其部件成本可达到其他 3D 打印技术的 1/3~1/2。

有一类塑料部件技术仅使用一种消耗材料,既用于打印部件所需,也用于印刷过程中的支持需要。相比其他塑料部件技术,它通常使用较少的材料作为支承材料,因此其产生稀疏的支承结构,而且很容易被清理掉。大多数单材料 3D 打印机不会产生大量工艺废料,这使其具有极高的材料性价比。

另一类塑料部件技术需要使用专门的支承材料,但材料售价不高。这类支承材料需要在打印完成后通过熔化、溶解或加压喷水的方式清理。比起前者,这类技术往往使用大量的材料用于打印支承结构。可溶解的支承材料需要高强度、腐蚀性化学物质进行特殊处理和清洁措施。喷水清理方法需要进水口和排水口,为此你工作场所的预算成本可能要增加几千元。这种处理采用劳动密集型方式,并可能导致精致的部件细节被损坏,因为喷水清理是通过加压的方式清除支承材料。此外,卡在凹槽处的支承材料可能由于喷不到而无法清理干净。能最快、最有效地清理支承材料的,是采用蜡作为支承材料的 3D 打印机,通过融化方式进行清理。可融化的支承材料只需要一台专门的整理烘箱就能进行快速、批量清洁,使用最少的劳动力,且不对物体表面施压,故不会对脆弱的细节处造成损坏。即使是卡在凹槽内的支承材料也可以被清理掉,这就能顺利打印复杂的几何形状,实现最大的设计自由。蜡支承材料的清理不需要使用化学用品,且清理掉的蜡材料可与普通垃圾放置在一起,无须特殊处理。

请注意:一些受欢迎的 3D 打印机在打印过程中会将昂贵的构建材料融入支承材料,共同进行支承,这就增加了打印过程中消耗材料的总成本。这些打印机通常还会产生大量的过程损耗,因此在打印同一组部件的情况下,会比其他打印机使用更多的材料。

(3)最小细节分辨率

分辨率是 3D 打印机的最令人困惑的指标之一。分辨率可能写成每英寸点数(dpi)、Z 轴层厚、像素尺寸、束斑大小和喷嘴直径等。尽管这些参数有助于比较同一类 3D 打印机的分辨率,但是很难用来比较不同的 3D 打印技术。最好的比较策略是亲自用眼睛去鉴定不同技术打印出来的部件成品。查看锋利的边缘和拐角清晰度、最小细节尺寸、侧壁质量和表面光滑度。使用数字显微镜会有助于部件成品的鉴定,因为这种廉价设备可放大并拍摄微小的细节便于比较。对 3D 打印机进行鉴定测试时,至关重要的是打印部件能准确地呈现设计效果。根据鉴定测试方式,对最小细节质量进行妥协,降低测试结果的准确度。

(4)精度

精度分为精密度和精确度。在 3D 打印行业并没有一个统一的规范标准,通常说的精度是精确度,即是指打印物品与模型比较的准确程度。

3D 打印通过层层叠加的方式制造部件,将材料从一种形式处理成另一种形式,从而创造出打印部件。处理过程中可能会出现变数,如材料收缩——在打印过程中,必须进行补偿以确保最终部件的准确度。粉末材料的 3D 打印机通常使用黏合剂,打印过程中拥有最小的收缩变形度,因而成品准确度往往较高。塑料 3D 打印技术一般通过加热、紫外线光或二者共用来处理打印材料,这就增加了影响准确度的风险因素。其他影响 3D 打印准确度的因素还包括部件尺寸和几何形状。有些 3D 打印机提供不同程度的打印准备工具,可为特定的几何形状细调准确度。制造商宣称的准确度一般是指特定测试部件的测量值,实际情况会因部件的几何形状而有所不同,所以有必要先确定你应用领域的准确度要求,然后使用该应用涉及的几何形状进行测试打印。

3D 打印机的精度取决于以下 6 个要素:

①机械部分中的行走系统是否准确合理。

②软件控制系统是否合理。

③机箱、底座不可以有抖动或者松动现象。

④不要选择皮带或齿条带类的软连接的行走连接结构,以保证运行时不抖动,不移位。

⑤机器框架要坚固,最好是工业化生产的机箱。

⑥要选择优质的步进电机和完善的软件技术支持。

(5)材料属性

每种 3D 打印技术都受限于具体的材料类型。对于个人 3D 打印,材料大致可分为非塑料、塑料、蜡这几类。与单台 3D 打印机相比,多种技术的结合可提高打印灵活性,扩展应用领域。通常比起使用一台昂贵的系统设备,组合使用两台不太贵的 3D 打印机虽然预算相同,但可以实现更高的价值,提供更大的应用范围和打印能力。

非塑料材料常使用石膏粉与可打印的黏合剂，部件成品紧密而坚硬，可通过浸润变得非常牢固。这类部件可以表现优秀的概念模型，在没有弯曲性要求的情况下提供一定程度上的功能测试。明亮的白色基本材料，结合独家的全彩色打印能力，可制造出逼真的视觉模型，而无须额外的绘画或后期处理。

塑料材料可以柔软，也可以坚硬，有些还具有高耐温性。透明塑料材料、生物相容性塑料材料、可铸性塑料材料均有销售。不同技术制造的塑料部件性能差异很大，这在厂家公布的规格上可能并不显而易见。一些 3D 打印机制造的部件会随着时间的推移或环境的不同而持续改变特性和尺寸。例如，用来标识塑料耐热性的常见规格参数是“热变形温度(HDT)”。虽然 HDT 是一种衡量指标，但是它并不能预测在实际应用中超过 HDT 时材料的可用性。有些材料可能当温度略高于规定的 HDT 时就出现功能特性的急剧退化；而某些材料的性能退化缓慢，从而扩大了塑料的适用温度范围。另一个例子是湿度对部件的影响。部分 3D 打印的塑料成品是防水的，而部分塑料成品则是多孔的，会因吸收水分，导致部件膨胀而改变尺寸。多孔部件显然是不适合高湿度应用或加压应用环境，可能需要进一步的劳动密集型后期处理，方能适用于这些环境。

(6)主要品牌

3D 打印机设备的主要品牌见表 7.1。

表 7.1　3D 打印机设备的主要品牌

品牌	3DSYSTEMS	3D Systems	美国
	Stratasys FOR A 3D WORLD™	Stratasys	美国
	envisionTEC	envisiontec	德国
	宝岩自动化 Baoyan Automation	南京宝岩自动化有限公司	中国
	快速制造国家工程研究中心 教育部快速成型工程中心 西安交通大学先进制造技术研究所 陕西恒通智能机器有限公司	陕西恒通智能机器有限公司	中国
	南京紫金立德电子有限公司 Nanjing Zijin-Lead Electronics Co.,Ltd	南京紫金立德电子有限公司	中国

(7)主要型号和相关参数

主要型号和相关参数见表7.2。

表7.2　主要型号和相关参数

产品型号	品牌	图　片	基本参数	参考价格/万元
ProJet® 860	3D Systems		打印速度:垂直构建速度:0.2~0.6 in/h(5~15 mm/h) 打印尺寸:508 mm×381 mm×229 mm 打印喷头数量:5 针头数量:1 520 分辨率:600×450 dpi 电源:100~240 V,15~7.5 A 外观体积:119 cm×116 cm×162 cm 质量:363 kg	￥148
ProJet® 660Pro	3D System		打印速度:垂直构建速度:1.1 in/h(28 mm/h) 打印材料:高性能复合材料 打印尺寸:254 mm×381 mm×203 mm 每层厚度:0.089~0.102 mm 打印喷头数量:5 针头数量:1 520 分辨率:600×450 dpi 电源:100~240 V,15~7.5 A 外观体积:188 cm×74 cm×145 cm 质量:340 kg	￥90
ProJet® 460Plus	3D System		打印速度:垂直构建速度:0.9 in/h(23 mm/h) 打印材料:高性能复合材料 打印尺寸:203 mm×254 mm×203 mm 每层厚度:0.089~0.102 mm 打印喷头数量:2 针头数量:604 分辨率:300×450 dpi 电源:100~240 V,15~7.5 A 外观体积:122 cm×79 cm×140 cm 质量:103 kg	￥60

续表

产品型号	品牌	图　片	基本参数	参考价格/万元
ProJet® 360	3D System		打印材料:高性能复合材料 打印尺寸:203 mm×254 mm×203 mm 每层厚度:0.089~0.102 mm 打印喷头数量:1 针头数量:304 分辨率:300×450 dpi 电源:90~100 V,7.5 A 115 V;110~120 V,5.5 A;208~240 V,4.0 A 外观体积:122 cm×79 cm×140 cm 质量:179 kg	¥36.9
ProJet® 260	3D System		打印速度:垂直构建速度:0.8 in/h(20 mm/h) 打印尺寸:236 mm×185 mm×127 mm 打印喷头数量:2 针头数量:604 分辨率:300×450 dpi 电源:90~100 V,7.5 A;110~120 V,5.5 A;208~240 V,4.0 A 外观体积:74 cm×79 cm×140 cm 质量:165 kg	¥35.8
ProJet® 160 Personal	3D System		打印速度:垂直构建速度:1.1 in/h(28 mm/h) 打印尺寸:236 mm×185 mm×127 mm 打印喷头数量:1 针头数量:304 分辨率:300×450 dpi 电源:90~100 V,7.5 A 110~120 V,5.5 A;208~240 V,4.0 A 外观体积:74 cm×79 cm×140 cm 质量:165 kg	¥25.8
3D Systems ProJet6000	3D System		打印尺寸:250 mm×250 mm×250 mm,250 mm×250 mm×125 mm,250 mm×250 mm×50 mm 外观体积:1 676 mm×889 mm×2 006 mm,787 mm×737 mm×1 829 mm 分辨率:0.075/0.125 mm	¥188

续表

产品型号	品牌	图　片	基本参数	参考价格/万元
3D Systems ProJet5000	3D Systems		打印尺寸:550 mm×393 mm×300 mm 分辨率:375×375×395 DPI,375×375×790 DPI,750×750×890 dpi 外观体积: 1 531 mm × 908 mm × 1 450 mm	¥168
3D Systems ProJet3510cp	3D System		打印尺寸:298 mm×185 mm×2.3 mm 分辨率:375×375×790 dpi	¥99
3D Systems ProJet3510cp	3D System		打印尺寸:298 mm×185 mm×203 mm 分辨率:375×375×775 dpi	¥83
3D Systems ProJet1000	3D System		打印尺寸:171 mm×203 mm×178 mm 分辨率:1024×768 dpi	¥15.8
3D Systems 3DTouch	3D System		打印速度:15 mm^3/s 打印尺寸:185 mm×275 mm×201 mm,230 mm×275 mm×201 mm,275 mm×275 mm×201 mm	¥1.2
3D Systems RapMan	3D System		打印速度:15 mm^3/s 打印尺寸:120 mm×205 mm×210 mm,190 mm×205 mm×210 mm,270 mm×205 mm×210 mm	¥0.7

续表

产品型号	品牌	图 片	基本参数	参考价格/万元
3D Systems cube	3D System		打印尺寸:140 mm×140 mm×140 mm	¥1.4
FORTUS 200 mc	Stratasys		打印尺寸:203 mm×203 mm×305 mm 外观体积:686 mm×864 mm×1 041 mm	¥3.5
FORTUS 250 mc	Stratasys		打印尺寸:254 mm×254 mm× 305 mm 成型厚度: 快速模式 0.330 mm 一般模式 0.254 mm 细致模式 0.178 mm	¥4.7
FORTUS 360 mc	Stratasys		打印尺寸:355 mm×254 mm×254 mm,406 mm×356 mm×406 mm 外观体积: 1 281 mm × 895. 35 mm ×1 962 mm	¥120
FORTUS 900mc	Stratasys		打印尺寸:914 mm×610 mm×914 mm,406 mm×356 mm×406 mm 外观体积: 2 772 mm × 1 683 mm ×2 027 mm	¥300

7.3　工业机器人

7.3.1　工业机器人的应用

(1)定义

工业机器人是面向工业领域的多关节机械手或多自由度的机器人。工业机器人是自动执行工作的机器装置,是靠自身动力和控制能力来实现各种功能的一种机器。它可接受人类指挥,也可按照预先编排的程序运行,现代的工业机器人还可根据人工智能技术制订的原则纲领行动。

(2)工业机器人的组成

工业机器人由主体、驱动系统和控制系统3个基本部分组成。主体即机座和执行机构,包括臂部、腕部和手部,有的机器人还有行走机构,如图7.1所示。

大多数工业机器人有3~6个运动自由度,其中腕部通常有1~3个运动自由度;驱动系统包括动力装置和传动机构,用以使执行机构产生相应的动作;控制系统是按照输入的程序对驱动系统和执行机构发出指令信号,并进行控制。

(3)我国工业机器人发展状况

中国工业机器人经过"七五"攻关计划、"九五"攻关计划和"863"计划的支持已经取得了较大进展,工业机器人市场也已经成熟,应用上已经遍及各行各业,但进口机器人占了绝大多数。我国在某些关键技术上有所突破,但还缺乏整体核心技术的突破,具有中国知识产权的工业机器人则很少。目前,我国机器人技术相当于国外发达国家20世纪80年代初的水平,特别是在制造工艺与装备方面,不能生产高精密、高速与高效的关键部件。我国目前取得较大进展的机器人技术有数控机床关键技术与装备、隧道掘进机器人相关技术、工程机械智能化机器人相关技术、装配自动化机器人相关技术。现已开发出金属焊接、喷涂、浇铸装配、搬运、包装、激光加工、检验、真空、自动导引车等的工业机器人产品,主要应用于汽车、摩托车、工程机械、家电等行业。

我国机器人技术主题发展的战略目标是:根据21世纪初我国国民经济对先进制造及自动化技术的需求,瞄准国际前沿高技术发展方向创新性地研究和开发工业机器人技术领域的基础技术、产品技术和系统技术。未来工业机器人技术发展的重点有:第一,危险、恶劣环境作业机器人:主要有防暴、高压带电清扫、星球检测、油气管道等机器人;第二,医用机器人:主要有脑外科手术辅助机器人,遥控操作辅助正骨等;第三,仿生机器人:主要有移动机器人,网络遥控操作机器人等。其发展趋势是智能化、低成本、高可靠性和易于集成。

随着工业机器人发展的深度和广度以及机器人智能水平的提高,工业机器人已在众多领域得到了应用。从传统的汽车制造领域向非制造领域延伸。如采矿机器人、建筑业机器人以及水电系统用于维护维修的机器人等。在国防军事、医疗卫生、食品加工、生活服务等领域工业机器人的应用也越来越多。汽车制造是一个技术和资金高度密集的产业,也是工业机器人应用最广泛的行业,几乎占到整个工业机器人的一半以上。在我国,工业机器人最初也是应用于汽车和工程机械行业中。在汽车生产中工业机器人是一种主要的制动化设备,在整车及零

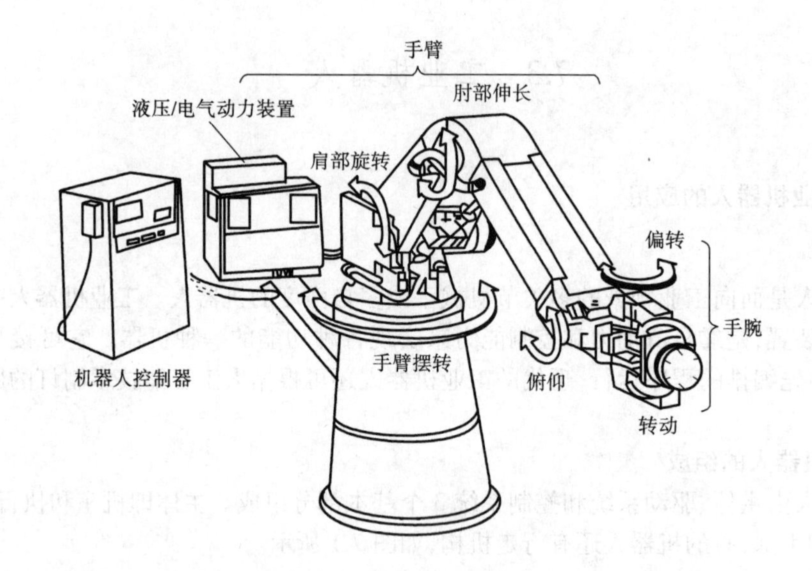

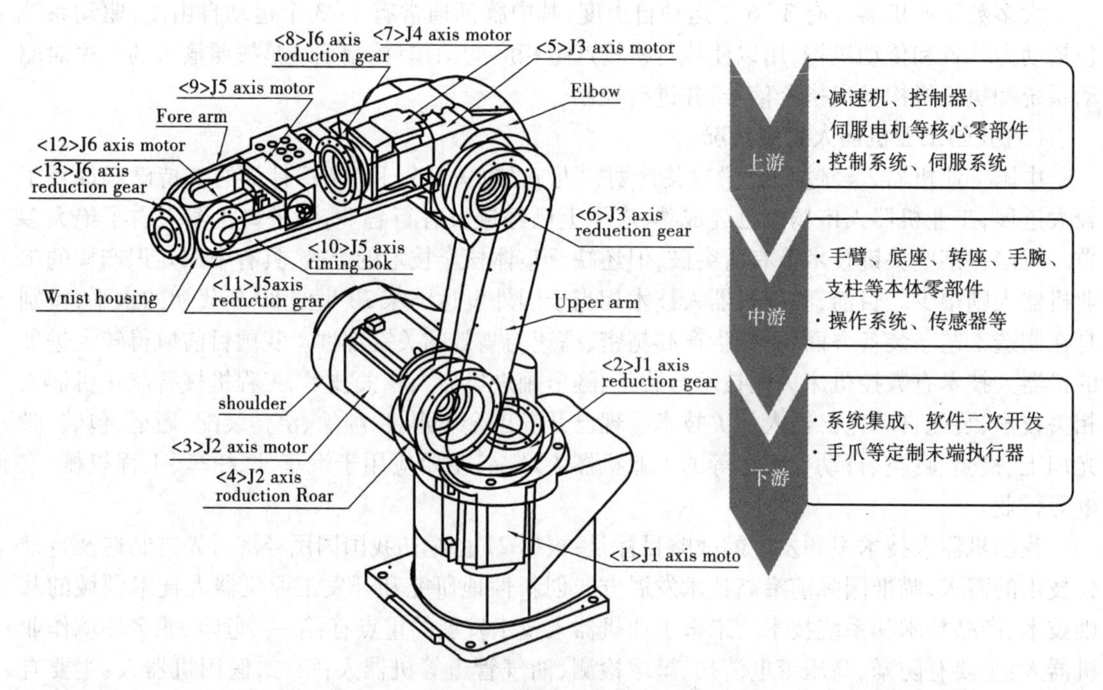

图 7.1　工业机器人的组成

部件生产的弧焊、点焊、喷涂、搬运、涂胶、冲压等工艺中大量使用。据预测我国正在进入汽车拥有率上升时期，在未来几年里，汽车仍将以每年 15%左右的速度增长。所以未来几年工业机器人的需求将会呈现出高速增长趋势，年增幅达到 50%左右，工业机器人在我国汽车行业的应用将得到快速发展，如图 7.2 所示。

工业机器人除了在汽车行业的广泛应用，在电子、食品加工、非金属加工、日用消费品和木材家具加工等行业对工业机器人的需求也快速增长。在亚洲，2005 年安装工业机器人 72 600 台，与 2004 年相比，增长了 40%，而应用在电子行业的就占了 31%左右。在欧洲地区，据统计，

图 7.2　汽车机器人

2005 年与 2004 年相比工业机器人在食品加工行业的应用增长了 17%左右，在非金属加工行业的应用增长了 20%左右，在日用品消费行业增长了 32%，在木材家具加工行业增长了 18%左右。工业机器人在石油方面也有广泛的应用，如海上石油钻井、采油平台、管道的检测、炼油厂、大型油罐和储罐的焊接等均可使用机器人来完成。在未来几年，传感技术、激光技术和工程网络技术将会被广泛应用在工业机器人工作领域，这些技术会使工业机器人的应用更为高效、高质，运行成本低。据预测，今后机器人将在医疗、保健、生物技术和产业、教育、救灾、海洋开发、机器维修、交通运输及农业水产等领域得到应用。

7.3.2　工业机器人的分类

(1)按机器人的技术等级划分

1)示教再现型机器人

它主要由机械手控制器和示教盒组成，可按预先引导动作记录下信息重复再现执行，当前工业中应用最多，如图 7.3 所示。

图 7.3　示教再现型机器人

2)感觉型机器人

如有力觉、触觉和视觉等，它具有对某些外界信息进行反馈调整的能力，目前已进入应用阶段，如图 7.4 所示。

3)智能型机器人

它具有感知和理解外部环境的能力，在工作环境改变的情况下，也能够成功地完成任务，如图 7.5 所示。

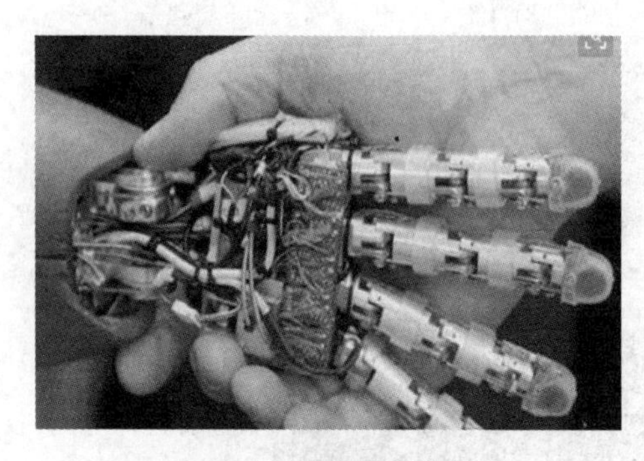

图 7.4　感觉型机器人

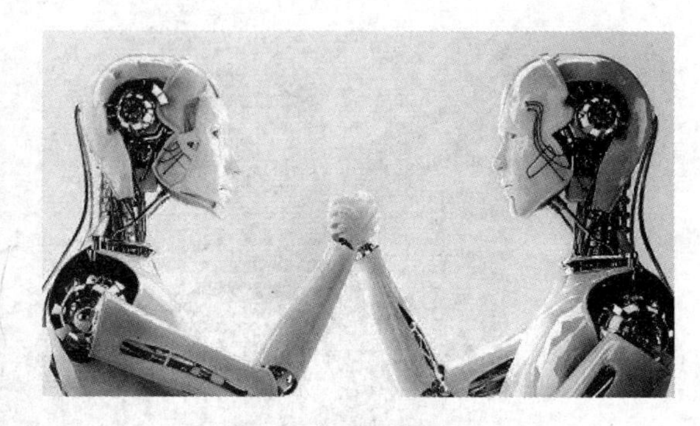

图 7.5　智能型机器人

(2)按机器人的机构特征划分

1)直角坐标型

直角坐标型具有空间上相互垂直的多个直线移动轴,通过直角坐标方向的 3 个独立自由度确定其手部的空间位置,其动作空间为一长方体,如图 7.6 所示。

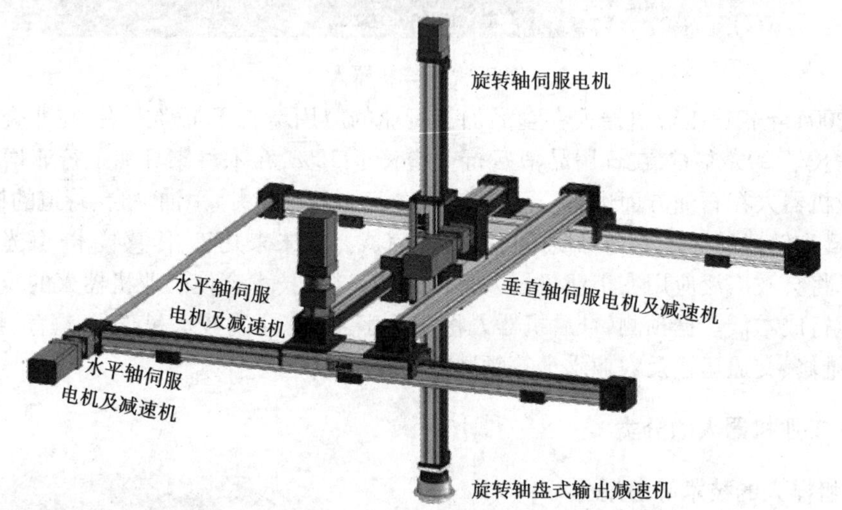

图 7.6　直角坐标型机器人

2)圆柱坐标型

圆柱坐标型主要由旋转基座、垂直移动和水平移动轴组成,具有一个回转和两个平移自由度,其动作空间为圆柱形,如图 7.7 所示。

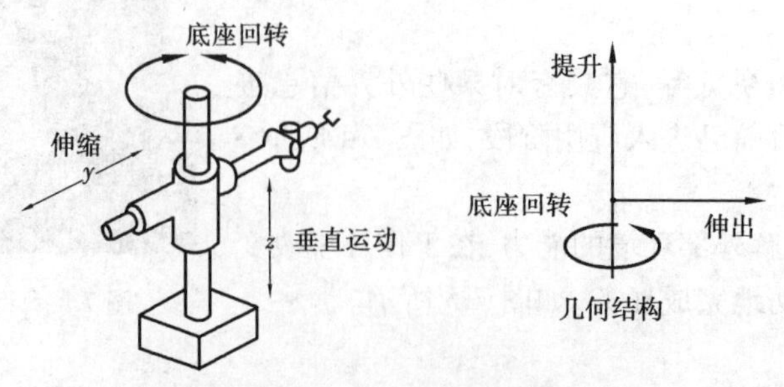

图 7.7　圆柱坐标型机器人工作简图

3)球坐标型

球坐标型是空间位置分别由旋转、摆动和平移 3 个自由度确定,动作空间形成球面的一部分,如图 7.8 所示。

4)多关节型

多关节型模拟人手臂功能,由垂直于地面的腰部旋转轴、带动小臂旋转的肘部旋转轴以及小臂前端的手腕等组成,手腕通常有 2~3 个自由度,其动作空间近似一个球体,如图 7.9 所示。

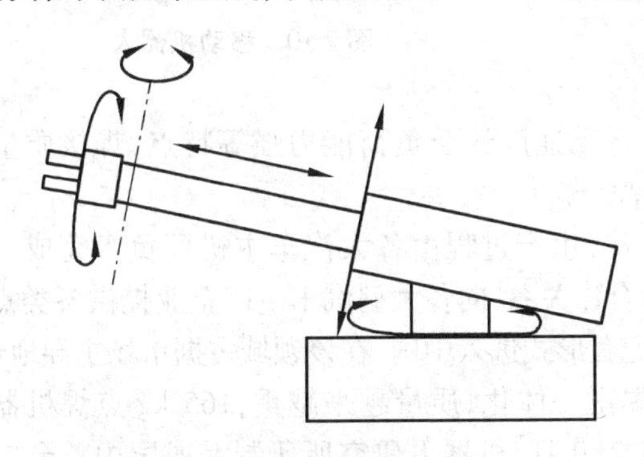

图 7.8　球坐标型机器人工作简图

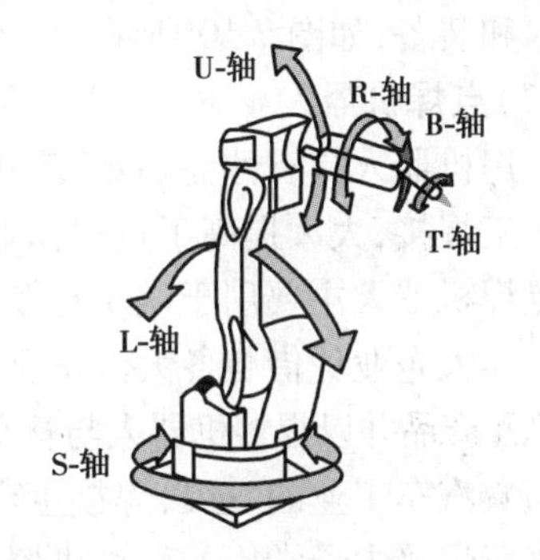

图 7.9　多关节型机器人工作简图

(3)按执行机构运动的控制机能划分

1)点位型

点位型只控制执行机构由一点到另一点的准确定位,适用于机床上下料、点焊和一般搬运、装卸等作业。

2)连续轨迹型

连续轨迹型可控制执行机构按规定轨迹运动,适用于连续焊接和涂装等作业。

(4)按程序输入方式划分

1)编程输入型

编程输入型是将计算机上已编好的作业程序文件,通过 RS232 串口或者以太网等通信方式传送到机器人控制柜。

2)示教输入型

示教输入型的示教方法有两种:一种是由操作者用手动控制器(示教操纵盒),将指令信号传给驱动系统,使执行机构按要求的动作顺序和运动轨迹操演一遍;另一种是由操作者直接领动执行机构,按要求的动作顺序和运动轨迹操演一遍。在示教过程的同时,工作程序的信息即自动存入程序存储器中在机器人自动工作时,控制系统从程序存储器中检出相应信息,将指令信号传给驱动机构,使执行机构再现示教的各种动作。

7.3.3　成熟工业机器人产品介绍

(1)移动机器人(AGV)

移动机器人(AGV)是工业机器人的一种类型。它由计算机控制,具有移动、自动导航、多传感器控制、网络交互等功能。它可广泛应用于机械、电子、纺织、卷烟、医疗、食品、造纸等行业的柔性搬运和传输等功能,也用于自动化立体仓库、柔性加工系统、柔性装配系统(以 AGV 作为活动装配平台);同时可在车站、机场、邮局的物品分捡中作为运输工具。

国际物流技术发展的新趋势之一,而移动机器人是其中的核心技术和设备,是用现代物流技术配合、支承、改造、提升传统生产线,实现点对点自动存取的高架箱储、作业和搬运相结合,实现精细化、柔性化、信息化,缩短物流流程,降低物料损耗,减少占地面积,降低建设投资等的高新技术和装备,如图 7.10 所示。

图 7.10　移动机器人

(2)**点焊机器人**

点焊机器人具有性能稳定、工作空间大、运动速度快及负荷能力强等特点,焊接质量明显优于人工焊接,大大提高了点焊作业的生产率。

点焊机器人主要用于汽车整车的焊接工作,生产过程由各大汽车主机厂负责完成。国际工业机器人企业凭借与各大汽车企业的长期合作关系,向各大型汽车生产企业提供各类点焊机器人单元产品并以焊接机器人与整车生产线配套形式进入中国,在该领域占据市场主导地位。

随着汽车工业的发展,焊接生产线要求焊钳一体化,质量越来越重,165 kg 点焊机器人是当前汽车焊接中最常用的一种机器人。2008 年 9 月,机器人研究所研制完成国内首台 165 kg 级点焊机器人,并成功应用于奇瑞汽车焊接车间。2009 年 9 月,经过优化和性能提升的第二台机器人完成并顺利通过验收,该机器人整体技术指标已经达到国外同类机器人水平,如图 7.11所示。

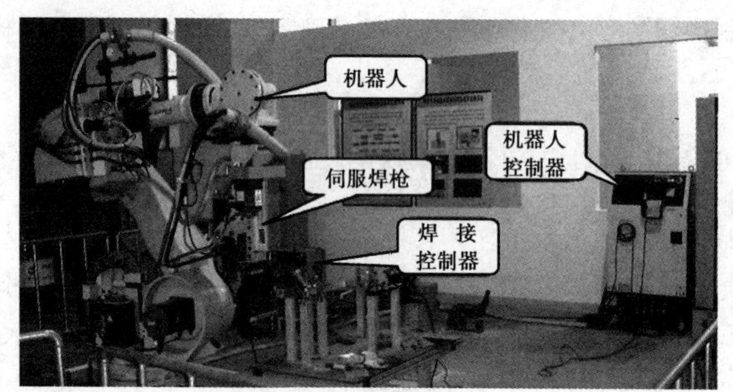

图 7.11　点焊机器人

(3)**弧焊机器人**

弧焊机器人主要应用于各类汽车零部件的焊接生产。在该领域,国际大型工业机器人生产企业主要以向成套装备供应商提供单元产品为主。

关键技术包括:

1)弧焊机器人系统优化集成技术

弧焊机器人采用交流伺服驱动技术以及高精度、高刚性的 RV 减速机和谐波减速器,具有良好的低速稳定性和高速动态响应,并可实现免维护功能。

2)协调控制技术

控制多机器人及变位机协调运动,既能保持焊枪和工件的相对姿态以满足焊接工艺的要求,又能避免焊枪和工件的碰撞。

3)精确焊缝轨迹跟踪技术

结合激光传感器和视觉传感器离线工作方式的优点，采用激光传感器实现焊接过程中的焊缝跟踪，提升焊接机器人对复杂工件进行焊接的柔性和适应性，结合视觉传感器离线观察获得焊缝跟踪的残余偏差，基于偏差统计获得补偿数据并进行机器人运动轨迹的修正，在各种工况下都能获得最佳的焊接质量。

(4)激光加工机器人

激光加工机器人是将机器人技术应用于激光加工中，通过高精度工业机器人实现更加柔性的激光加工作业(见图 7.12)。本系统通过示教盒进行在线操作，也可通过离线方式进行编程。该系统通过对加工工件的自动检测，产生加工件的模型，继而生成加工曲线，也可利用 CAD 数据直接加工。可用于工件的激光表面处理、打孔、焊接和模具修复等。

图 7.12　激光加工机器人

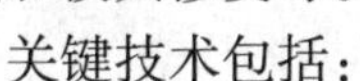

关键技术包括：

1)激光加工机器人结构优化设计技术

采用大范围框架式本体结构，在增大作业范围的同时，保证机器人精度。

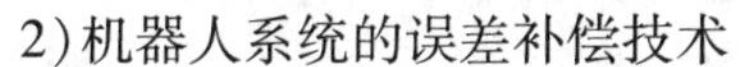

2)机器人系统的误差补偿技术

针对一体化加工机器人工作空间大、精度高等要求，并结合其结构特点，采取非模型方法与基于模型方法相结合的混合机器人补偿方法，完成了几何参数误差和非几何参数误差的补偿。

3)高精度机器人检测技术

将三坐标测量技术和机器人技术相结合，实现了机器人高精度在线测量。

4)激光加工机器人专用语言实现技术

根据激光加工及机器人作业特点，完成激光加工机器人专用语言。

5)网络通信和离线编程技术

具有串口、CAN 等网络通信功能，实现对机器人生产线的监控和管理；并实现上位机对机器人的离线编程控制。

(5)真空机器人

真空机器人是一种在真空环境下工作的机器人，主要应用于半导体工业中，实现晶圆在真空腔室内的传输。真空机械手难进口、受限制、用量大、通用性强，其成为制约了半导体装备整机的研发进度和整机产品竞争力的关键部件。而且国外对中国买家严加审查，归属于禁运产品目录，真空机械手已成为严重制约我国半导体设备整机装备制造的“卡脖子”问题。直驱型真空机器人技术属于原始创新技术，如图 7.13 所示。

图 7.13　真空机器人真空抓取物件

关键技术包括:

1)真空机器人新构型设计技术

通过结构分析和优化设计,避开国际专利,设计新构型满足真空机器人对刚度和伸缩比的要求。

2)大间隙真空直驱电机技术

涉及大间隙真空直接驱动电机和高洁净直驱电机开展电机理论分析、结构设计、制作工艺、电机材料表面处理、低速大转矩控制、小型多轴驱动器等方面。

3)真空环境下的多轴精密轴系的设计

采用轴在轴中的设计方法,减小轴之间的不同心以及惯量不对称的问题。

4)动态轨迹修正技术

通过传感器信息和机器人运动信息的融合,检测出晶圆与手指之间基准位置之间的偏移,通过动态修正运动轨迹,保证机器人准确地将晶圆从真空腔室中的一个工位传送到另一个工位。

5)符合 SEMI 标准的真空机器人语言

根据真空机器人搬运要求、机器人作业特点及 SEMI 标准,完成真空机器人专用语言。

6)可靠性系统工程技术

在 IC 制造中,设备故障会带来巨大的损失。根据半导体设备对 MCBF 的高要求,对各个部件的可靠性进行测试、评价和控制,提高机械手各个部件的可靠性,从而保证机械手满足 IC 制造的高要求。

(6)洁净机器人

洁净机器人是一种在洁净环境中使用的工业机器人。随着生产技术水平不断提高,其对生产环境的要求也日益苛刻,很多现代工业产品生产都要求在洁净环境进行,洁净机器人是洁净环境下生产需要的关键设备,如图 7.14 所示。

图 7.14 洁净机器人

关键技术包括:

1)洁净润滑技术

通过采用负压抑尘结构和非挥发性润滑脂,实现对环境无颗粒污染,满足洁净要求。

2)高速平稳控制技术

通过轨迹优化和提高关节伺服性能,实现洁净搬运的平稳性。

3)控制器的小型化技术

根据洁净室建造和运营成本高,通过控制器小型化技术减小洁净机器人的占用空间。

4)晶圆检测技术

通过光学传感器,能够通过机器人的扫描,获得卡匣中晶圆有无缺片、倾斜等信息。

(7)码垛机器人

很多产品在生产过程中,用机器人来完成一些生产工序,不仅能提高生产效率,降低成本,更能提高产品质量。例如,在 ESTEE LAUDER 公司的唇膏生产过程中,要把唇膏和外壳从托盘中取出,再把唇膏整洁准确地装入壳内,并盖好盖及拧紧,最后把成品唇膏放入另一托盘中。还有在许多手机生产过程中,在一个托盘上整齐地放置一些装有手机外壳、印刷电路板、用塑料袋包装好的显示部件。机械手爪把它们一个一个地抓取到传送带上,以便进行下一步处理,并在最后把已经空的托盘搬到空托盘摞上。这类码垛机器人被广泛应用在医药、包装、仪表装配、继电器生产等众多行业,如图 7.15 所示。

(8)**装配机器人**

装配机器人是柔性自动化装配系统的核心设备,由机器人操作机、控制器、末端执行器及传感系统组成。其中,操作机的结构类型有水平关节型、直角坐标型、多关节型及圆柱坐标型等;控制器一般采用多 CPU 或多级计算机系统,实现运动控制和运动编程;末端执行器为适应不同的装配对象而设计成各种手爪和手腕等;传感系统又来获取装配机器人与环境和装配对象之间相互作用的信息。常用的装配机器人主要有可编程通用装配操作手(Programmable Universal Manipula-tor forAssembly,即 PUMA 机器人,最早出现于 1978 年,工业机器人的始祖)和平面双关节型机器人(Selective Compliance Assembly Robot Arm,即 SCARA 机器人)两种类型。与一般工业机器人相比,装配机器人具有精度高、柔顺性好、工作范围小、能与其他系统配套使用等特点。它主要用于各种电器的制造行业,如图 7.16 所示。

图 7.15 码垛机器人

图 7.16 汽车装配机器人

7.4 激光设备

7.4.1 激光打标机

(1)**激光打标机简介**

激光打标机是用激光束在各种不同的物质表面打上永久的标记。打标的效应是通过表层物质的蒸发露出深层物质,从而刻出精美的图案、商标和文字。目前,激光打标机主要应用于一些要求更精细、精度更高的场合,应用于电子元器件、集成电路(IC)、电工电器、手机通信、五金制品、工具配件、精密器械、眼镜钟表、首饰饰品、汽车配件、塑胶按键、建材、PVC 管材。

与喷墨打标法相比,激光打标雕刻的优越性在于:应用范围广,多种物质(金属、玻璃、陶瓷、塑料、皮革等)均可打上永久的高质量标记。对工件表面无作用力,不产生机械变形,对物质表面不产生腐蚀。

(2)**激光打标机的分类及特点**

1)按激光器分类

①CO_2 激光打标机

采用 CO_2 气体充入放电管作为产生激光的介质,在电极上加高电压,放电管中产生辉光放电,致使使气体分子释放出激光,将激光能量放大后就形成对材料加工的激光束。它主要用于非金属(木头、亚克力、纸张、皮革等),价格便宜。

采用 CO_2 气体激光管、扩束聚焦光学系统和高速振镜扫描器,其性能稳定,寿命长,免维护。该机可单机使用,也可安装在流水线上联合使用。打印效果和打标速度能够满足现代化大生产高效、高速、高可靠的要求,如图 7.17 所示。

②半导体激光打标机(见图 7.18)

半导体激光打标机是用波长 808 nm 激光二极管泵浦 Nd:YAG 介质,使介质产生大量的反转粒子,在 Q 开关的作用下形成波长为 1 064 nm 的巨脉冲激光输出,电光转换效率高。此种激光器体积小,是传统灯泵浦激光器的 1/4。

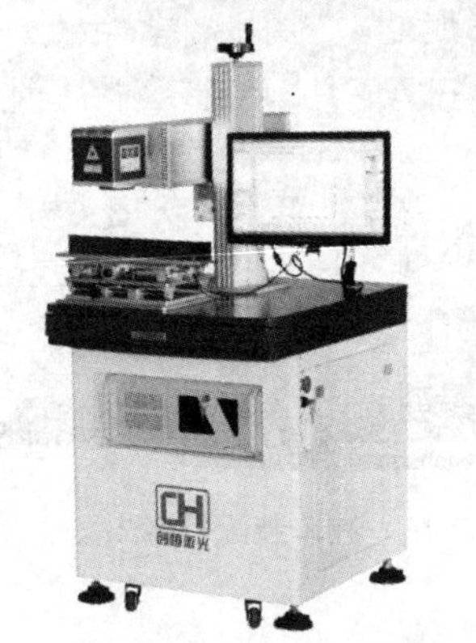

图 7.17　CO_2 激光打标机

图 7.18　半导体激光打标机

其特点如下:

a.激光光束模式好,电光转换效率高,耗电少,免维护。

b.寿命长:有些光电量测厂商把量测设备中激光的光源由最初的 He-Ne 激光改成二极管激光,以取得最佳的机器寿命(He-Ne 激光寿命一般为 10^4 h,而二极管激光寿命为 10^5 h ,相差 10 倍),特别适合现场长时间的操作。

c.瞬间即可达到开关的作用,适宜通信用途,并且半导体激光打标机一开机很快便稳定下来,又很合适用电路调制其输出,例如可使用脉波调制法量测距离(而 He-Ne 激光打标机必须开机 30 min 后才稳定下来,这点比不上半导体激光打标机)。

d.可得到各种波长:利用周期表中的Ⅲ/V 族,如砷化镓等化合物可制成二极管激光,当电流通过 pn 界面时,将因化合物的不同而发出各种可见激光及不可见激光。半导体激光只要改变组合元素的比例,便可改变不同的能量间隔,不同的能量间隔 ,提供了不同的输出波长,由于具有红外线及红色波长,在通信及量测上很容易与各种传感器配合而得到很广泛的用途。

e.操作简单方便,打标质量精度高。

f.机械性质方面:结构紧凑、坚固、体积小的优点。

③YAG 激光打标机

YAG 激光器是红外光频段波长为 1.064 μm 的固体激光器,采用氪灯作为能量源(激励源),ND:YAG(Nd:YAG 激光器。Nd(钕)是一种稀土族元素,YAG 代表钇铝石榴石,晶体结构与红宝石相似)作为产生激光的介质,激励源发出特定波长的入射光,促使工作物质发生居量反转,通过能级跃迁释放出激光,将激光能量放大并整形聚焦后形成可使用的激光束。

其特点如下:

a.省灯。寿命长达 10 000 h,以每天工作 8 h 计算,可长达 3 年无须更换耗材。

b.省电。功耗只有 2 kW 左右,即每小时可以省电 4 kW · h,按工业用电 1 kW · h 电费/万计算 1 元计算,同样工作 1 h,每工作 1 h 要比灯泵浦激光打标机省 4 元钱电费。

c.标记效果更好。产生的激光的单色性更好,激光的模式更佳,激光聚焦后的光点更小,能量更集中,能取得更好的标记效果。

d.免维护。灯泵浦激光打标机需要经常更换氪灯,每次换灯还要重新调试光路。而 YAG 激光打标机免维护,大大增加了设备的稳定可靠性,降低了日常维护的工作量。

④光纤激光打标机

光纤激光打标机是利用激光束在各种不同的物质表面打上永久的标记。打标的效应是通过表层物质的蒸发露出深层物质,或者是通过光能导致表层物质的化学物理变化而“刻”出痕迹,或者是通过光能烧掉部分物质,显出所需刻蚀的图案、文字、条形码等各类图形。

纤激光器分为两大类产品:连续光纤激光器和脉冲光纤激光器。按照功率大小有:连续 5 W,10 W,20 W 至 400 W,1 000 W 以上;脉冲 10 W,15 W,20 W,25 W,30 W 至 50 W。光纤激光打标机为当今国际上最先进的激光标记设备,具有光束质量好、体积小、速度快、工作寿命长、安装灵活方便以及免维护等特点。它广泛用于是集成电路芯片、电脑配件、工业轴承、钟表、电子及通信产品、航天航空器件、各种汽车零件、家电、五金工具、模具、电线电缆、食品包装、首饰、烟草以及军用事等众多领域图形和文字的标记,以及大批量生产线作业。光纤激光器是国际新型,具有可靠结构、体积小巧(约 410 mm×200 mm×270mm)、耗电量小、无高电压、无须庞大的水冷系统(仅需约 300 W)、光束质量高的特点,接近理想光束,USB 接口输出控制,光学扫描振镜,激光重复频率高,高速无畸变。

2)按照激光可见度不同分类

①紫外激光打标机

其采用 355 nm 的紫外激光器研发而成,该机采用三阶腔内倍频技术同红外激光比较,355 紫外光聚焦光斑极小,能在很大程度上降低材料的机械变形且加工热影响小,主要用于超精细打标、雕刻,特别适合用于食品、医药包装材料打标、打微孔、玻璃材料的高速划分及对硅片晶圆进行复杂的图形切割等应用领域。

紫外激光由于聚焦光斑极小,且加工热影响区小,因而可进行超精细打标、特殊材料打标,是对打标效果有更高的要求客户的首选产品。紫外激光除铜材质外,适合加工的材质更加广泛。不仅光束质量好,聚焦光斑更小,能实现超精细标记;适用范围更加广泛;热影响区域极小,不会产生热效应,不会产生材料烧焦问题;标记速度快,效率高;整机性能稳定,体积小、功耗低等优势。

②绿激光打标机

绿光激光打标机是采用国际上最先进的使用波长为532 nm的激光泵浦技术(侧面泵浦或端面泵浦)研制而成。它主要用于高端极精细IC等产品。价格较高,产品以定制为主。

7.4.2 激光焊接机

(1)激光焊接机简介

激光焊接机又称激光焊机、激光焊机,是激光材料加工用的机器。激光焊接是利用高能量的激光脉冲对材料进行微小区域内的局部加热,激光辐射的能量通过热传导向材料的内部扩散,将材料熔化后形成特定熔池。它是一种新型的焊接方式,主要针对薄壁材料、精密零件的焊接,可实现点焊、对接焊、叠焊、密封焊等,深宽比高,焊缝宽度小,热影响区小、变形小,焊接速度快,焊缝平整、美观,焊后无须处理或只需简单处理,焊缝质量高,无气孔,可精确控制,聚焦光点小,定位精度高,易实现自动化。

(2)激光焊接机的分类

激光焊接机一般按其工作方式可分为激光模具烧焊机、自动激光焊接机、激光点焊机及光纤传输激光焊接机。

1)激光模具烧焊机

以激光高热能并集中定点的熔接技术,有效处理一切微小部分的焊接及修补工作,弥补了传统氩弧焊技术在修补焊接精细表面时的不足。避免了热应变和后处理这两道门槛,大大节省了模具的生产周期。

其特点如下:

①采用英国进口陶瓷聚光腔体,耐腐蚀、耐高温,腔体寿命8~10年,氙灯寿命800万次以上。

②激光模具烧焊机采用世界上最先进的自动遮光系统,消除了在工作时光对眼睛的刺激。

③激光头可旋转360°,整体光路部分可转动360°,以及上下电动升降,前后推动,特别适合各种大、中、小型模具的修补。

④参数调节采用智能化遥控器控制,操作简单、快捷。

⑤工作台可电动升降,三维移动。

⑥光点大小电动调节。

2)激光点焊机

激光点焊机主要由激光器、电源及控制、冷却机、导光及调焦、双目体视显微观察几部分构成,结构紧凑,体积小。与激光束同轴的显微坐标指示,使得工件定位容易,不需要特殊的夹具。激光功率、脉冲频率、脉宽均可通过控制面板预置和更改。电源采用抽屉式结构,易于移出,因而本设备操作和维修方便。不需要填充焊料,焊接速度高,接点可靠,工件变形小,成型美观。

3)光纤传输激光焊接机

光纤传输激光焊接机是将高能激光束耦合进入光纤,远距离传输后,通过准直镜准直为平行光,再聚焦于工件上实施焊接的一种激光焊接设备。对焊接难以接近的部位,施行柔性传输非接触焊接,具有更大的灵活性。光纤传输激光焊接机激光束可实现时间和能量上的分光,能进行多光束同时加工,为更精密的焊接提供了条件。

其特点如下

①光纤传输激光焊接机选配CCD摄像监视系统,方便观察和精确定位。

②光纤传输激光焊接机焊斑能量分布均匀,具有焊接特性所需要的最佳光斑。

③光纤传输激光焊接机适应各种复杂焊缝,各种器件的点焊,以及1 mm以内薄板的缝焊。

④光纤传输激光焊接机采用英国进口陶瓷聚光腔体,耐腐蚀、耐高温,腔体寿命8~10年,氙灯寿命800万次以上。

⑤可定制专用的自动化工装夹具,实现产品的批量生产。

(3)激光焊接机的参数及工艺对比

1)参数

其参数见表7.3。

表7.3　激光焊接机的参数

	直　径	接头形式	工艺参数		接头性能	
			输出功/J脉冲	脉冲宽度/ms	最大载荷/N	电阻/Ω
301不锈钢(1Cr17Ni7)	ϕ0.33	对接	8	3.0	97	0.003
		重叠	8	3.0	103	0.003
		十字	8	3.0	113	0.003
		T形	8	3.4	106	0.003
	ϕ0.79	对接	10	3.4	145	0.002
		重叠	10	3.4	157	0.002
		十字	10	3.4	181	0.002
		T形	11	3.6	182	0.002
	ϕ0.38+ϕ0.79	对接	10	3.4	106	0.002
		重叠	10	3.4	113	0.003
		十字	10	3.4	116	0.003
		T形	11	3.6	102	0.003
	ϕ0.38+ϕ0.40	T形	11	3.6	89	0.001
铜	ϕ0.38	对接	10	3.4	23	0.001
		重叠	10	3.4	23	0.001
		十字	10	3.4	19	0.001
		T形	11	3.6	14	0.001
镍	ϕ0.51	对接	10	3.4	55	0.001
		重叠	7	2.8	35	0.001
		十字	9	3.2	30	0.001
		T形	11	3.6	57	0.001

续表

	直 径	接头形式	工艺参数		接头性能	
			输出功/J 脉冲	脉冲宽度/ms	最大载荷/N	电阻/Ω
钽	$\phi0.38$	对接	8	3.0	52	0.001
		重叠	8	3.0	40	0.001
		十字	9	3.2	42	0.001
		T 形	8	3.0	50	0.001
	$\phi0.63$	对接	11	3.5	67	0.001
		重叠	11	3.5	58	0.001
		T 形	11	3.5	77	0.001
	$\phi0.65+\phi0.38$	T 形	11	3.6	51	0.001
铜的钽	$\phi0.38$	对接	10	3.4	17	0.001
		重叠	10	3.4	24	0.001
		十字	10	3.4	18	0.001
		T 形	10	3.4	18	0.001

2)工艺对比

其工艺对比见表 7.4。

表 7.4 工艺对比

对比项目	激光焊接	电子束焊接	钨极惰性气体保护电弧焊	熔化气体保护焊	电阻焊
焊接效率	0	0	−	−	+
大深度比	+	+	−	−	−
小热影响区	+	+	−	−	0
高焊接速率	+	+	−	+	−
焊缝断面形貌	+	+	0	0	0
大气压下施焊	+	−	+	+	+
焊接高反射率材料	−	+	+	+	+
使用填充材料	0	−	+	+	−
自动加工	+	−	+	0	+
成本	−	−	+	+	+
操作成本	0	0	+	+	+
可靠性	+	−	+	+	+
组装	+	−	−	−	−

注:"+"表示优于,"−"表示劣于,"0"表示差距不大。

7.4.3　激光切割机

(1)激光切割机定义及特点

激光切割机是将从激光器发射出的激光,经光路系统,聚焦成高功率密度的激光束。激光束照射到工件表面,使工件达到熔点或沸点,同时与光束同轴的高压气体将熔化或气化金属吹走。随着光束与工件相对位置的移动,最终使材料形成切缝,从而达到切割的目的。

激光切割加工是用不可见的光束代替了传统的机械刀,具有精度高、切割快速、不局限于切割图案限制、自动排版节省材料、切口平滑及加工成本低等特点,将逐渐改进或取代于传统的金属切割工艺设备。激光刀头的机械部分与工件无接触,在工作中不会对工件表面造成划伤;激光切割速度快,切口光滑平整,一般无须后续加工;切割热影响区小,板材变形小,切缝窄(0.1~0.3 mm);切口没有机械应力,无剪切毛刺;加工精度高,重复性好,不损伤材料表面;数控编程,可加工任意的平面图,可对幅面很大的整板切割,无须开模具,经济省时。

(2)主要工艺

1)汽化切割

在激光气化切割过程中,材料表面温度升至沸点温度的速度是如此之快,足以避免热传导造成的熔化,于是部分材料汽化成蒸气消失,部分材料作为喷出物从切缝底部被辅助气体流吹走。在此情况下,就需要非常高的激光功率。

为了防止材料蒸气冷凝到割缝壁上,材料的厚度一定不要大大超过激光光束的直径。该加工因而只适合于应用在必须避免有熔化材料排出的情况下。该加工实际上只用于铁基合金很小的使用领域。

该加工不能用于像木材和某些陶瓷等,那些没有熔化状态因而不太可能让材料蒸气再凝结的材料。另外,这些材料通常要达到更厚的切口。在激光气化切割中,最优光束聚焦取决于材料厚度和光束质量。激光功率和汽化热对最优焦点位置只有一定的影响。在板材厚度一定的情况下,最大切割速度反比于材料的汽化温度。所需的激光功率密度要大于108 W/cm^2,并且取决于材料、切割深度和光束焦点位置。在板材厚度一定的情况下,假设有足够的激光功率,最大切割速度受到气体射流速度的限制。

2)熔化切割

在激光熔化切割中,工件被局部熔化后借助气流把熔化的材料喷射出去。因为材料的转移只发生在其液态情况下,所以该过程被称为激光熔化切割。

激光光束配上高纯惰性切割气体促使熔化的材料离开割缝,而气体本身不参与切割。激光熔化切割可得到比气化切割更高的切割速度。气化所需的能量通常高于把材料熔化所需的能量。在激光熔化切割中,激光光束只被部分吸收。最大切割速度随着激光功率的增加而增加,随着板材厚度的增加和材料熔化温度的增加而几乎反比例地减小。在激光功率一定的情况下,限制因数就是割缝处的气压和材料的热传导率。激光熔化切割对于铁制材料和钛金属可以得到无氧化切口。产生熔化但不到气化的激光功率密度,对于钢材料来说,在104~105 W/cm^2。

3)氧化熔化切割(激光火焰切割)

熔化切割一般使用惰性气体,如果代之以氧气或其他活性气体,材料在激光束的照射下被点燃,与氧气发生激烈的化学反应而产生另一热源,使材料进一步加热,称为氧化熔化切割。

由于此效应,对于相同厚度的结构钢,采用该方法可得到的切割速率比熔化切割要高。另一方面,该方法和熔化切割相比可能切口质量更差。实际上它会生成更宽的割缝、明显的粗糙度、增加的热影响区和更差的边缘质量。激光火焰切割在加工精密模型和尖角时是不好的(有烧掉尖角的危险)。可使用脉冲模式的激光来限制热影响,激光的功率决定切割速度。在激光功率一定的情况下,限制因数就是氧气的供应和材料的热传导率。

4)控制断裂切割

对于容易受热破坏的脆性材料,通过激光束加热进行高速、可控的切断,称为控制断裂切割。这种切割过程主要内容是:激光束加热脆性材料小块区域,引起该区域大的热梯度和严重的机械变形,导致材料形成裂缝。只要保持均衡的加热梯度,激光束可引导裂缝在任何需要的方向产生。

(3)**关键技术**

1)焦点位置控制技术

激光切割的优点之一是光束的能量密度高,一般 10 W/cm^2。由于能量密度与面积成反比,所以焦点光斑直径尽可能的小,以便产生一窄的切缝;同时焦点光斑直径还和透镜的焦深成正比。聚焦透镜焦深越小,焦点光斑直径就越小。但切割有飞溅,透镜离工件太近容易将透镜损坏,因此一般大功率 CO_2 激光切割机工业应用中广泛采用 5 ″~7.5 ″(127~190 mm)的焦距。实际焦点光斑直径为 0.1~0.4 mm。对于高质量的切割,有效焦深还和透镜直径及被切材料有关。例如,用 5 in 的透镜切碳钢,焦深为焦距的 2%范围内。因此控制焦点相对于被切材料表面的位置十分重要。顾虑到切割质量、切割速度等因素,原则上 6 mm 的金属材料,焦点在表面上; 6 mm 的碳钢,焦点在表面之上; 6 mm 的不锈钢,焦点在表面之下。具体尺寸由实验确定。

在工业生产中确定焦点位置的简便方法有以下 3 种:

①打印法

使切割头从上往下运动,在塑料板上进行激光束打印,打印直径最小处为焦点。

②斜板法

用和垂直轴成一角度斜放的塑料板使其水平拉动,寻找激光束的最小处为焦点。

③蓝色火花法

去掉喷嘴,吹空气,将脉冲激光打在不锈钢板上,使切割头从上往下运动,直至蓝色火花最大处为焦点。

2)切割穿孔技术

任何一种热切割技术,除少数情况可从板边缘开始外,一般都必须在板上穿一小孔。首先在激光冲压复合机上是用冲头先冲出一孔,然后再用激光从小孔处开始进行切割。对于没有冲压装置的激光切割机有以下两种穿孔的基本方法:

①爆破穿孔

材料经连续激光的照射后在中心形成一凹坑,然后由与激光束同轴的氧流很快将熔融材料去除形成一孔。一般孔的大小与板厚有关,爆破穿孔平均直径为板厚的一半,因此对较厚的板爆破穿孔孔径较大,且不圆,不宜在要求较高的零件上使用(如石油筛缝管),只能用于废料上。此外由于穿孔所用的氧气压力与切割时相同,飞溅较大。

②脉冲穿孔

采用高峰值功率的脉冲激光使少量材料熔化或汽化,常用空气或氮气作为辅助气体,以减少因放热氧化使孔扩展，气体压力较切割时的氧气压力小。每个脉冲激光只产生小的微粒喷射，逐步深入，因此厚板穿孔时间需要几秒钟。一旦穿孔完成，立即将辅助气体换成氧气进行切割。这样穿孔直径较小，其穿孔质量优于爆破穿孔。为此所使用的激光器不但应具有较高的输出功率；更重要的时光束的时间和空间特性，因此一般横流 CO_2 激光器不能适应激光切割的要求。

此外，脉冲穿孔还须要有较可靠的气路控制系统，以实现气体种类、气体压力的切换及穿孔时间的控制。在采用脉冲穿孔的情况下，为了获得高质量的切口，从工件静止时的脉冲穿孔到工件等速连续切割的过渡技术应以重视。从理论上讲，通常可改变加速段的切割条件，如焦距、喷嘴位置、气体压力等，但实际上由于时间太短改变以上条件的可能性不大。在工业生产中主要采用改变激光平均功率的办法比较现实，具体方法有以下 3 种：改变脉冲宽度；改变脉冲频率；同时改变脉冲宽度和频率。实际结果表明，第三种效果最好。

3）喷嘴设计及气流控制技术

激光切割钢材时，氧气和聚焦的激光束是通过喷嘴射到被切材料处，从而形成一个气流束。对气流的基本要求是进入切口的气流量要大，速度要高，以便足够的氧化使切口材料充分进行放热反应，同时又有足够的动量将熔融材料喷射吹出。因此，除光束的质量及其控制直接影响切割质量外，喷嘴的设计及气流的控制（如喷嘴压力、工件在气流中的位置等）也是十分重要的因素。

（4）工艺对比

其工艺对比见表 7.5。

表 7.5　工艺对比

工艺名称	切缝/mm	变　形	精　度	图形变更	速　度	费　用
激光切割	很小（0.1～0.3）	很小	高（0.2 mm）	很容易	较低	较高
等离子切割	较小	较大	高（1 mm）	很容易	较高	较低
水切割	较大	小	高	容易	较高	较高
模冲切割	较小	较大	低	难	高	较低
锯切	较大	较小	低	难	很慢	较低
线切割	较小	很小	高	容易	很慢	较高
气燃体切割	很大	严重	低	较容易	低	较低
电火花切割	很小	很小	高	容易	很慢	很高

（5）材料分析

随着激光切割技术的发展，激光切割运用的领域也越来越广泛，适用的材料也越来越多。但是不同的材料具有不同的特性。因此，在使用激光切割时需要注意的事项也不同。

1）结构钢

该材料用氧气切割时会得到较好的结果。当用氧气作为加工气体时，切割边缘会轻微氧化。对于厚度达 4 mm 的板材，可用氮气作为加工气体进行高压切割。这种情况下，切割边缘不会被氧化。厚度在 10 mm 以上的板材，对激光器使用特殊极板并且在加工中给工件表面涂油可得到较好的效果。

2）不锈钢

切割不锈钢需要：使用氧气，在边缘氧化不要紧的情况下；使用氮气，以得到无氧化无毛刺的边缘，就不需要再作处理了。在板材表面涂层油膜会得到更好的穿孔效果，而不降低加工质量。

3）铝

尽管有高反射率和热传导性，厚度 6 mm 以下的铝材可以切割，这取决于合金类型和激光器能力。当用氧切割时，切割表面粗糙而坚硬。用氮气时，切割表面平滑。纯铝因为其高纯非常难切割，只有在系统上安装有“反射吸收”装置时才能切割铝材，否则反射会毁坏光学组件。

4）钛

钛板材用氩气和氮气作为加工气体来切割。其他参数可参考镍铬钢。

5）铜和黄铜

两种材料都具有高反射率和非常好的热传导性。厚度 1 mm 以下的黄铜可用氮气切割；厚度 2 mm 以下的铜均可切割，加工气体必须用氧气。只有在系统上安装有“反射吸收”装置时，才能切割铜和黄铜，否则反射会毁坏光学组件。

6）合成材料

切割合成材料时，要牢记切割的危险和可能排放的危险物质。可加工的合成材料有热塑性塑料、热硬化材料和人造橡胶。

7）有机物

在所有有机物切割中都存在着着火的危险（用氮气作为加工气体，也可用压缩空气作为加工气体）。木材、皮革、纸板和纸可用激光切割，切割边缘会烧焦（褐色）。

思考题

7.1　现代装备发展有哪些特点？试举例说明。

7.2　试述 3D 打印机原理，并分析其特点及应用。

7.3　你对未来机器人发展有何看法？在《我，机器人》这部科幻电影中设置的 3 大机器人原则是否有冲突？如何规划机器人的行为？

7.4　机器人产业为何近几年发展迅猛？试分析。

7.5　据报道，日本已研发出女仆机器人等更为智能的服务类机器人并投入使用，而英美等国在军用机器人上造诣深厚，我国机器人发展将何去何从？试讨论。

7.6　试述激光打标机的类型及特点。

参考文献

[1] 李炜新．金属材料与热处理[M]. 北京:机械工业出版社,2008.
[2] 陈国良．金属材料学 [M]. 北京:冶金工业出版社,2009.
[3] 戴曙光．金属切削机床 [M]. 北京:机械工业出版社,2012.
[4] 孙家宁．金属切削原理及刀具[M].5 版. 北京:机械工业出版社,2011.
[5] 徐鸿本．铣削工艺手册[M]. 北京:机械工业出版社,2012.
[6] 华定安．磨削原理[M]. 北京:电子工业出版社,2011.
[7] 张宝珠．齿轮加工速查手册[M]. 北京:机械工业出版社,2010.
[8] 龚仲华．现代数控机床设计典例[M]. 北京:机械工业出版社,2014.
[9] 张润福．数控技术[M]. 北京:清华大学出版社,2009.
[10] 夏田．数控机床系统设计[M].2 版. 北京:化学工业出版社,2011.
[11] 魏杰．数控机床结构[M]. 北京:化学工业出版社,2009.
[12] 张善钟．精密仪器结构设计手册[M]. 北京:机械工业出版社,2009.
[13] 解兰昌．精密仪器仪表机构设计[M]. 杭州:浙江大学出版社,2010.
[14] 刘波峰．传感器原理与工程应用[M]. 北京:电子工业出版社,2013.
[15] 张雪飞．仪器制造工艺学[M]. 北京:电子工业出版社,2013.
[16] 仪器仪表常用标准汇编:材料及元件卷[M]. 北京:中国标准出版社,2005.
[17] 王学生．化工设备设计[M]. 上海:华东理工大学出版社,2011.
[18] 郑津洋．工程设备设计[M].3 版. 北京:化学工业出版社,2010.
[19] 王志文．化工容器设计[M].3 版. 北京:化学工业出版社,2011.
[20] 付平．化学工程及设备[M]. 北京:化学工业出版社,2013.
[21] 刘敏珊．纵流壳程换热器[M]. 北京:化学工业出版社,2007.
[22] 钟诗清．汽车车身制造工艺学[M]. 北京:人民交通出版社,2012.
[23] 林程．汽车车身结构与设计[M]. 北京:机械工业出版社,2014.
[24] 陈新亚．汽车构造透视图典:车身与底盘[M]. 北京:机械工业出版社,2012.
[25] 孙骏．汽车电子工程学[M]. 安徽:合肥工业大学出版社,2011.
[26] 王增才．汽车液压控制系统[M]. 北京:人民交通出版社,2012.

[27] 钱叶剑．汽车构造:上[M]. 安徽:合肥工业大学出版社,2011.
[28] 卢剑伟．汽车构造:下[M]. 安徽:合肥工业大学出版社,2011.
[29] 李占慧．工程机械[M]. 北京:人民交通出版社,2014.
[30] 王胜春．工程机械构造与设计[M]. 北京:化学工业出版社,2009.
[31] 邓水英．挖掘机运用与维护[M]. 北京:北京大学出版社,2011.
[32] 周春华．推土机运用与维护[M]. 北京:北京大学出版社,2010.
[33] 中国工程机械工业协会．中国工程机械工业年鉴:2015[M]. 北京:机械工业出版社,2015.
[34] 伊万斯. 解析3D打印机:3D打印机的科学与艺术[M]. 北京:机械工业出版社,2014.
[35] 叶晖．工业机器人典型应用案例精析[M]. 北京:机械工业出版社,2013.
[36] 兰虎．工业机器人技术及应用[M]. 北京:机械工业出版社,2014.
[37] 彭润玲．激光原理及应用[M]. 北京:电子工业出版社,2013.
[38] 叶建斌．激光切割技术[M]. 上海:上海科学技术出版社,2012.
[39] 关振中．激光加工工艺手册[M].2版. 北京:中国计量出版社,2007.
[40] 姚建华．激光表面改性技术及其应用[M]. 北京:国防工业出版社,2012.
[41] 张永康．先进激光制造技术[M]. 镇江:江苏大学出版社,2011.